从·入·门·到·精·通·系·列

新手学

Photoshop
从入门到精通

柏松 主编

- 内容精炼实用、容易掌握
- 全程图解教学、一看就会
- 特色教学体例、轻松自学
- 附赠超值光盘、视频教学

赠送 DVD 光盘

上海科学普及出版社

图书在版编目（CIP）数据

新手学 Photoshop 从入门到精通 / 柏松主编．— 上海：上海科学普及出版社，2014.2
（从入门到精通系列）
ISBN 978-7-5427-5923-8

Ⅰ.①新… Ⅱ.①柏… Ⅲ.①图像处理软件 Ⅳ.①TP391.41

中国版本图书馆 CIP 数据核字（2013）第 266018 号

策　　划　胡名正
责任编辑　刘湘雯

新手学 Photoshop 从入门到精通
柏松　主编
上海科学普及出版社出版发行
（上海中山北路 832 号　邮政编码 200070）
http://www.pspsh.com

各地新华书店经销	北京市燕山印刷厂印刷
开本 787×1092　　1/16	印张 19　　字数 323000
2014 年 3 月第 1 版	2015 年 4 月第 2 次印刷

ISBN 978-7-5427-5923-8　　　　　　　　　　　定价：39.80 元
ISBN 978-7-89418-035-3/G.30（附赠 DVD 光盘 1 张）

内 容 提 要

本书为一本新手学 Photoshop 从入门到精通手册，书中讲解了 Photoshop CS6 软件的各项核心技术与精髓内容，帮助读者从入门开始，快速精通使用 Photoshop 进行图像处理、修复数码照片和设计平面广告的方法，从新手快速成为 Photoshop 图形图像处理高手。

全书共分为 15 章，具体内容包括：Photoshop 新手入门、调整与编辑图像、创建与编辑选区对象、调色与修饰图像、创建与管理图层对象、制作精彩文字特效、制作精彩滤镜特效、运用路径绘制图像、运用蒙版通道处理图像、运用动作自动化处理、打印与输出图像文件、照片精修案例实战、形象设计案例实战、杂志广告案例实战，以及综合设计案例实战，详细介绍了实现各种效果的操作步骤，让读者融会贯通、举一反三，逐步精通 Photoshop CS6 的使用方法。

本书结构清晰、语言简洁，尤其适合各类 Photoshop 初学者，如图片处理人员、照片修饰人员、平面设计人员等，同时也可作为高等院校相关专业、图形图像处理或平面设计培训班学员的学习参考书。

前　言

　　Photoshop CS6 是 Adobe 公司推出的重量级图像处理软件，是目前最优秀的平面设计软件之一，功能非常强大。为了让大家能够快速掌握 Photoshop 的使用方法，我们经过精心策划，面向广大初学 Photoshop 设计的读者编写了这本《新手学 Photoshop 从入门到精通》。本书集易学性、实用性于一体，帮助读者轻松入门，让大家快速成为 Photoshop 软件高手。

 本书特色

　　作为一本面向初、中级读者的图形图像处理用书，《新手学 Photoshop 从入门到精通》具有以下几大特色：

1. 内容精练实用、容易掌握

　　本书在内容和知识点的选择上更加精炼、实用且浅显易懂；在内容和知识点的结构安排上逻辑清楚、由浅入深，符合读者循序渐进、逐步提高的学习规律。

　　本书首先精选适合初学者快速入门、轻松掌握的必备知识与技能，再配合相应的实例操作与技巧说明，阅读轻松、易学易用，起到事半功倍、一学必会的效果。

2. 全程图解教学、一看就会

　　本书使用"全程图解"的讲解方式，以图解方式将各种操作直观地表现出来，并配以简洁的文字对内容进行说明，更准确地对各知识点进行演示讲解。初学者只需"按图索骥"地对照图书进行操作练习和逐步推进，即可快速掌握 Photoshop 操作的常用技能。

3. 特色教学体例、轻松自学

　　我们在编写本书时，非常注重初学者的认知规律和学习心态，每章都安排了"章前知识导读"、"重点知识索引"、"效果图片赏析"等特色栏目，并将平时工作中总结的 Photoshop 软件的使用方法与操作技巧，以"专家指点"的形式呈现给读者，让大家可以方便、高效地学习，必将学有所成。

4. 附赠超值光盘、视频教学

　　本书随书赠送一张超值的多媒体 DVD 教学光盘，由专业人员精心录制了本书重点操作案例的操作视频，并伴有语音讲解，读者可以结合书本，也可以独立观看视频演示，像看电影一样进行学习，让学习过程既轻松又高效。

　　此外，光盘中还提供了书中案例所涉及的相关素材与效果文件，便于大家上机练习实践，达到举一反三、融会贯通的学习效果。

内容编排

　　本书为一本新手学 Photoshop 从入门到精通手册，书中讲解了 Photoshop CS6 软件的各项核心技术与精髓内容，帮助读者从入门开始，快速精通使用 Photoshp 进行图像处理、数码照片修饰和平面广告设计的方法，从新手快速成为 Photoshop 图形图像处理高手。

全书共分为 15 章，具体内容包括：Photoshop 新手入门、调整与编辑图像、创建与编辑选区对象、调色与修饰图像、创建与管理图层对象、制作精彩文字特效、制作精彩滤镜特效、运用路径绘制图像、运用蒙版通道处理图像、运用动作自动化处理、打印与输出图像文件、照片精修案例实战、形象设计案例实战、杂志设计案例实战以及综合设计案例实战，详细介绍了实现各种效果的操作步骤，让读者融会贯通、举一反三，逐步精通 Photoshop CS6 的使用方法。

 ## 适用读者

本书结构清晰、语言简洁，尤其适合各类 Photoshop 初学者，如图片处理人员、照片修饰人员、平面设计人员等，同时也可作为高等院校相关专业、图形图像处理或平面设计培训班学员的学习参考书。

 ## 编者信息

本书由柏松主编，参与编写的人员还有江雄、谭贤、李龙禹、刘嫔、罗林、苏高、宋金梅、曾杰、罗权、罗磊、田潘、黄英、刘志燕、孙秀芬、郭领艳等，在此对他们的辛勤劳动深表感谢。由于编写时间仓促，书中难免存在疏漏与不妥之处，恳请广大读者来信咨询并指正，联系网址：http://www.china-ebooks.com。

 ## 版权声明

本书及光盘中所采用的图片、模型、音频、视频和赠品等素材，均为所属公司、网站或个人所有，本书引用仅为说明（教学）之用，特此声明。

编　者

目 录

第 1 章 亲密接触：Photoshop 新手入门 1

1.1 Photoshop CS6 的新增功能 2
- 1.1.1 全新的启动界面 2
- 1.1.2 黑色的工作界面 2
- 1.1.3 智能裁剪工具 2
- 1.1.4 更加全面的 3D 功能 3
- 1.1.5 修补工具（混合工具）............ 3
- 1.1.6 参数设置列表 3

1.2 安装、启动与退出 Photoshop CS6 4
- 1.2.1 安装 Photoshop CS6 4
- 1.2.2 启动 Photoshop CS6 5
- 1.2.3 退出 Photoshop CS6 6

1.3 Photoshop CS6 的工作界面 7
- 1.3.1 菜单栏 8
- 1.3.2 状态栏 9
- 1.3.3 工具箱 9
- 1.3.4 工具属性栏 10
- 1.3.5 图像编辑窗口 10
- 1.3.6 浮动面板 12

1.4 管理图像文件 13
- 1.4.1 创建图像文件 13
- 1.4.2 打开图像文件 15
- 1.4.3 保存图像文件 16
- 1.4.4 关闭图像文件 18

1.5 应用辅助工具绘图 18
- 1.5.1 显示与隐藏标尺 19
- 1.5.2 运用标尺工具 19
- 1.5.3 创建参考线 22

第 2 章 小试牛刀：调整与编辑图像 25

2.1 调整图像尺寸与分辨率 26
- 2.1.1 调整图像的尺寸 26
- 2.1.2 调整图像的分辨率 27

2.2 管理图像素材 28
- 2.2.1 移动图像 28
- 2.2.2 删除图像 30
- 2.2.3 裁剪图像 31

2.3 变换和翻转图像 32
- 2.3.1 旋转/缩放图像 32
- 2.3.2 水平翻转图像 33
- 2.3.3 垂直翻转图像 34

2.4 自由变换图像 34
- 2.4.1 斜切图像 35
- 2.4.2 扭曲图像 36
- 2.4.3 透视图像 37
- 2.4.4 变形图像 37
- 2.4.5 重复上次变换 39
- 2.4.6 操控变形图像 40
- 2.4.7 内容识别缩放图像 42

第 3 章 选区应用：创建与编辑选区对象 44

3.1 创建选区 45
- 3.1.1 创建规则选区 45
- 3.1.2 创建不规则选区 47
- 3.1.3 创建颜色选区 49
- 3.1.4 创建全部选区 51

3.2 编辑选区 53
- 3.2.1 变换选区 53
- 3.2.2 剪切选区内的图像 55
- 3.2.3 拷贝与粘贴选区图像 56

3.3 修改选区 57
- 3.3.1 边界选区 57
- 3.3.2 羽化选区 58
- 3.3.3 平滑选区 59

3.4 保存和载入选区 61
- 3.4.1 保存选区 61
- 3.4.2 载入选区 62

第 4 章 修图高手：调色与修饰图像 64

4.1 调整图像基本色彩 65
- 4.1.1 了解图像的颜色模式 65
- 4.1.2 调整图像亮度范围 67

	4.1.3	调整图像色彩范围	68
4.1.4	调整图像整体色调	70
4.1.5	调整图像色阶效果	72
4.1.6	调整图像的对比度	73

4.2 调整图像特殊色调 ………… 74
    4.2.1 制作照片底片效果 ……… 74
    4.2.2 制作灰度图片效果 ……… 75
    4.2.3 制作单色图像效果 ……… 76
    4.2.4 制作黑白图像效果 ……… 76
    4.2.5 校正图像颜色平衡 ……… 77

4.3 使用工具修复图像 ………… 78
    4.3.1 使用污点修复画笔工具
          修复图像 ……………… 78
    4.3.2 使用修复画笔工具
          修复图像 ……………… 79
    4.3.3 使用修补工具修补图像 … 80
    4.3.4 使用红眼工具去除红眼 … 82
    4.3.5 使用加深工具调暗图像 … 83
    4.3.6 使用海绵工具调整图像 … 83
    4.3.7 使用仿制图章工具
          复制图像 ……………… 84

第5章 图像助手：创建与管理图层对象 …………… 86

5.1 创建图层与图层组 …………… 87
    5.1.1 创建普通图层 …………… 87
    5.1.2 创建文字图层 …………… 89
    5.1.3 创建形状图层 …………… 89
    5.1.4 创建调整图层 …………… 89
    5.1.5 创建填充图层 …………… 91
    5.1.6 创建图层组 ……………… 92

5.2 管理图层对象 ………………… 93
    5.2.1 设置图层不透明度 ……… 93
    5.2.2 设置填充图层参数 ……… 94
    5.2.3 链接与合并图层 ………… 95
    5.2.4 对齐与分布图层 ………… 96

5.3 应用图层样式 ………………… 98
    5.3.1 应用投影样式 …………… 98
    5.3.2 应用外发光样式 ………… 100
    5.3.3 应用内发光样式 ………… 101
    5.3.4 应用斜面与浮雕样式 …… 102

    5.3.5 应用渐变叠加样式 ……… 102

5.4 编辑图层样式 ………………… 103
    5.4.1 隐藏与删除图层样式 …… 103
    5.4.2 复制与粘贴图层样式 …… 105

第6章 画龙点睛：制作精彩文字特效 ………………… 107

6.1 创建文字对象 ………………… 108
    6.1.1 创建横排文字 …………… 108
    6.1.2 创建直排文字 …………… 110
    6.1.3 创建段落文本 …………… 111

6.2 编辑文字对象 ………………… 113
    6.2.1 更改文字类型 …………… 113
    6.2.2 更改文本方向 …………… 115
    6.2.3 更改文本颜色 …………… 116

6.3 制作路径文字 ………………… 117
    6.3.1 制作路径排列文字 ……… 117
    6.3.2 调整文字位置与路径形状 … 119
    6.3.3 调整文字与路径的距离 … 120

6.4 制作变形文字 ………………… 122
    6.4.1 创建变形文字样式 ……… 122
    6.4.2 编辑变形扭曲文字效果 … 123

6.5 异形轮廓段落文本 …………… 124
    6.5.1 创建异形轮廓段落文本 … 125
    6.5.2 修改文字排列的形状 …… 125

第7章 完美特效：制作精彩滤镜特效 ………………… 127

7.1 使用智能滤镜 ………………… 128
    7.1.1 创建智能滤镜 …………… 128
    7.1.2 编辑智能滤镜 …………… 130
    7.1.3 停用或启用智能滤镜 …… 132
    7.1.4 删除智能滤镜 …………… 134

7.2 应用特殊滤镜 ………………… 135
    7.2.1 "液化"滤镜 ……………… 135
    7.2.2 "消失点"滤镜 …………… 137

7.3 应用常用滤镜 ………………… 140
    7.3.1 应用"扭曲"滤镜 ………… 140
    7.3.2 应用"像素化"滤镜 ……… 141
    7.3.3 应用"杂色"滤镜 ………… 142
    7.3.4 应用"模糊"滤镜 ………… 143

目录

- 7.3.5 应用"素描"滤镜 ………… 144
- 7.3.6 应用"风格化"滤镜 ……… 145
- 7.3.7 应用"锐化"滤镜 ………… 147
- 7.3.8 应用"纹理"滤镜 ………… 148
- 7.3.9 应用"渲染"滤镜 ………… 149

第8章 如虎添翼：运用路径绘制图像 …… 150

- 8.1 路径基本操作 ………………… 151
  - 8.1.1 新建路径 …………………… 151
  - 8.1.2 删除路径 …………………… 151
  - 8.1.3 重命名路径 ………………… 152
  - 8.1.4 保存工作路径 ……………… 153
  - 8.1.5 复制工作路径 ……………… 153
- 8.2 创建自由路径 ………………… 153
  - 8.2.1 使用钢笔工具 ……………… 153
  - 8.2.2 使用自由钢笔工具 ………… 155
- 8.3 选择和编辑路径 ……………… 157
  - 8.3.1 使用路径选择工具 ………… 157
  - 8.3.2 使用直接选择工具 ………… 159
- 8.4 使用锚点编辑路径 …………… 161
  - 8.4.1 添加锚点工具 ……………… 161
  - 8.4.2 删除锚点工具 ……………… 162
  - 8.4.3 转换点工具 ………………… 163
- 8.5 使用形状工具 ………………… 164
  - 8.5.1 使用矩形工具 ……………… 165
  - 8.5.2 使用圆角矩形工具 ………… 166
  - 8.5.3 使用椭圆工具 ……………… 168
  - 8.5.4 使用多边形工具 …………… 169
  - 8.5.5 使用自定形状工具 ………… 170

第9章 锦上添花：运用蒙版通道处理图像 …… 173

- 9.1 创建图层蒙版 ………………… 174
  - 9.1.1 创建剪贴蒙版 ……………… 174
  - 9.1.2 创建快速蒙版 ……………… 175
  - 9.1.3 创建矢量蒙版 ……………… 177
  - 9.1.4 创建图层蒙版 ……………… 178
- 9.2 通道的基本操作 ……………… 180
  - 9.2.1 新建 Alpha 通道 …………… 180
  - 9.2.2 新建专色通道 ……………… 181
  - 9.2.3 复制通道 …………………… 182
  - 9.2.4 编辑 Alpha 通道 …………… 183
- 9.3 管理通道 ……………………… 185
  - 9.3.1 分离通道 …………………… 185
  - 9.3.2 合并通道 …………………… 186
- 9.4 通道应用与计算 ……………… 187
  - 9.4.1 应用图像 …………………… 187
  - 9.4.2 通道计算 …………………… 188

第10章 高效修图：运用动作自动化处理 …… 190

- 10.1 创建动作对象 ………………… 191
  - 10.1.1 应用预设动作实战 ………… 191
  - 10.1.2 创建与播放动作 …………… 193
  - 10.1.3 存储与载入动作 …………… 194
- 10.2 编辑已记录的动作 …………… 195
  - 10.2.1 插入菜单项目 ……………… 196
  - 10.2.2 插入停止语句 ……………… 196
  - 10.2.3 设置播放动作的方式 ……… 197
- 10.3 应用自动化命令 ……………… 199
  - 10.3.1 批处理图像素材 …………… 199
  - 10.3.2 创建快捷批处理 …………… 200
  - 10.3.3 裁剪并修齐照片 …………… 201
  - 10.3.4 Photomerge ………………… 202
  - 10.3.5 合并到 HDR ………………… 203
  - 10.3.6 条件模式更改 ……………… 205
  - 10.3.7 限制图像 …………………… 206

第11章 后期处理：打印与输出图像文件 …… 208

- 11.1 优化图像选项 ………………… 209
  - 11.1.1 优化 GIF 和 PNG-8 格式 …… 209
  - 11.1.2 优化 JPEG 格式 …………… 211
  - 11.1.3 优化 PNG-24 格式 ………… 213
  - 11.1.4 优化 WBMP 格式 …………… 214
- 11.2 图像印前的准备工作 ………… 215
  - 11.2.1 转换文件存储格式 ………… 215
  - 11.2.2 转换图像色彩模式 ………… 216
  - 11.2.3 检查图像的分辨率 ………… 216
  - 11.2.4 安装打印机驱动 …………… 217
  - 11.2.5 添加打印机 ………………… 219

11.3 设置输出属性	220
11.3.1 设置输出背景	220
11.3.2 设置出血边	221
11.3.3 设置图像边框	222
11.3.4 设置打印份数	223
11.3.5 设置双面打印	223
11.3.6 预览打印效果	224

第 12 章 图像处理：照片精修案例实战 226

12.1 自然风光照片处理	227
12.1.1 初步调整照片	227
12.1.2 调整照片效果	228
12.1.3 制作光束效果	229
12.2 绚丽妆容照片处理	230
12.2.1 修饰人物瑕疵	231
12.2.2 制作眼影效果	234
12.2.3 制作唇彩效果	236
12.3 婚纱影像照片处理	239
12.3.1 制作背景效果	239
12.3.2 制作主体图像	243
12.3.3 制作文字效果	247

第 13 章 创意形象：形象设计案例实战 249

13.1 企业形象设计	250
13.1.1 绘制标识 M 造型	250
13.1.2 绘制圆形标识效果	253
13.1.3 绘制标识文字效果	253
13.2 展示系统设计	254
13.2.1 制作形象墙主体	254
13.2.2 制作形象墙细节	257
13.2.3 添加标识与文字	262
13.3 个人形象设计	265
13.3.1 制作名片背景效果	265

13.3.2 制作名片主体效果	267
13.3.3 制作名片文字效果	267

第 14 章 商业杂志：杂志设计案例实战 270

14.1 化妆品广告设计	271
14.1.1 制作广告背景效果	271
14.1.2 制作广告主体效果	274
14.1.3 制作广告文字效果	276
14.2 汽车广告设计	278
14.2.1 制作广告背景效果	278
14.2.2 制作广告主体效果	279
14.2.3 添加标识与文字	281
14.3 珠宝广告设计	284
14.3.1 制作广告背景效果	284
14.3.2 制作广告主体效果	284
14.3.3 制作广告文字效果	289

第 15 章 综合广告：综合设计案例实战（本章内容参见光盘电子稿） 291

15.1 商场海报设计	292
15.1.1 制作海报背景效果	292
15.1.2 制作海报主体效果	294
15.1.3 制作海报文字效果	297
15.2 网络广告设计	300
15.2.1 制作广告主体效果	300
15.2.2 添加广告素材效果	302
15.2.3 添加宣传文字效果	303
15.3 书籍封面设计	307
15.3.1 制作书籍背景效果	307
15.3.2 制作标题文字效果	309
15.3.3 制作书籍封面立体效果	312

Chapter 01

章前知识导读

　　Photoshop CS6 是 Adobe 公司在 2012 年推出的 Photoshop 的最新版本,它被广泛用于图像处理、图形制作、平面设计、网页设计、影像编辑、建筑效果图设计等行业,其功能强大、操作界面简洁,深受广大用户的青睐。

亲密接触:Photoshop 新手入门

重点知识索引

- Photoshop CS6 的新增功能
- 安装、启动与退出 Photoshop CS6
- Photoshop CS6 的工作界面
- 管理图像文件
- 应用辅助工具绘图

效果图片赏析

新手学 **Photoshop** 从入门到精通

1.1 Photoshop CS6 的新增功能

Adobe Photoshop CS6 于 2012 年发布，是 Adobe Photoshop 中的第 13 个主要版本。Adobe Photoshop CS6 软件包含全新的 Adobe Mercury 图形引擎，采用了全新的启动界面，重新开发了设计工具，可利用最新的内容识别技术更好地修复图片，为用户提供更多的选择工具；具有极快的性能和现代化的 UI（界面），编辑时能获得即时效果；可以有效增加使用者的创造力，大幅提升用户的工作效率。

1.1.1 全新的启动界面

Photoshop CS6 最直观的变化当属软件的启动界面。它采用色调更暗、类似苹果摄影软件 Aperture 的界面风格取代了目前的灰色风格。下图所示为 Photoshop CS6 的启动界面。

1.1.2 黑色的工作界面

与以往不同的是，Photoshop CS6 是全黑的工作界面，深色的工作界面更有利于用户专注于图片处理。下图所示为 Photoshop CS6 的工作界面。

Photoshop CS6 的启动界面

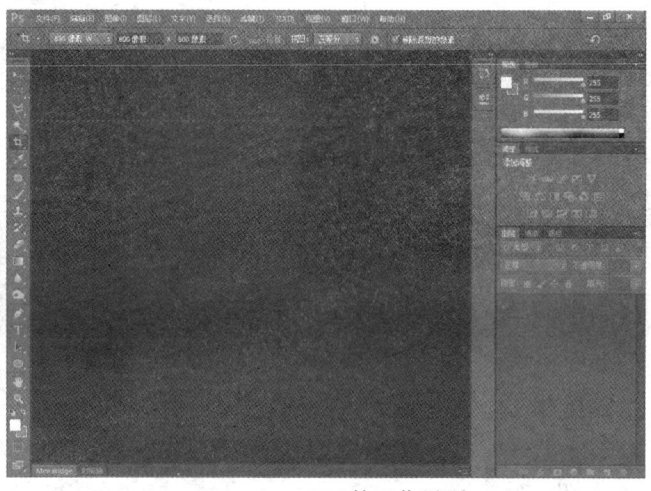

Photoshop CS6 的工作界面

深色的工作界面可以更加凸显图片的色彩效果，给用户以完全不同的视觉体验，如下图所示。

> **专家指点**
>
> 单击"编辑"|"首选项"|"界面"命令，在弹出的"首选项"对话框中，用户可以根据自己的喜好调整工作界面颜色的深浅，在本书中为了保证各操作界面图片的清晰，将统一更改操作界面为颜色较浅的灰白色，如下图所示。

1.1.3 智能裁剪工具

Photoshop 裁剪工具在之前的版本中对图片进行裁剪以后，若对其不满意，需要撤销之前的操作才能恢复，但在 Photoshop CS6 版本中，只需要再次选择裁剪工具（C）即可。同时，裁剪工具还增加了一项 Perspective Crop Tool（透视裁剪工具），如下图所示。

第 1 章 亲密接触：Photoshop 新手入门

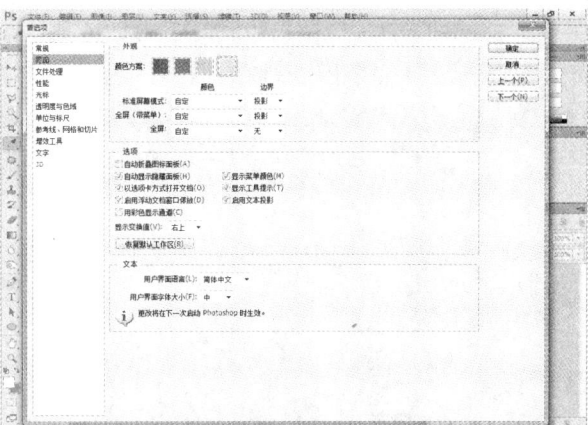

深色的工作界面　　　　　　　　　　　　调整工作界面的颜色

1.1.4 更加全面的 3D 功能

Photoshop CS6 中增强的 3D 功能是最大亮点，也是该功能自 Photoshop CS4 引入以来的又一次重大变动。

工具箱中有两处变动：在颜料桶工具组中新增了 3D Material Drop（3D 材质拖放工具，如下图所示），在吸管工具组中新增了 3D Material Eyedropper Tool（3D 材质吸管工具，如下图所示）。此外，Photoshop CS6 还在文字输出操作中新增了立体文字功能。

1.1.5 修补工具（混合工具）

Photoshop CS6 的修补工具组中增加了一个内容感知移动工具。内容感知移动工具是用其他区域中的像素或图案来修补或替换选中的图像区域，在修复的同时仍保留了原来的纹理、亮度和层次，只对图像某一块区域进行整体修复，如下图所示。

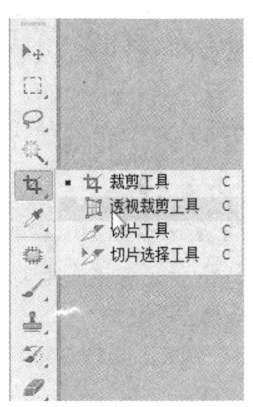
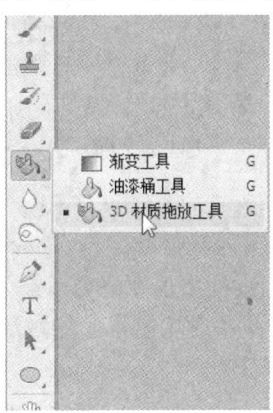
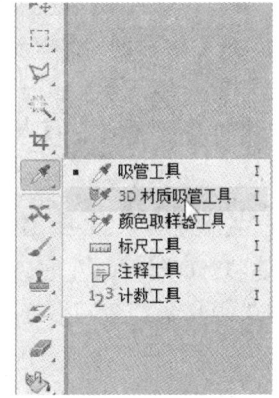
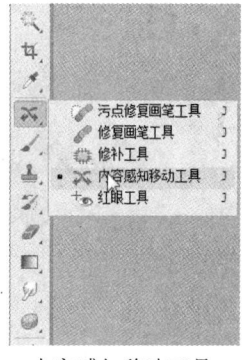

透视裁剪工具　　　　3D 材质拖放工具　　　3D 材质吸管工具　　　内容感知移动工具

1.1.6 参数设置列表

在 Photoshop CS6 的参数设置面板中，新增了许多 3D 元素，如"首选项"对话框的"常规"选项卡、"界面"选项卡以及"文件处理"选项卡中，分别新增了 3D 选项交互式渲染、交互式阴影质量、负光标以及坐标轴控制等选项。

与 Photoshop CS5 相比，Photoshop CS6 删除了两个项目：显示亚洲字体选项和字体预览大小。下图所示为相应参数面板中新增的各项功能。

各参数面板中新增的各种功能

1.2 安装、启动与退出 Photoshop CS6

在使用 Photoshop CS6 之前，需要先安装软件。Photoshop CS6 的安装操作和其他软件一样，非常简单，用户可以打开安装文件所在的盘符，运行安装程序，然后按照安装向导提示进行逐步操作，即可完成 Photoshop CS6 的安装。

1.2.1 安装 Photoshop CS6

Photoshop CS6 的安装时间较长，在安装的过程中需要耐心等待。另外，该软件使用前需要激活，所以用户还必须具备宽带网络连接并完成注册，才能激活软件。

STEP 01 启动安装软件

打开 Photoshop CS6 的安装软件文件夹，双击 Setup.exe 图标，安装软件开始初始化，初始化之后，进入"欢迎"界面，选择"试用"选项，如下图所示。

STEP 02 单击"接受"按钮

弹出"Adobe 软件许可协议"窗口，在窗口中单击"接受"按钮，如下图所示。

STEP 03 设置安装位置

弹出"选项"窗口，在"位置"下方的文本框中，设置安装位置为 D 盘的"应用软件"文件夹，然后单击"安装"按钮，如下图所示。

第 1 章 亲密接触：Photoshop 新手入门

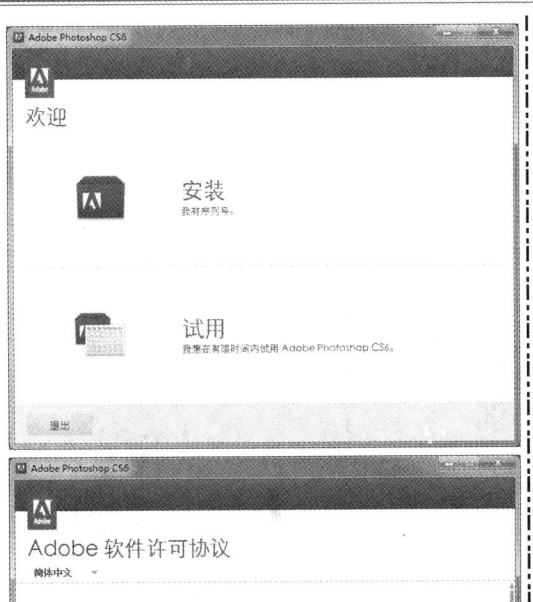

此次安装完成，然后单击右下角的"关闭"按钮，即完成了 Photoshop CS6 的安装，如下图所示。

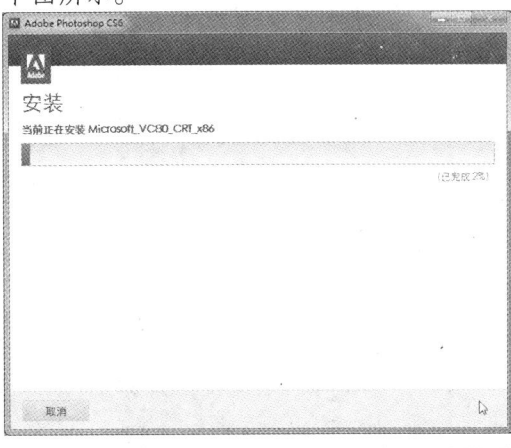

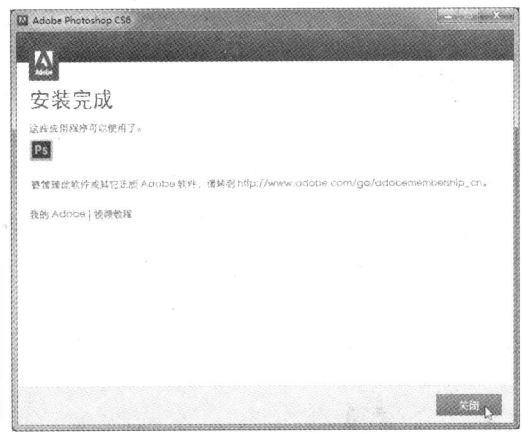

STEP 04 开始安装

系统开始自动安装软件，并弹出"安装"窗口，在窗口中显示安装进度，如下图所示。

STEP 05 完成安装

进度条满后，在弹出的相应窗口中提示

❓ 专家指点

安装 Photoshop CS6 时，用户需要注意以下几点。

● 系统需求：Photoshop CS6 对系统的硬件要求比较高，安装软件之前，请仔细阅读软件的系统需求，确认需要安装的电脑是否满足软件对系统的需求。

● 空间需求：对于 Windows XP（SP3）与 Windows 7（SP1）系统，Photoshop CS6 至少需要 1GB 可用硬盘空间用于安装，安装过程中需要额外的可用空间，设置安装位置之前，用户需要确定安装的硬盘空间是否满足要求。

● Photoshop CS6 无法安装在使用区分大小写的文件系统卷或可移动闪存设备中。

1.2.2 启动 Photoshop CS6

下面以在 Windows 7 中启动 Photoshop CS6 为例，介绍 Photoshop CS6 的启动方法。

● 安装 Photoshop CS6 后，单击"开始"|"所有程序"|"Adobe Photoshop CS6"命令，如下图所示。

● Photoshop CS6 安装后会自动在桌面创建快捷方式，在桌面上双击 Adobe Photoshop CS6 快捷方式图标，即可启动程序，如下图所示。

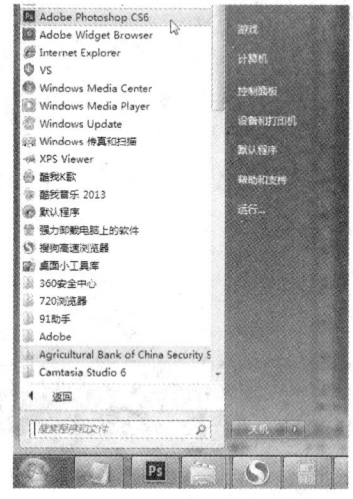
单击"Adobe Photoshop CS6"命令

双击 Adobe Photoshop CS6 快捷方式图标

● 双击电脑中任意一个 PSD 格式的 Photoshop 文件，即可启动程序，如下图所示。

● 在任意一个图片文件上单击鼠标右键，在弹出的快捷菜单中选择"打开方式"|"Adobe Photoshop CS6"选项，即可启动程序，如下图所示。

双击 PSD 格式的文件

选择使用 Photoshop 打开文件

1.2.3 退出 Photoshop CS6

完成图像文件的编辑后，若不再需要使用 Photoshop CS6 软件，则应该退出该程序，以提高系统的运行速度。退出 Photoshop CS6 有以下几种方法。

● 将鼠标指针移至菜单栏右侧的"关闭"按钮上，单击鼠标左键，即可退出 Photoshop CS6 应用程序，如下图所示。

● 单击菜单栏中的"文件"|"退出"命令，即可退出 Photoshop CS6 应用程序，如下图所示。

第 1 章 亲密接触：Photoshop 新手入门

单击"关闭"按钮

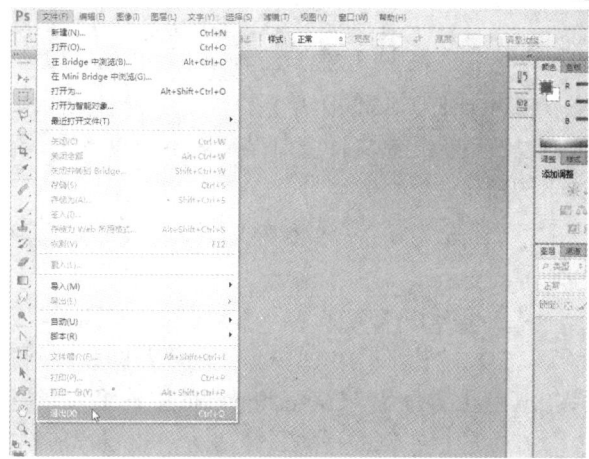
单击"退出"命令

❀ 单击标题栏左侧的程序图标 Ps，在弹出的下拉菜单中选择"关闭"选项，即可退出 Photoshop CS6 应用程序，如右图所示。

❀ 按【Ctrl+Q】组合键，即可退出 Photoshop CS6 应用程序。

❀ 按【Alt+F4】组合键，即可退出 Photoshop CS6 应用程序。

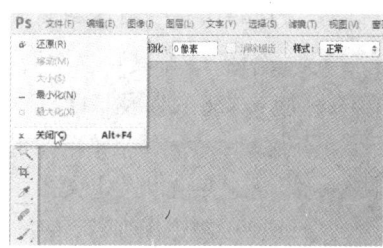
选择"关闭"选项

1.3 Photoshop CS6 的工作界面

Photoshop CS6 的工作界面在原来的基础上进行了创新，许多功能更加界面化、按钮化。Photoshop CS6 的工作界面主要由菜单栏、状态栏、工具箱、工具属性栏、图像编辑窗口和浮动面板 6 个部分组成，如下图所示。

Photoshop CS6 的工作界面

1.3.1 菜单栏

Photoshop CS6 的菜单栏，位于整个窗口的顶端，显示了当前应用程序的名称、菜单命令，以及用于控制文件窗口显示大小的最小化、最大化（或还原）、关闭等几个功能按钮，如下图所示。

菜单栏

菜单部分由"文件"、"编辑"、"图像"、"图层"、"文字"、"选择"、"滤镜"、3D、"视图"、"窗口"和"帮助"11 个菜单命令组成，单击任意一个菜单项都会弹出其包含的命令，Photoshop CS6 中的绝大部分功能都可以利用菜单命令来实现。

在标题栏左侧的程序图标 Ps 上单击鼠标左键，在弹出的菜单命令中，可以执行最小化或最大化窗口、还原窗口、关闭窗口等操作。

在菜单栏中各菜单命令的主要作用如下。

❀ 文件：单击菜单栏中的"文件"菜单，即可在弹出的下级菜单中执行新建、打开、存储、关闭、置入以及打印等一系列针对文件的操作。

❀ 编辑："编辑"菜单中的各种命令是用于对图像进行编辑，包括还原、剪切、复制、粘贴、填充、变换以及定义图案等命令。

❀ 图像："图像"菜单中的命令主要是针对图像模式、颜色和大小等进行调整及设置。

❀ 图层："图层"菜单中的命令主要是对图层进行相应的操作，如新建图层、复制图层、创建蒙版图层和文字图层等，这些命令方便了对图层进行运用和管理。

❀ 文字："文字"菜单中的命令主要用于对文字对象进行创建和设置，包括创建工作路径、转换为形状、变形文字以及字体预览大小。

❀ 选择："选择"菜单中的命令主要是针对选区进行操作，可以对选区进行反向、修改、变换、扩大和载入等操作，这些命令结合选择工具，更便于对选区进行编辑操作。

❀ 滤镜："滤镜"菜单中的命令可以为图像设置各种不同的特殊效果，在制作特效方面更是功不可没。

❀ 3D：3D 菜单针对 3D 图像执行操作，通过这些命令可以打开 3D 文件、将 2D 图像创建为 3D 图像、进行 3D 渲染等。

❀ 视图："视图"菜单中的命令可对整个视图进行调整和设置，包括缩放视图、改变屏幕模式、显示标尺、设置参考线等。

❀ 窗口："窗口"菜单主要用于控制 Photoshop CS6 工作界面中的工具箱和各个面板的显示和隐藏。

❀ 帮助："帮助"菜单中提供了关于 Photoshop CS6 的各种信息。在使用 Photoshop CS6 的过程中，若遇到问题，可以查看该菜单，及时了解各种命令、工具和功能的使用方法。

> **专家指点**
>
> Photoshop CS6 的标题栏和菜单栏是合并在一起的。菜单栏中各命令的颜色与符号所代表的含义如下。
>
> ❀ 如果菜单中的命令呈现灰色，则表示该命令在当前编辑状态下不可用。
> ❀ 如果菜单命令右侧有一个三角形符号，则表示此菜单包含有子菜单。
> ❀ 如果菜单命令后面有省略号"..."，则执行此菜单命令时将会弹出与之有关的对话框。

1.3.2 状态栏

状态栏位于图像编辑窗口的底部，主要用于显示当前所编辑图像的显示参数值以及当前文档图像的相关信息。

状态栏主要由显示比例、文件信息和提示信息 3 部分组成。状态栏左侧的"数值框"用于设置图像窗口显示比例，在该数值框中输入图像显示比例的数值后，按【Enter】键，当前图像即可按照设置的比例显示。

状态栏的右侧显示的是图像文件信息，单击文件信息右侧的小三角形按钮，即会弹出快捷菜单，其中显示了当前图像文件信息的各种显示方式选项，选择所需的选项，即可执行相应的操作，如右图所示。

状态栏菜单中各主要选项的含义如下。

※ Adobe Drive：显示文档的 VersionCue 工作组状态，Adobe Drive 可以帮助用户链接到 VersionCue CS6 服务器，链接成功后，可以在 Windows 资源管理器或 Mac OS Finder 中查看服务器的项目文件。

※ 文档大小：显示有关图像中数据量的信息。选择该选项后，状态栏中会出现两组数字，左边的数字显示了拼合图层并存储文件后的大小，右边的数字显示了包含图层和通道的近似大小。

状态栏菜单

※ 文档配置文件：显示图像所有使用的颜色配置文件的名称。

※ 文档尺寸：查看图像的尺寸。

※ 测量比例：查看文档的比例。

※ 暂存盘大小：查看关于处理图像的内存和 Photoshop 暂存盘信息。选择该选项后，状态栏中会出现两组数字，左边的数字表达程序用来显示所有打开图像的内存量，右边的数字表达用于处理图像的总内存量。

※ 效率：查看执行操作实际花费的时间百分比。当效率为 100 时，表示当前处理的图像在内存中生成；如果低于 100，则表示 Photoshop 正在使用暂存盘，操作速度也会变慢。

※ 计时：查看完成上一次操作所用的时间。

※ 当前工具：查看当前所使用的工具名称。

※ 32 位曝光：调整预览图像，以便在计算机显示器上查看 32 位/通道高动态范围图像的选项。只有文档窗口显示 HDR 图像时，该选项才可以用。

※ 存储进度：用于读取当前文档的存储进度。

1.3.3 工具箱

工具箱位于工作界面的左侧，单击面板组右上角的双三角形按钮，可以将工具箱在单列显示与双列显示之间切换。下图所示为双列显示的工具箱。

使用工具箱中的工具，只要单击工具按钮，即可在图像编辑窗口中使用。工具按钮的右下角有一个小三角形，表示该工具按钮组中还有其他工具，在工具按钮上单击鼠标右键，会弹出所隐藏的工具选项，如下图所示。

双列显示的工具箱

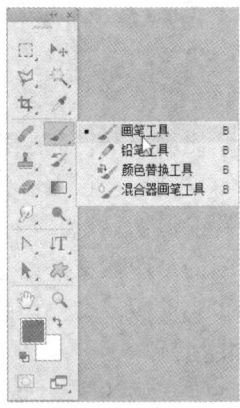
弹出隐藏的工具选项

专家指点

用户还可以通过以下方法选择隐藏的工具。
- 按住【Alt】键的同时单击该工具组按钮，即可切换一种工具，当选取的工具出现时，释放【Alt】键即可。
- 移动鼠标指针至需要选取的工具组上，按住鼠标左键不放，稍等片刻，即会显示隐藏的工具。

1.3.4 工具属性栏

工具属性栏位于菜单栏的下方，主要用于对所选取工具的属性进行设置，它提供了控制工具属性的相关选项，其显示的内容会根据所选工具的不同而改变。在工具箱中选取相应的工具后，工具属性栏将显示该工具可使用的功能，如下图所示。

工具属性栏

1.3.5 图像编辑窗口

在 Photoshop CS6 工作界面的中间，呈灰色区域显示的即为图像编辑工作区。当用户打开一个文档时,工作区中将显示该文档的图像窗口，图像窗口是编辑的主要工作区域，图形的绘制或图像的编辑都在此区域中进行。

在图像编辑窗口中可以实现所有 Photoshop CS6 的功能，也可以对图像窗口进行多种操作，如改变窗口大小和位置等。

当新建或打开多个文件时,系统默认打开的文件以选项卡形式显示，图像标题栏呈灰白色窗口即为当前编辑窗口,此时所有操作将只针对该图像编辑窗口，如右图所示。

当所有图像文件在窗口中以浮动窗口形式显示时，图像标题栏的文字呈深灰色窗口即为当前编辑窗口，如下图所示。

以选项卡形式显示的图像编辑窗口

第 1 章 亲密接触：Photoshop 新手入门

默认情况下，Photoshop CS6 打开的所有图像文件都会合并到选项卡中，用户可以单击"窗口"|"排列"命令，在其中选择自己喜欢的窗口排列方式，如下图所示。

在编辑图像时，用户可以单击工具箱最底部的屏幕模式按钮，在弹出的工具选项中选择屏幕显示模式，可以更改图像编辑窗口的范围，如下图所示。

以浮动窗口形式显示的图像编辑窗口

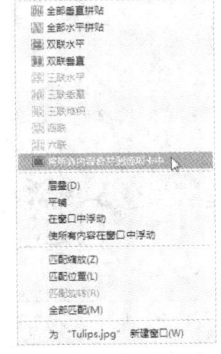
选择窗口排列方式

选择屏幕显示模式

下图所示为带有菜单栏的全屏模式。

带有菜单栏的全屏模式

在全屏模式下，隐藏所有菜单、工具箱以及浮动面板，此时将鼠标指针移至屏幕最右侧，静止 1 秒后即会弹出浮动面板，将鼠标指针移至屏幕最左侧，静止 1 秒后即会弹出工具箱，如下图所示。

全屏模式下显示工具栏

> **专家指点**
> 用户可以按【F】键，在标准屏幕模式、带有菜单栏的全屏模式和全屏模式之间进行快速切换。按【Esc】键，可以退出全屏模式。

1.3.6 浮动面板

在 Photoshop CS6 中，浮动面板主要用于对当前图像的颜色、图层、样式及相关的操作进行设置。

默认情况下，浮动面板以面板组的形式出现，它们位于工作界面的右侧，包括"图层"、"通道"、"路径"、"样式"、"调整"、"颜色"和"色板"7种。用户可以根据需要，在浮动面板的标签上按住鼠标左键并拖曳，对浮动面板进行分离、移动和组合等操作。在浮动面板边框处按住鼠标左键并拖曳，可以调整面板大小。

下图所示为用常用的几种面板组成的面板组。单击面板组右上角的双三角形按钮，可以将面板折叠为图标状，再次单击双三角形按钮，可重新展开面板组。将面板折叠为图标状后，效果如下图所示。

在面板标签上双击鼠标左键，即可将面板折叠为条状，再次在面板标签上双击鼠标左键，即可将面板展开。折叠所有面板后的效果如下图所示。

面板组

折叠为图标后的面板

折叠为条状后的面板

第1章 亲密接触：Photoshop 新手入门

> **专家指点**
> 用户还可以使用以下快捷方式切换显示与隐藏浮动面板。
> ● 按【Tab】键可以隐藏工具箱和所有的浮动面板。
> ● 按【Shift+Tab】组合键可以隐藏所有浮动面板，并保留工具箱的显示。

用户若要选择某个浮动面板，可单击浮动面板窗口中相应的标签；按住面板标签并将其拖曳至面板组外部，即可将面板从面板组中分离出来。下图所示为分离出来的"图层"面板。

在"图层"面板标签上按住鼠标左键，并将其拖曳至"通道"面板中，此时面板呈半透明状态显示，当鼠标所在处出现蓝色虚框时，释放鼠标左键，即可将其与目标面板组合，如下图所示。

若要隐藏某个浮动面板，可单击"窗口"菜单中带 ✓ 标记的命令，或单击浮动面板窗口右上角的"关闭"按钮 ×；若要打开被隐藏的面板，可单击"窗口"菜单中不带 ✓ 标记的命令，如下图所示。

分离出来的"图层"面板

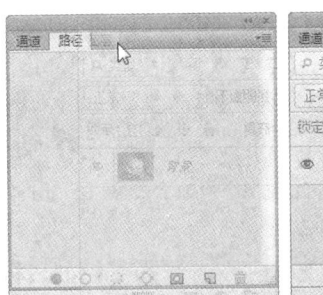
组合面板

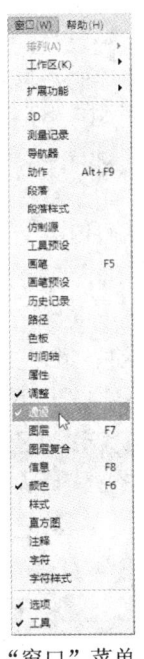
"窗口"菜单

1.4 管理图像文件

Photoshop CS6 作为一款图像处理软件，绘图和图像处理是它的看家本领。在使用 Photoshop CS6 开始创作之前，需要先了解此软件的一些常用操作，如新建图像文件、打开图像文件、保存图像文件和关闭图像文件等，熟练掌握各种操作，才可以更好、更快地设计作品。

1.4.1 创建图像文件

在 Photoshop CS6 中，用户若想绘制或编辑图像，首先需要新建一个文件，然后才可以继续后面的工作。

STEP 01 单击"新建"命令

启动 Photoshop CS6 应用程序，在菜单栏中单击"文件"|"新建"命令，如下图所示。

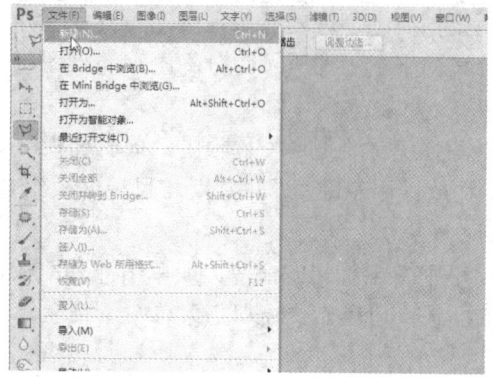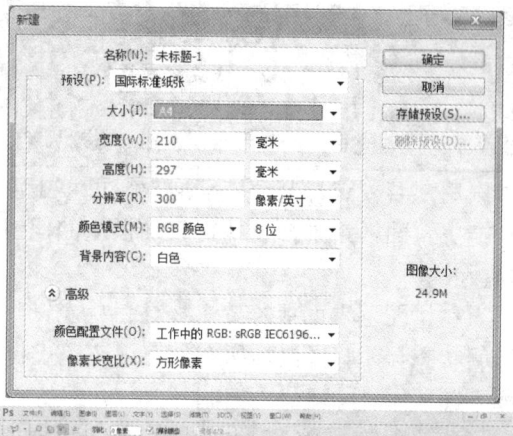

STEP 02 设置选项

弹出"新建"对话框，根据需要设置相关选项，如下图所示。

STEP 03 确认操作

单击"确定"按钮，即可新建一个空白的图像文件，如下图所示。

"新建"对话框中各主要选项的含义如下：

❀ 名称：用来设置文件的名称，也可以使用默认的文件名。创建文件后，文件名会自动显示在文档窗口的标题栏中。

❀ 预设：可以选择不同的文档类别预设，如默认 Photoshop 大小、美国标准纸张、国际标准纸张、照片、Web、移动设备、胶片和视频等。

❀ 大小：选择预设后，在"大小"下拉列表框中选择对应的大小预设。

❀ 宽度/高度：用来设置文档的宽度和高度，在各自的右侧下拉列表框中可以选择单位，如像素、英寸、毫米和厘米等。

❀ 分辨率：用来设置文件的分辨率，在右侧的下拉列表框中可以选择分辨率的单位，如"像素/英寸"、"像素/厘米"。

> **专家指点**
>
> 如果创建的图像文件需要印刷，为保证清晰度，建议分辨率设置在 300 像素/英寸以上；若仅用于浏览图像或网页，建议分辨率设置在 72 像素/英寸左右。分辨率越高，则文件也越大。

❀ 颜色模式：用来设置文件的颜色模式，如"位图"、"灰度"、"RGB 颜色"和"CMYK 颜色"等。

❀ 背景内容：用来设置文件背景内容，如"白色"、"背景色"或"透明"。

❀ 高级：单击此按钮，会显示出对话框中隐藏的选项，如"颜色配置文件"和"像素长宽比"等。

❀ 存储预设：单击此按钮，打开"新建文档预设"对话框，可以输入预设名称并选择相应的选项。

第 1 章 亲密接触：Photoshop 新手入门

- 删除预设：当选择自定义的预设文件以后，单击此按钮，可以将其删除。
- 图像大小：读取使用当前设置的图像文件的大小。

1.4.2 打开图像文件

在 Photoshop CS6 中经常需要打开一个或多个图像文件进行编辑和修改，它可以打开多种文件格式，也可以同时打开多个图像文件。

| 素材文件 | 第 1 章\冲浪.jpg | 效果文件 | 无 |

STEP 01 选择素材

单击"文件"|"打开"命令，弹出"打开"对话框，选择需要打开的图像文件，如下图所示。

STEP 02 打开素材

单击"打开"按钮，即可打开选择的图像文件，此时图像编辑窗口中的显示效果如下图所示。

? 专家指点

除了运用上述方法可以打开图像文件外，用户还可以使用以下 4 种常用的方法。
- 按【Ctrl+O】组合键。
- 按【Ctrl+Alt+O】组合键。
- 在 Photoshop CS6 工作界面的灰色底板空白处双击鼠标左键。
- 单击"文件"|"最近打开的文件"命令，在弹出的列表框中显示出最近保存或打开过的图像文件，单击目标文件名，即可打开图像文件。

在 Photoshop CS6 中经常使用的几种图形格式如下：

- PSD/PSB 格式：PSD 格式是 Photoshop 软件的默认格式，也是唯一支持所有图像模式的文件格式，可以保存图像中的图层、通道、辅助线和路径等信息。PSB 格式是 Photoshop 中新建的一种文件格式，它属于大型文件格式，除了具有 PSD 格式文件的所有属性外，最大的特点是支持宽度和高度最大为 30 万像素的文件。PSB 格式的缺点在于存储的图像文件非常大，占用磁盘空间较多。由于在一些图形程序中没有得到很好的支持，所以其通用性不强。

- BMP 格式：BMP 格式是 DOS 和 Windows 兼容的计算机上的标准 Windows 图像格式，是英文 Bitmap（位图）的简写。BMP 格式支持 1~24 位颜色深度，使用的颜色模式有

RGB、索引颜色、灰度和位图等，但不能保存 Alpha 通道。BMP 格式的特点是包含图像信息较丰富，几乎不对图像进行压缩，其占用磁盘空间较大。

❀ JPEG 格式：JPEG 是一种高压缩比、有损压缩真彩色的图像文件格式，其最大的特点是文件比较小，可以进行高倍率的压缩，因而在注重文件大小的领域应用广泛，比如网络上绝大部分要求高颜色深度的图像都使用 JPEG 格式。JPEG 格式支持 RGB、CMYK 和灰度颜色模式，但不支持 Alpha 通道，它主要用于图像预览和制作 HTML 网页。其缺点是压缩保存的过程中会以失真最小的方式丢掉一些肉眼不易察觉的数据，因此保存后的图像与原图会有所差别。此格式的图像没有原图像的质量好，不宜在印刷、出版等高要求的领域使用。

❀ AI 格式：AI 格式是 Illustrator 软件所特有的矢量图形存储格式，在 Photoshop 软件中将保存了路径的图像文件输出为 AI 格式，可以在 Illustrator 和 CorelDraw 等矢量图形软件中打开并进行任意修改和处理。

❀ TIFF 格式：TIFF 格式用于在不同的应用程序和不同的计算机平台之间交换文件。TIFF 格式是一种通用的位图文件格式，几乎所有的绘画、图像编辑和页面版式应用程序均支持该文件格式。TIFF 格式能够保存通道、图层和路径信息，由此看来，它与 PSD 格式没有什么区别，但实际上如果在其他应用程序中打开该文件格式所保存的图像，所有图层将被合并，只有用 Photoshop 打开保存了图层的 TIFF 文件，才能修改其中的图层。

❀ GIF 格式：GIF 格式也是一种非常通用的图像格式，由于最多只能保存 256 种颜色，且使用 LZW 压缩方式压缩文件，因此 GIF 格式保存的文件不会占用太多的磁盘空间，非常适合网络传输。另外，GIF 格式还可以保存动画。

❀ EPS 格式：EPS 是 Encapsulated PostScript 的缩写，EPS 可以说是一种通用行业标准格式，可同时包含像素信息和矢量信息，除了多通道模式的图像外，其他模式的图像都可存储为 EPS 格式，但它不支持 Alpha 通道。EPS 格式可以支持剪贴路径，在排版软件中可以产生镂空或蒙版效果。

❀ PNG 格式：可移植网络图形格式（Portable Network Graphic Format）是一种位图文件（bitmap file）存储格式。PNG 格式使用了从 LZ77 派生的无损数据压缩算法，图片因其高保真性、透明性及文件体积较小等特性，被广泛应用于网页设计、平面设计中。

❀ RAW 格式：RAW 文件是一种记录了数码相机传感器的原始信息，同时记录了由相机拍摄所产生的一些原数据（Metadata，如 ISO 的设置、快门速度、光圈值、白平衡等）的文件。RAW 是未经处理、也未经压缩的，可以把 RAW 概念化为"原始图像编码数据"或更形象地称为"数字底片"。另外，还能将其转化为 16 位的图像。

❀ 其他格式：除以上格式之外，Photoshop 还支持 PDF 格式、PCX 格式、Pixar 格式、DICOM 格式、Sciter 格式、TAG 格式和便携位图格式等多种主流格式。

1.4.3 保存图像文件

在 Photoshop CS6 中进行图像处理时，用户经常需要将修改后的文件保存或存储为另一种格式，方便以后使用图像文件或者再次编辑图像。下面详细介绍保存图像文件的操作方法。

| 素材文件 | 第 1 章\环保.jpg | 效果文件 | 第 1 章\环保.jpg |

第 1 章 亲密接触：Photoshop 新手入门

STEP 01 打开素材

单击菜单栏中的"文件"|"打开"命令，打开一幅素材图像，此时图像编辑窗口中的显示如下图所示。

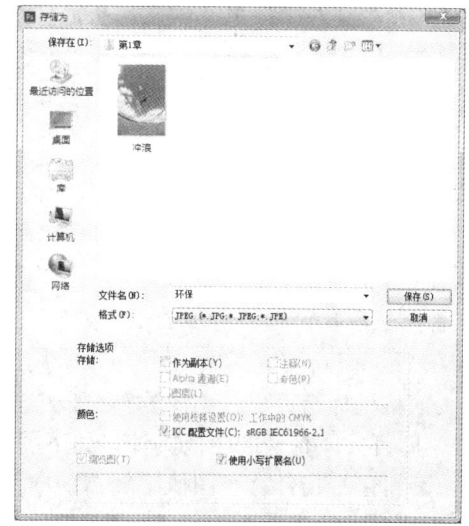

STEP 02 设置存储选项

单击菜单栏中的"文件"|"存储为"命令，弹出"存储为"对话框，设置各选项，如下图所示。

STEP 03 设置格式选项

单击"保存"按钮，执行操作后，弹出"JPEG 选项"对话框，设置相关选项（如下图所示），并单击"确定"按钮，即可保存图像文件。

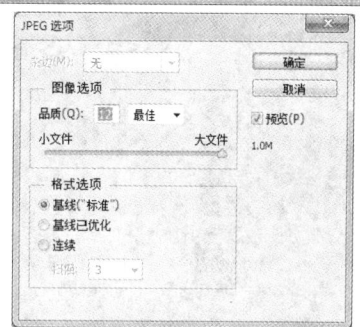

专家指点

除了使用菜单命令之外，用户还可以使用以下快捷键保存图像。

● 当图像已经在电脑中保存时，按【Ctrl+S】组合键，可以将文件保存到原位置。按【Shift+Ctrl+S】组合键，可以快速打开"存储为"对话框。

● 当图像未在电脑中保存时，按【Ctrl+S】组合键，可以快速打开"存储为"对话框。

"存储为"对话框中各主要选项的含义如下。

● 保存在：选择用户用来保存图像文件的位置。

● 文件名：输入保存图像文件的名字。

● 格式：用户可以根据不同的需要选择文件的保存格式。PSD 格式是 Photoshop 的专用格式，可以将图像文件的图层、参考线等属性信息一起存储。建议用户将编辑的图像文件保存一份为 PSD 格式，以方便日后再次进行修改。

● 作为副本：选中该复选框，可以另存一个副本，并且副本的位置与源文件保存的位置一致。

● 注释：用户可以自由选择是否存储文件注释。

● Alpha 通道/图层/专色：用来选择是否存储 Alpha 通道、图层和专色。

● 使用校样设置：当文件的保存格式为 EPS 或 PDF 时，用户才可选中该复选框。用于保存打印用的校样设置。

● ICC 配置文件：用于保存嵌入文档中的 ICC 配置文件。

● 缩览图：创建图像缩览图，方便以后在"打开"对话框的底部显示预览图。

- 使用小写扩展名：使文件扩展名显示为小写。

> **专家指点**
> 保存为不同的格式时，Photoshop CS6 会弹出相应的"格式选项"对话框，用户可以根据需要设置各选项。

1.4.4 关闭图像文件

使用 Photoshop 软件的过程中，当新建或打开多个文件时，就要关闭一些不使用的图像文件，然后再进行下一步的工作。

在 Photoshop CS6 中，用户可以采用以下 6 种方法关闭图像文件。

- 将鼠标指针移至图像编辑窗口中，在图像文件标签右侧的"关闭"按钮上单击鼠标左键，即可关闭打开的图像文件，如下图所示。
- 将鼠标指针移至图像编辑窗口中，在图像文件标签上单击鼠标右键，在弹出的快捷菜单中选择"关闭"选项，即可关闭打开的图像文件，如下图所示。

单击文件标签右侧的"关闭"按钮

选择"关闭"选项

- 单击菜单栏中的"文件"｜"关闭"命令，即可关闭图像文件，如右图所示。
- 按【Ctrl＋W】组合键，关闭当前编辑的图像文件。
- 按【Ctrl＋Alt＋W】组合键，关闭当前打开的全部图像文件。
- 按【Shift＋Ctrl＋W】组合键，关闭当前编辑的图像文件，然后打开 Adobe Bridge CS6。

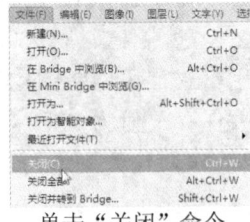
单击"关闭"命令

1.5 应用辅助工具绘图

用户在编辑和绘制图像时，灵活掌握标尺、网格、参考线、对齐等辅助工具的使用方法，可以在处理图像的过程中精确地对图像进行定位、测量、对齐等操作，可以更加准确地处理图像。

第1章 亲密接触：Photoshop 新手入门

1.5.1 显示与隐藏标尺

标尺显示了当前鼠标指针所在位置的坐标，应用标尺可以精确选取一定的范围和更准确地对齐对象，下面将详细介绍显示与隐藏标尺的操作方法。

| 素材文件 | 第1章\山花.jpg | 效果文件 | 无 |

STEP 01 打开素材

按【Ctrl + O】组合键，打开一幅素材图像，如下图所示。

STEP 02 单击"标尺"命令

单击菜单栏中的"视图"|"标尺"命令，如下图所示。

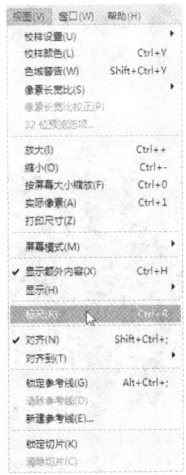

STEP 03 显示效果

执行操作后，即可显示标尺，效果如下图所示。

STEP 04 隐藏标尺

再次单击"视图"|"标尺"命令，即可隐藏标尺，如下图所示。

1.5.2 运用标尺工具

在 Photoshop CS6 中，标尺工具可以用来测量图像中任意两点之间的距离与角度，还可以用来校正倾斜的图像。

| 素材文件 | 第1章\颜色.jpg | 效果文件 | 无 |

STEP 01 打开素材

单击菜单栏中的"文件"|"打开"命令，打开一幅素材图像，如下图所示。

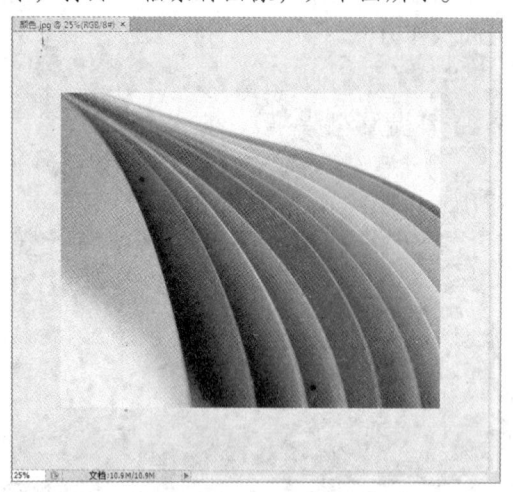

STEP 02 显示标尺

按【Ctrl+R】组合键，在图像编辑窗口中显示标尺，如下图所示。

STEP 03 拖曳标尺

将鼠标指针移至水平标尺与垂直标尺的相交位置，按住鼠标左键并拖曳，至图像编辑窗口中的合适位置即可，如下图所示。

STEP 04 更改标尺原点

释放鼠标左键，即可更改标尺原点，效果如下图所示。

STEP 05 还原标尺原点

移动鼠标指针至水平标尺和垂直标尺的相交位置，双击鼠标左键，即可还原标尺原点，效果如下图所示。

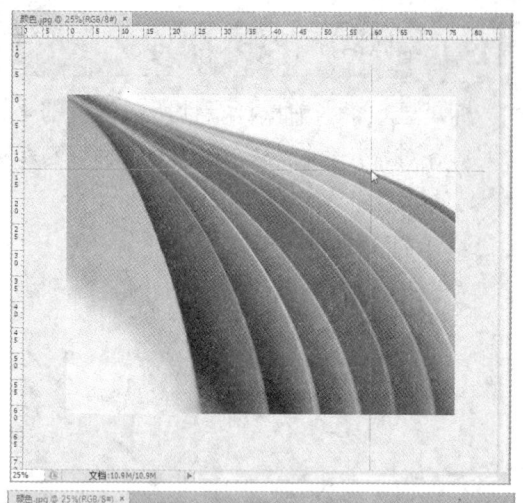

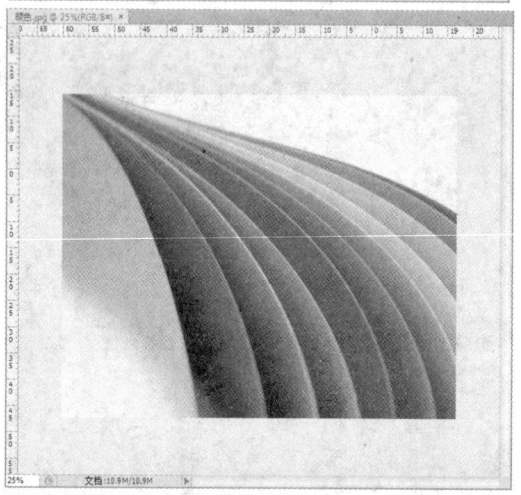

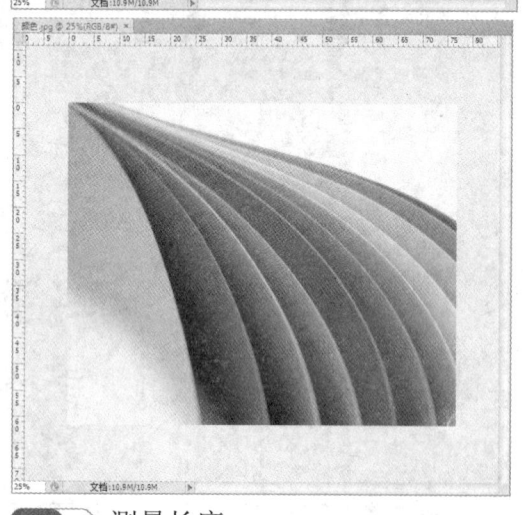

STEP 06 测量长度

选取工具箱中的标尺工具，移动鼠标指针至图像编辑窗口中，在合适位置单击鼠标左键，确认起始位置，并向右上角拖曳，确定测量长度，如下图所示。

第1章 亲密接触：Photoshop 新手入门

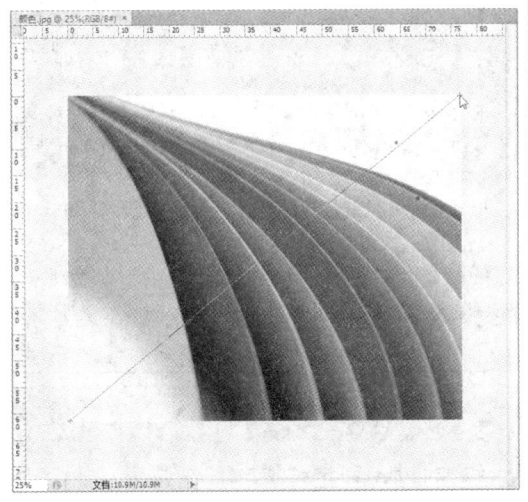

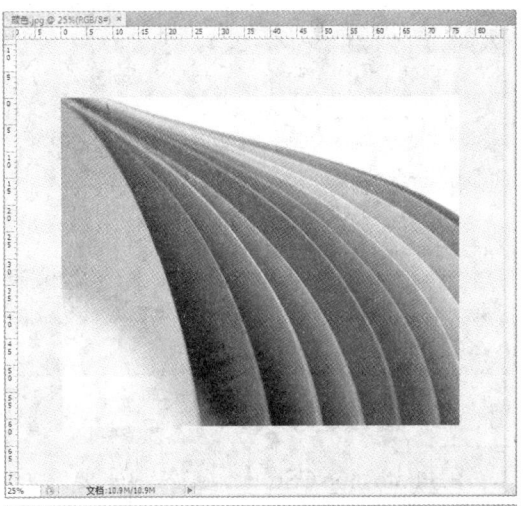

STEP 07 显示信息

单击菜单栏中的"窗口"|"信息"命令，即可查看测量的信息，"信息"面板显示如下图所示。

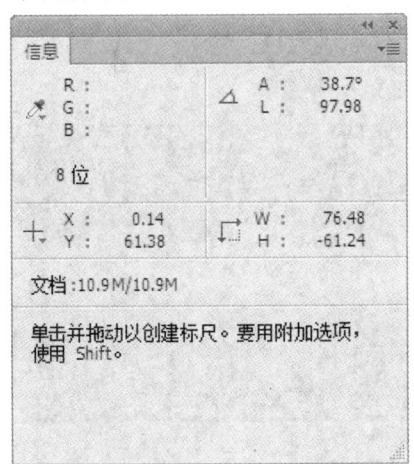

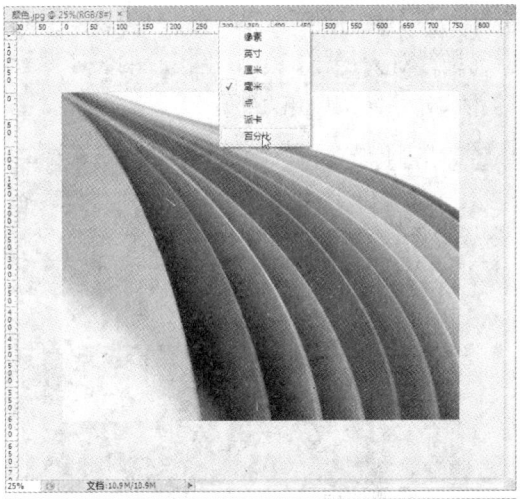

STEP 08 清除测量线

在测量工具属性栏中单击"清除"按钮，即可清除测量线，如下图所示。

STEP 09 选择"百分比"选项

在标尺上单击鼠标右键，在弹出的快捷菜单中选择"百分比"选项，如下图所示。

STEP 10 切换标尺的显示单位

执行操作后，即可切换标尺的显示单位，如下图所示。

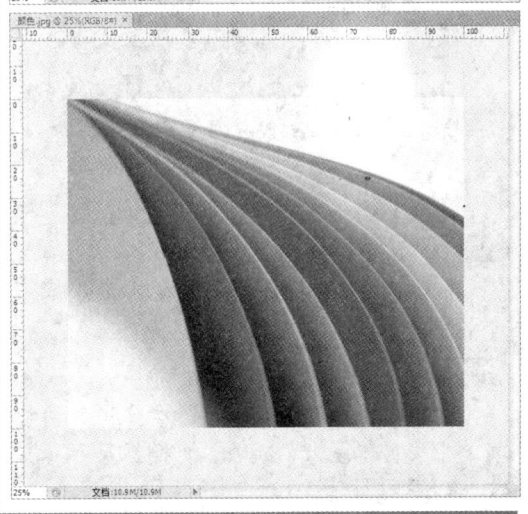

> **专家指点**
>
> 用户使用标尺工具进行测量时，标尺线的长度、高度和倾角等数据都会显示在"信息"面板中，用户可以利用这些数据对图像进行精确的旋转，或者沿测量线拉直图层。

> **专家指点**
>
> 利用"信息"面板，用户可以通过以下方法校正图像颜色。
>
> ✪ 校正偏色图像。偏色图像一般中性色有问题，这时可以大致根据感觉确定什么颜色是中性色，在这一点做一个标记，然后在"信息"面板中观察它的 RGB 值，看看 3 种颜色的偏差有多大，再用曲线进行调整，使其 RGB 值趋向接近。
>
> ✪ 从平均值中可以看出图像的明亮程度，平均值低于 128 则图像偏暗，高于 128 则偏亮。平均值过高或过低，都说明图像存在严重问题。
>
> ✪ 在"通道"面板里，可以通过 CMYK 中的 K 值来看在一个通道里图像偏向哪一种颜色。例如，单击"红"通道，然后在图像上移动鼠标，如果 K 值大于 50%说明偏青色，小于 50%则说明偏红色。

1.5.3 创建参考线

在 Photoshop CS6 中，参考线主要用于协助对象的对齐和定位操作，它是浮动于整个图像上却不被打印的直线，用户可以随意移动、删除或锁定参考线。如果要精确地对某一位置进行对齐操作，可新建相应的参考线。

| 素材文件 | 第 1 章\风力.jpg | 效果文件 | 无 |

STEP 01 打开素材

单击菜单栏中的"文件"|"打开"命令，打开一幅素材图像，如下图所示。

STEP 02 显示标尺

按【Ctrl+R】组合键，在图像编辑窗口中显示标尺，如下图所示。

STEP 03 切换标尺显示单位

在标尺上单击鼠标右键，在弹出的快捷菜单中选择"厘米"选项，切换标尺显示单位，如下图所示。

STEP 04 设置新建参考线

单击菜单栏中的"视图"|"新建参考线"命令，弹出"新建参考线"对话框，选中"垂直"单选按钮，设置"位置"为 3 厘米，如下图所示。

第 1 章 亲密接触：Photoshop 新手入门

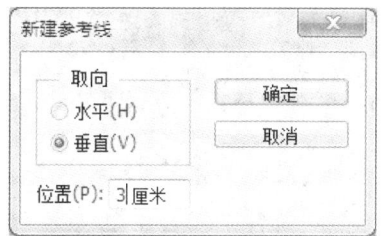

STEP 05 创建垂直参考线

单击"确定"按钮，即可创建垂直参考线，效果如下图所示。

STEP 06 创建水平参考线

单击菜单栏中的"视图"|"新建参考线"命令，弹出"新建参考线"对话框，选中"水平"单选按钮，设置"位置"为 4 厘米，单击"确定"按钮，即可创建水平参考线，效果如下图所示。

STEP 07 隐藏参考线

单击菜单栏中的"视图"|"显示"|"参考线"命令，即可隐藏参考线，效果如下图所示。

STEP 08 显示参考线

单击菜单栏中的"视图"|"显示"|"参考线"命令，即可显示参考线，效果如下图所示。

专家指点

调整已经创建的参考线，可以使用以下操作方法。
- 按住【Ctrl】键的同时用鼠标拖曳参考线，即可移动参考线。
- 按住【Shift】键的同时用鼠标拖曳参考线，可使参考线与标尺上的刻度对齐。
- 按住【Alt】键的同时用鼠标拖曳参考线，可切换参考线水平和垂直的方向。
- 单击"视图"|"锁定参考线"命令，可以锁定参考线，使其不能更改。

专家指点

在 Photoshop CS6 中，如果不再需要参考线，可以通过以下方法将其删除。

❂ 若用户需要删除所有参考线，单击菜单栏中的"视图"|"清除参考线"命令，即可删除所有参考线。

❂ 若用户只需删除某一条参考线，可以选取工具箱中的移动工具，然后在想要删除的参考线上按住鼠标左键并拖曳，至编辑窗口外后释放鼠标左键，即可删除目标参考线。

● 读书笔记

Chapter 02

章前知识导读

Photoshop CS6 是一款专门用于处理图像的软件，在绘图和图像处理方面具有强大的处理能力，用户可以通过移动图像、裁剪图像、变换和翻转图像、自由变换图像等操作，来调整与管理图像，并使平淡无奇的图像显示出独特视角，以此来优化图像的质量，设计出更好的作品。

小试牛刀：调整与编辑图像

重点知识索引

▶ 调整图像尺寸与分辨率　　　▶ 变换和翻转图像
▶ 管理图像素材　　　　　　　▶ 使用自由变换工具变形图像

效果图片赏析

2.1 调整图像尺寸与分辨率

图像大小与图像像素、分辨率与实际打印尺寸之间关系密切，它决定了存储文件所需的硬盘空间的大小和图像文件的清晰度。因此，调整图像的尺寸及分辨率决定着整幅画面的大小。

2.1.1 调整图像的尺寸

调整图像的尺寸决定着整幅画面的大小与存储文件的大小，调整时一定要注意图像宽度值、高度值以及分辨率之间的关系，否则改变图像大小后，图像的显示效果也会随之受到影响。下面详细介绍调整图像尺寸的操作方法。

素材文件	第 2 章\七彩水果.jpg	效果文件	第 2 章\七彩水果.jpg

STEP 01 打开素材

按【Ctrl+O】组合键，打开一幅素材图像，如下图所示。

STEP 02 调整图像尺寸

单击菜单栏中的"图像"|"图像大小"命令，弹出"图像大小"对话框，在"文档大小"选项区中，设置"宽度"为 20 厘米，如下图所示。

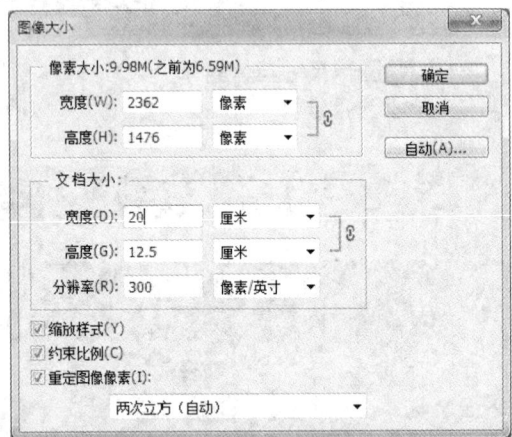

STEP 03 确认调整

单击"确定"按钮，即可调整图像的大小，效果如下图所示。

> **专家指点**
> 用户也可以按【Ctrl+Alt+I】组合键，快速打开"图像大小"对话框。

"图像大小"对话框中各主要选项的含义如下：

● **像素大小**：通过改变该选项区中的"宽度"和"高度"数值，可以调整图像在屏幕上的显示大小，图像的尺寸与文件大小也相应发生变化。

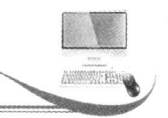

第 2 章 小试牛刀：调整与编辑图像

◎ 文档大小：通过改变该选项区中的"宽度"、"高度"和"分辨率"数值，可以调整图像的文件大小，图像的尺寸也相应发生变化。

◎ 自动：可以打开"自动分辨率"对话框，根据输出的设备来确定建议使用的图像分辨率。

◎ 缩放样式：表示文档中的图层添加了图层样式，选中该复选框，可在调整图像大小的同时自动缩放样式效果。选中该复选框的前提是先选中"约束比例"复选框。

◎ 约束比例：选中该复选框后，在"宽度"和"高度"选项后将出现"锁链"图标，表示改变其中某一选项设置时，另一选项会按比例发生变化。

◎ 重定图像像素：用来修改图像像素的大小，当减少像素数量时，会从图像中删除一些信息；当增加像素的数量或增加像素取样时，则会添加新的像素。

> **专家指点**
>
> 在 Photoshop CS6 中，调整"图像大小"与调整"画布大小"的区别在于：画布是指实际打印的区域，图像画面尺寸的大小是指当前图像周围工作范围的大小，改变画布大小会直接影响图像最终的输出效果。

2.1.2 调整图像的分辨率

在调整图像分辨率之前，用户需要理解以下几点知识。

◎ 像素：组成图像的最小单位，其形态是一个有颜色的小方点。图像是由以行和列的方式进行排列的像素组合而成的，像素值越高，文件越大，图像的品质越好。

◎ ppi（pixel per inch）：图像分辨率所使用的单位，其代表在图像中每英寸所表达的像素数目。从输出设备（如打印机）的角度来说，图像的分辨率越高，所打印出来的图像也就越细致与精密。

◎ dpi（dot per inch）：打印分辨率使用的单位，其代表每英寸所表达的打印点数。这是衡量打印质量的一个重要标准，也是判断打印机分辨率的一个基本指标，一般的家庭用户和中小型办公用户使用的打印机的分辨率应在 300～720dpi 之间。

◎ spi：扫描分辨率指在扫描一幅图像之前所设定的分辨率，它影响所生成的图像文件的质量和使用性能，决定了图像将以何种方式显示或打印。如果扫描图像用于 640 像素×480 像素的屏幕显示，则扫描分辨率不必大于一般显示器屏幕的设备分辨率，即一般不超过 120dpi。如果图像扫描分辨率过低，会导致输出的效果非常粗糙。但如果扫描分辨率过高，数字图像中会产生超过打印所需要的信息，不但减慢打印速度，而且会在打印输出时使图像色调的细微过渡丢失。

◎ 位分辨率（bit resolution）：又称位深，用来衡量每个像素储存信息的位数。这种分辨率决定可以标记为多少种色彩等级的可能性。一般常见的有 8 位、16 位、24 位或 32 位色彩。有时我们也将位分辨率称为颜色深度。所谓"位"，实际上是指"2"的平方次数，8 位即是 2 的八次方，也就是 256。所以一幅 8 位色彩深度的图像，所能表现的色彩等级是 256 级。

◎ 分辨率设置标准：图像分辨率并不是越高越好，应视其用途而定，屏幕显示的分辨率一般为 72dpi，打印的分辨率一般为 150dpi，印刷的分辨率一般为 300dpi。

下面介绍调整图像分辨率的操作方法。

| 素材文件 | 第 2 章\玫瑰.jpg | 效果文件 | 第 2 章\玫瑰.jpg |

STEP 01 打开素材

按【Ctrl+O】组合键，打开一幅素材图像，如下图所示。

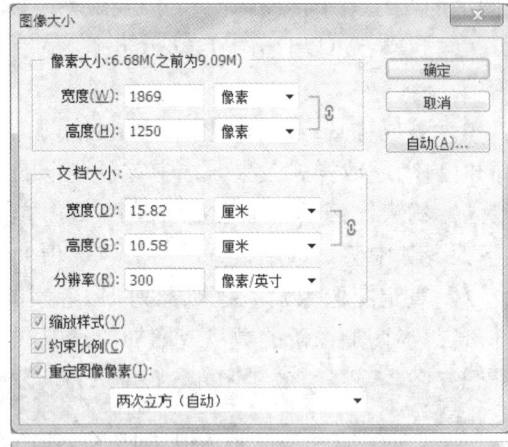

STEP 02 调整图像分辨率

单击菜单栏中的"图像"|"图像大小"命令，弹出"图像大小"对话框，在"文档大小"选项区中设置"分辨率"为300像素/英寸，如下图所示。

STEP 03 确认调整

单击"确定"按钮，即可更改图像分辨率，图像大小也随之改变，效果如下图所示。

> **专家指点**
>
> 当用户调整图像的大小与分辨率时，需要注意以下两点。
> ● 增加图像大小或分辨率时，会增加图像的像素点，让图像能显示更多的细节，但并不会显示已经丢失的细节。
> ● 减少图像大小或分辨率时，会减少图像的像素数量，并且会让图像因为删除了一些像素而丢失部分细节，使图像品质与锐化度受损。

2.2 管理图像素材

在 Photoshop CS6 中，移动、删除和裁剪图像是图像处理的基本操作，管理好各图层的图像素材也能够节省图像的大小，下面将介绍移动、删除和裁剪图像的操作方法。

2.2.1 移动图像

在 Photoshop CS6 中，不论是在文档中移动图层、选区内的图像，还是将其他文档中的图像拖入当前文档，所有移动操作都需要使用移动工具。

| 素材文件 | 第 2 章\白兔.psd、雏菊.psd | 效果文件 | 第 2 章\白兔.psd |

第 2 章 小试牛刀：调整与编辑图像

STEP 01 打开素材

按【Ctrl+O】组合键，打开两幅素材图像，如下图所示。

STEP 02 选取工具

选取工具箱中的移动工具，菜单栏下方会显示移动工具的属性栏，如下图所示。

STEP 03 移动图像

在工具属性栏中选中"自动选择"复选框，切换至"白兔"图像编辑窗口，在白兔位置按住鼠标左键并拖曳，至"雏菊"图像编辑窗口中释放鼠标左键，即可移动图像，效果如下图所示。

STEP 04 调整效果

在白兔上按住鼠标左键并拖曳，将白兔调整到合适位置，效果如下图所示。

> **专家指点**
> 当用户使用移动工具将某个图像拖入另一个图像编辑窗口时，按住【Shift】键，可以使拖入的图像位于当前文档的中心，如果这两个文档的大小相同，则拖入的图像与当前文档的边界对齐。

在移动工具的属性栏中，各主要选项的含义如下：

❖ 自动选择：如果文档中包含多个图层或图层组，可选中该复选框，同时单击复选框右侧的"选择组或图层"按钮，在弹出的下拉列表框中选择要移动的内容选项。选择"组"选项，在图像中单击鼠标左键，可自动选择工具下面包含像素的最顶层的图层所在的图层组；选择"图层"选项，使用移动工具在图像中单击鼠标左键，可自动选择工具下面包含像素的最顶层的图层。如果用户不选中"自动选择"复选框，可以在图像中单击鼠标右键，在弹出的快捷菜单中选择要移动的内容。

❖ 显示变换控件：选中该复选框以后，系统会在选中图层内容的周围显示变换控制框，用户能够通过拖动控制点，对图像进行缩放、旋转等变换操作。

❖ 对齐图层：在选择两个或两个以上的图层时，可以单击"按顶对齐"、"垂直居中对齐"、"按底对齐"、"按左对齐"、"水平居中对齐"或"按右对齐"按钮，使所选的图层对齐。

● 分布图层：在选择 3 个或 3 个以上的图层时，可单击"按顶分布"、"垂直居中分布"、"按底分布"、"按左分布"、"水平居中分布"或"按右分布"按钮，使所选的图层按照一定的规则分布。

● 自动对齐图层：在选择 3 个或 3 个以上的图层时，可以单击该按钮，弹出"自动对齐图层"对话框，在其中可选中"自动"、"透视"、"拼贴"、"圆柱"、"球面"或"调整位置"单选按钮。

> **专家指点**
>
> 除了运用上述方法移动图像外，用户还可以使用以下 3 种方法移动图像。
>
> ● 如果当前没有选择移动工具，可按住【Ctrl】键，临时切换至移动工具，按住鼠标左键并拖曳，即可移动图像。释放【Ctrl】键，将自动返回原来选取的工具。
>
> ● 选取移动工具，选择需要移动的图像后，在按住【Shift】键的同时，在图像上按住鼠标左键并拖曳，可以将图像垂直或水平移动。
>
> ● 选取移动工具，选择需要移动的图像后，按【↑】、【↓】、【←】或【→】方向键，使图像向上、下、左或右移动。

2.2.2 删除图像

用户在使用 Photoshop CS6 编辑图像的过程中，可以将不必要的图层或图像删除，这样能节省磁盘空间，从而提高软件的运行速度。

| 素材文件 | 第 2 章\风车.psd | 效果文件 | 第 2 章\风车.psd |

STEP 01 打开素材

按【Ctrl + O】组合键，打开一幅素材图像，如下图所示。

STEP 02 删除图像

单击菜单栏中的"窗口"|"图层"命令，展开"图层"面板，在该面板中选择"图层 2"图层，按住鼠标左键并拖曳，至面板下方的"删除图层"按钮上后，释放鼠标左键，如下图所示。

图层，效果如下图所示。

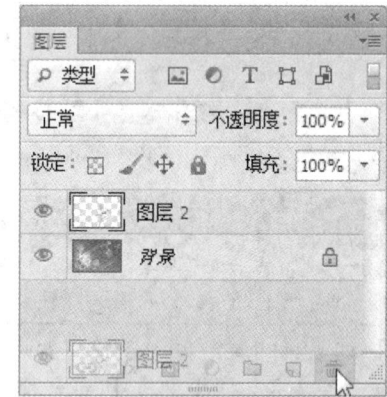

STEP 03 最终效果

执行上述操作后，即可删除"图层 2"

第 2 章 小试牛刀：调整与编辑图像

> **专家指点**
>
> 除了运用上述方法删除图像外，用户还可以使用以下 5 种方法删除图像。
> - 选择需要删除的图层后，按【Delete】键，即可删除图像。
> - 选择需要删除的图层后，在图层上单击鼠标右键，在弹出的快捷菜单中选择"删除图层"选项，即可删除图像。
> - 选择需要删除的图层后，单击面板右上角的三角形按钮，在弹出的下拉列表框中选择"删除图层"选项，即可删除图像。
> - 选择要删除的图层后，单击菜单栏中的"图层"|"删除"|"图层"命令，即可删除图像。
> - 选择需要删除的图层后，单击面板下方的"删除图层"按钮，即可删除图像。

2.2.3 裁剪图像

如果图像中有一些不协调且多余的内容，或需要将倾斜的图像修剪整齐，或将图像边缘多余的部分裁去，以使图像的主体更突出，此时就会用到裁剪工具。

| 素材文件 | 第 2 章\旅行.jpg | 效果文件 | 第 2 章\旅行.jpg |

STEP 01 打开素材

按【Ctrl+O】组合键，打开一幅素材图像，如下图所示。

STEP 02 选取工具

选取工具箱中的裁剪工具，调出变换控制框，同时菜单栏下方出现裁剪工具的属性栏，如下图所示。

STEP 03 建立裁剪控制框

将鼠标指针移动到图像编辑窗口中，按住鼠标左键并拖曳至合适位置后释放鼠标，创建一个矩形裁剪控制框，如下图所示。

STEP 04 裁剪图像

按【Enter】键确认，即可裁剪图像，效果如下图所示。

在裁剪工具属性栏中，主要选项的含义如下：

- 受约束：用来输入图像裁剪比例，裁剪后图像的尺寸由输入的数值决定，与裁剪区域的大小没有关系。

❋ 拉直：在对图像进行裁剪操作时，通过在图像上画一条直线来拉直该图像。

❋ 视图：用来设置裁剪工具视图选项，包括三等分、网格、对齐、三角形、黄金比例以及金色螺线等。

❋ 删除裁剪的像素：用于确定裁剪框以外透明度像素数据是保留还是删除。该命令是Photoshop CS6 的新增功能，取消选择该复选框后，如果对原来的裁剪效果不满意，可以直接使用裁剪工具，将裁剪框扩大到想要恢复的区域后，再次执行裁剪命令，即可恢复该区域的效果。

> **专家指点**
>
> 在裁剪控制框中，用户可以对裁剪区域进行如下调整。
> ❋ 将鼠标指针移至控制框四周的 8 个控制点上，当鼠标指针呈↔形状时，按住鼠标左键并拖曳至合适位置，释放鼠标左键后即可放大或缩小裁剪区域。
> ❋ 将鼠标指针移至控制框外，当鼠标指针呈↷形状时，可以对裁剪区域进行旋转。

> **专家指点**
>
> "裁切"与"裁剪"命令的区别如下。
> ❋ "裁切"命令主要用来匹配图像画布的尺寸与图像中对象的最大尺寸。
> ❋ "裁剪"命令主要用来修剪图像画布的尺寸，其依据是选择区域的尺寸。

2.3 变换和翻转图像

用户在使用 Photoshop CS6 对图像进行处理时，当图像被扫描到电脑中，有时图像会出现颠倒或倾斜现象，此时就需要对图像进行变换或翻转操作。

2.3.1 旋转/缩放图像

旋转或缩放图像是 Photoshop 最常用的变换命令，使用该命令能够将倾斜的图像纠正，将图像调整到合适的大小，也可以使平面图像显示独特视角，以制作图像特殊效果。下面介绍旋转与缩放图像的操作方法。

| 素材文件 | 第 2 章\终点.psd | 效果文件 | 第 2 章\终点.jpg |

STEP 01 打开素材

按【Ctrl + O】组合键，打开一幅素材图像，如下图所示。

STEP 02 调出变换控制框

选择"图层 1"图层，单击"编辑"|"变换"|"缩放"命令，即可调出变换控制框，如下图所示。

STEP 03 缩放图像

移动鼠标指针至变换控制框右上方的控制柄上，当鼠标指针呈倾斜的双向箭头形状时，按住【Alt + Shift】组合键，按住鼠标左键并向左下方拖曳，移动至合适位置后释放鼠标左键，缩放图像，效果如下图所示。

STEP 04 旋转图像

在变换控制框中单击鼠标右键，在弹出的快捷菜单中选择"旋转"选项，将鼠标指

第 2 章 小试牛刀：调整与编辑图像

针移至变换控制框的外面，当鼠标指针呈↕形状时，按住鼠标左键并向上拖曳，旋转到合适位置，效果如下图所示。

STEP 05 确认调整

在图像内双击鼠标左键，即可完成图像变换操作，效果如下图所示。

专家指点

用户对图像进行缩放操作时，可以采用以下方法。
- 按【Ctrl + T】组合键，快速调出变换控制框。
- 按住【Shift】键的同时，按住鼠标左键并拖曳，可等比例缩放图像。
- 按住【Alt + Shift】组合键的同时，按住鼠标左键并拖曳，即可以单击点为中心等比例缩放图像。
- 按【Enter】键，确认变换操作；按【Esc】键，取消当前变换操作；按【Ctrl + Z】组合键，撤销上一步变换操作。

专家指点

Photoshop CS6 会将一些格式的图像识别为被锁定的"背景"图层（如 JPG、BMP 等常用的图像格式）。此时，无法直接使用变换工具对其进行变换操作，用户可以采取以下方法将图像解锁。
- 在"图层"面板中双击"背景"图层，弹出"新建图层"对话框，单击"确定"按钮，被锁定的"背景"图层就会转化为未锁定的"图层 0"图层。
- 打开图像文件后，按【Ctrl + A】组合键，快速选择全部图像，按【Ctrl + C】组合键，复制全部图像，按【Ctrl + V】组合键，快速粘贴图像，即可将"背景"图层复制为未锁定的新图层。

2.3.2 水平翻转图像

用户在使用 Photoshop CS6 处理图像文件时，可以根据需要对图像素材进行水平翻转。

| 素材文件 | 第 2 章\玩耍.psd | 效果文件 | 第 2 章\玩耍.psd |

STEP 01 打开素材

按【Ctrl + O】组合键，打开一幅素材图像，如下图所示。

STEP 02 水平翻转图像

单击菜单栏中的"编辑"|"变换"|"水平翻转"命令，即可水平翻转图像，如下图所示。

专家指点

"水平翻转画布"和"水平翻转"命令都可以将图像水平翻转，前者可以将整个画布水平翻转，即画布中的全部图层进行水平翻转；后者可将画布中的某个图像水平翻转，即选中画布中的单个图层、图层中的一个部分、选区及路径进行水平翻转，但不改变画布的效果。

2.3.3 垂直翻转图像

当用户使用 Photoshop CS6 打开一个图像文件时，有时候图像素材会出现颠倒状态，或者用户需要将图像倒转以制作特殊效果，此时用户可以对图像素材进行垂直翻转操作。

| 素材文件 | 第 2 章\海滩.psd | 效果文件 | 第 2 章\海滩.jpg |

STEP 01 打开素材图像

按【Ctrl + O】组合键，打开一幅素材图像，如下图所示。

STEP 02 垂直翻转图像

单击"编辑"|"变换"|"垂直翻转"命令，即可垂直翻转图像，效果如下图所示。

2.4 自由变换图像

运用 Photoshop CS6 处理图像时，为了制作出某种图像效果，使图像与整体画

第 2 章 小试牛刀：调整与编辑图像

面和谐统一，用户可以对图像进行斜切、扭曲、透视和变形等变换操作，将图像变换为用户理想的效果。

2.4.1 斜切图像

在 Photoshop CS6 中，用户可以运用"斜切"命令斜切图像，对图像进行斜切变形。

| 素材文件 | 第 2 章\鱼缸.jpg、电脑.psd | 效果文件 | 第 2 章\电脑.psd |

STEP 01 打开素材

按【Ctrl+O】组合键，打开两幅素材图像，如下图所示。

STEP 02 移动图像

确认"鱼缸"为当前图像编辑窗口，选取工具箱中的移动工具，在"鱼缸"图像上按住鼠标左键并拖曳，至"电脑"图像编辑窗口中后释放鼠标左键，即可移动图像，效果如下图所示。

STEP 03 斜切图像

单击菜单栏中的"编辑"|"变换"|"斜切"命令，调出变换控制框，将图像调整到合适的位置，将鼠标指针移至变换控制框右下角的控制柄上，当指针呈白色三角▷形状时，按住鼠标左键并拖曳，如下图所示。

STEP 04 调整所有控制柄

依次拖曳其他三个控制柄至合适位置，

按【Enter】键确认，斜切图像，效果如下图所示。

? 专家指点

用户调出变换控制框后，可以在图像上单击鼠标左键，在弹出的快捷菜单中，选择需要的变换命令。

2.4.2 扭曲图像

在 Photoshop CS6 中，用户可以根据需要运用"扭曲"命令，对图像进行扭曲变形操作，以达到用户所需要的效果。

| 素材文件 | 第 2 章\Photoshop.psd | 效果文件 | 第 2 章\Photoshop.psd |

STEP 01 打开素材

按【Ctrl+O】组合键，打开一幅素材图像，如下图所示。

STEP 02 选择目标图层

展开"图层"面板，选择"图层 2"图层，如下图所示。

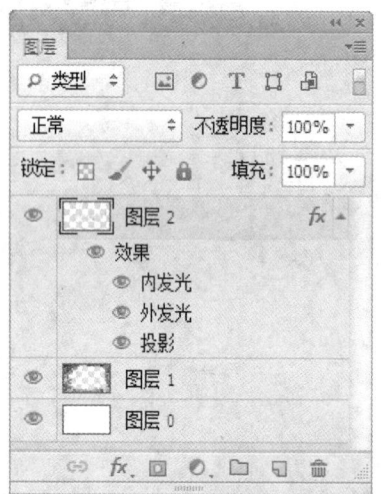

STEP 03 调出变换控制框

单击菜单栏中的"编辑"|"变换"|"扭曲"命令，即可调出变换控制框，如下图所示。

STEP 04 扭曲图像

将鼠标指针移至变换控制框的控制柄上，当鼠标指针呈白色三角形状 ▷ 时，按住鼠标左键并拖曳到合适位置，释放鼠标左键，依次拖曳其他控制柄，如下图所示。

STEP 05 确认调整

执行上述操作后，按【Enter】键确认，即可扭曲图像，效果如下图所示。

专家指点

"扭曲"与"斜切"命令的区别如下。

- 执行"扭曲"操作时，控制点可以随意拖动，不受调整边框方向的限制。
- 执行"斜切"操作时，控制点受边框的限制，每次只能沿边框的一个方向移动。
- 若在拖曳鼠标的同时按住【Alt】键，"扭曲"命令可以实现对称扭曲效果，而"斜切"则会受到调整边框的限制。

2.4.3 透视图像

在 Photoshop CS6 中进行图像处理时，如果需要将平面图变换为透视效果，使画面更有立体感，可以运用透视功能进行调节。选择"透视"命令，即会显示变换控制框，此时按住鼠标左键并拖动可以进行透视变换。

素材文件　第 2 章\羽毛.psd　　　　　效果文件　第 2 章\羽毛.psd

STEP 01 打开素材

按【Ctrl+O】组合键，打开一幅素材图像，如下图所示。

STEP 03 透视图像

将鼠标指针移至变换控制框右上角的控制柄上，当鼠标指针呈白色三角形状时，按住鼠标左键并拖曳，效果如下图所示。

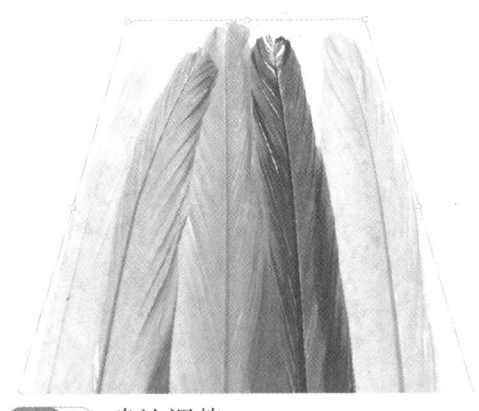

STEP 02 调出变换控制框

选择"图层 1"图层，单击"编辑"|"变换"|"透视"命令，调出变换控制框，如下图所示。

STEP 04 确认调整

执行上述操作后，按【Enter】键确认，即可透视图像，效果如下图所示。

? 专家指点

用户在进行透视变形操作时，可以按【Ctrl+T】组合键，调出变换控制框，再按住【Ctrl+Shift+Alt】组合键，拖曳控制点，即可进行透视变形操作。

2.4.4 变形图像

用户在执行"变形"命令时，图像上会出现变形网格和锚点，拖曳这些锚点或调整锚点的方向线可以对图像进行更加自由和灵活的变形处理。

| 素材文件 | 第 2 章\宝宝.jpg、茶杯.jpg | 效果文件 | 第 2 章\茶杯.psd |

STEP 01　打开素材

按【Ctrl+O】组合键,打开两幅素材图像,如下图所示。

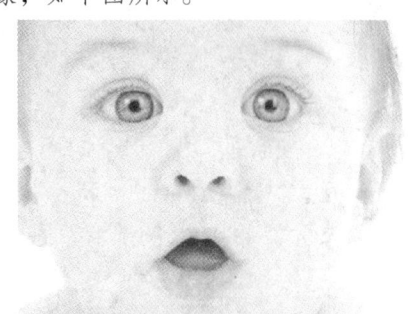

STEP 02　移动图像

选取工具箱中的移动工具,确认"宝宝"为当前图像编辑窗口,在"宝宝"图像上按住鼠标左键并拖曳,至"茶杯"图像编辑窗口中释放鼠标左键,如下图所示。

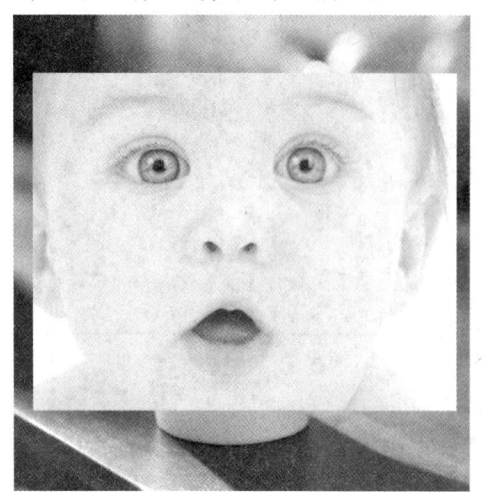

STEP 03　缩放图像

单击菜单栏中的"编辑"|"变换"|"缩放"命令,调出变换控制框,将鼠标指针移至变换控制框右上角的控制柄上,按住鼠标左键并拖曳,将图像调整至合适大小和位置,如下图所示。

STEP 04　变形图像

单击菜单栏中的"编辑"|"变换"|"变形"命令,显示变形网格,将鼠标指针移至变形网格的锚点上,按住鼠标左键并拖曳锚点,即可调整锚点的位置,将鼠标指针移至锚点控制柄上,按住鼠标左键并拖曳,即可调整图像的扭曲程度,依次调整各个控制柄和锚点,效果如下图所示。

第 2 章 小试牛刀：调整与编辑图像

STEP 05 确认调整

执行上述操作后，按【Enter】键确认，完成图像变形，效果如下图所示。

STEP 06 修改混合模式

展开"图层"面板，设置"图层 1"图层的"混合模式"为"正片叠底"，效果如下图所示。

2.4.5 重复上次变换

用户在对图像进行变换操作后，通过"再次"命令，可以重复上次变换操作，从而省略许多重复的步骤，并制作出特殊的效果。

| 素材文件 | 第 2 章\花瓣.psd | 效果文件 | 第 2 章\花瓣.psd |

STEP 01 打开素材

按【Ctrl+O】组合键，打开一幅素材图像，如下图所示。

命令，调出变换控制框，在花瓣位置按住鼠标左键并拖曳，将花瓣移动到原位置的左上方，如下图所示。

STEP 02 复制图层

展开"图层"面板，选择"花瓣"图层，按住鼠标左键并拖曳至面板下方的"创建新图层"按钮上释放鼠标左键，得到"花瓣 副本"图层，如下图所示。

STEP 03 移动图像位置

单击菜单栏中的"编辑"|"自由变换"

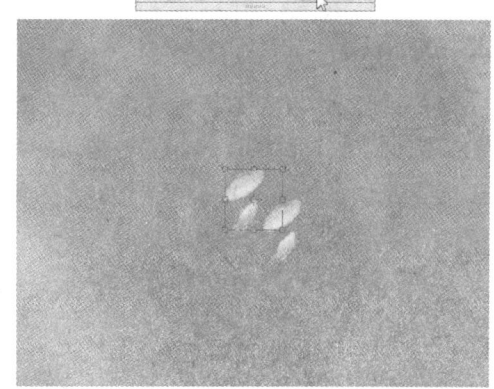

> **专家指点**
>
> 为了方便操作，可以按住【Alt】键，同时滚动鼠标滚轮，将图像扩大到合适的大小，再对图像进行操作。

STEP 04 变换图像

在变换控制框的属性栏中，设置W（宽度）为115、H（高度）为115、"旋转"为30度，如下图所示。

STEP 05 确认调整

执行上述操作后，按【Enter】键确认，即可变换图像，效果如下图所示。

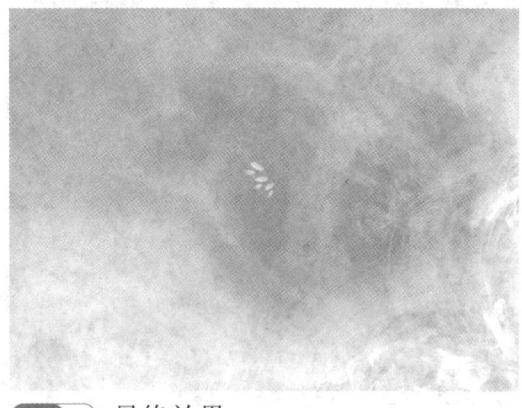

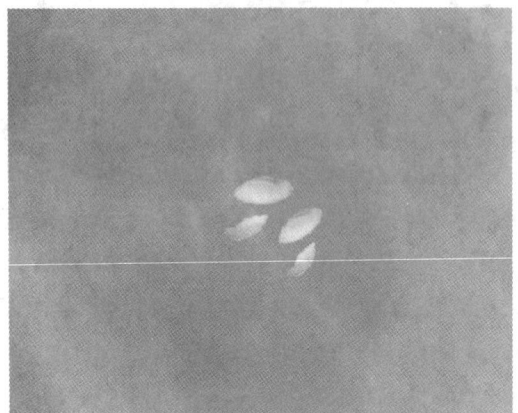

STEP 06 重复上次变换

按【Ctrl+Shift+Alt+T】组合键，即可把移动后的花瓣复制到一个新图层上，然后在新图层上执行上次的变换，效果如下图所示。

STEP 07 最终效果

多次重复按【Ctrl+Shift+Alt+T】组合键，执行重复上次变换命令，最终效果如下图所示。

> **专家指点**
>
> 执行"再次"命令的两种快捷键如下：
> - 按【Ctrl+Shift+T】组合键，对原对象重复上次变换。
> - 按【Ctrl+Shift+Alt+T】组合键，复制原对象后再重复上次变换。

2.4.6 操控变形图像

操控变形功能比变形网格功能还要强大，也更吸引人。使用该功能时，用户可以在图像的关键点上放置图钉，然后通过拖动图钉来对图像进行变形操作。

| 素材文件 | 第2章\3d 小人.psd | 效果文件 | 第2章\3d 小人.psd |

STEP 01 打开素材

按【Ctrl+O】组合键，打开一幅素材图像，如下图所示。

STEP 02 选择图层

展开"图层"面板，选择"小人"图层，如下图所示。

第 2 章 小试牛刀：调整与编辑图像

STEP 03 显示变形网格

单击菜单栏中的"编辑"|"操控变形"命令，图像上即可显示变形网格，效果如下图所示。

STEP 04 添加图钉

在图像中"人物"关节处的网格点上，依次单击鼠标左键添加图钉，如下图所示。

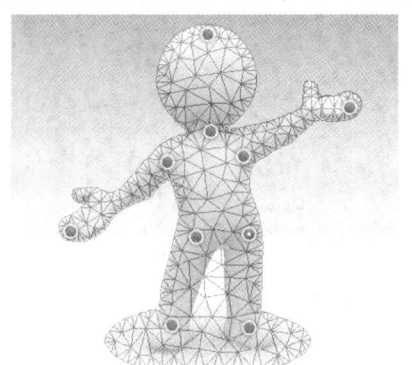

STEP 05 变形图像

将鼠标指针移至"小人"图层中左手的图钉上，按住鼠标左键并向上拖曳，即可变形图像，效果如下图所示。

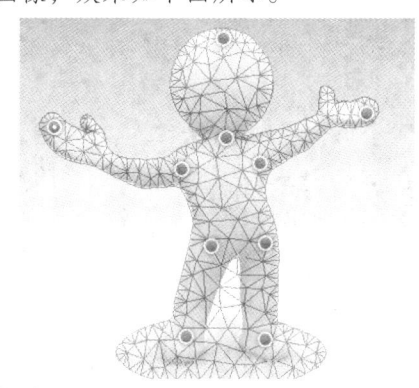

STEP 06 调整所有部位

依次移动小人的各个部位，调整小人姿态，效果如下图所示。

STEP 07 确认调整

执行以上操作后，按【Enter】键确认变形，最终效果如下图所示。

> **专家指点**
> 当需要移动的图像部位没有图钉时，Photoshop CS6 会自动添加图钉。

在图钉上单击鼠标右键，会弹出图钉快捷菜单，其中主要选项的含义如下。

- 删除图钉：选择该选项，可删除所有的图钉。
- 设置自动旋转：选择该选项，可设置自动旋转的角度，当添加图钉时，会自动进行旋转。
- 前移一层：选择该选项，当图钉重叠时，可将图钉前移一层。
- 后移一层：选择该选项，当图钉重叠时，可将图钉后移一层。
- 移去所有图钉：选择该选项，将移去所有的图钉。
- 选择所有图钉：选择该选项，将选择所有的图钉。
- 隐藏网格：选择该选项，可以将网格隐藏。

2.4.7 内容识别缩放图像

内容识别缩放可在不更改重要可视内容（如人物、建筑或动物等）的情况下调整图像大小，使用内容识别缩放图像时，人物、建筑或动物等重要内容不会进行特大幅度的形变。

"内容识别比例"工具的使用方法、效果和"自由变换"工具非常类似，可以称其为"升级版"的自由变换工具。使用该工具对图像进行缩放可以省去大量复杂的后期修补、润饰操作，并且不必再忍痛裁切掉必要的画面。

素材文件	第 2 章\美女.psd	效果文件	第 2 章\美女.psd

STEP 01 打开素材

按【Ctrl＋O】组合键，打开一幅素材图像，如下图所示。

STEP 02 调出变换控制框

展开"图层"面板，选择"图层 0"图层，单击菜单栏中的"编辑"|"内容识别比例"命令，调出变换控制框，如下图所示。

STEP 03 缩放图像

将鼠标指针移至变换控制框右侧中间的控制柄上，当鼠标指针呈水平双向箭头形状时，按住鼠标左键并向左拖曳，至合适位

置后释放鼠标左键，效果如下图所示。

第 2 章 小试牛刀：调整与编辑图像

STEP 04 扭曲图像

按【Enter】键确认，即可以在保护人物及圆形图像等主要内容的前提下扭曲图像，效果如下图所示。

> **专家指点**
> 按【Ctrl+Shift+Alt+C】组合键，可以快速打开"内容识别比例"变换控制框。

> **专家指点**
> 内容识别缩放的适用范围如下：
> ✿ 内容识别缩放适用于处理图层和选区。图像可以是 RGB、CMYK、Lab 和灰度颜色模式以及所有位深度。
> ✿ 内容识别缩放不适用于处理调整图层、图层蒙版、各个通道、智能对象、3D 图层、视频图层、图层组或者同时处理多个图层。

"内容识别比例"工具的属性栏如下图所示，其中各主要选项的含义如下：

"内容识别比例"工具的属性栏

✿ 缩放比例：指定图像按原始大小的百分比进行缩放。输入宽度（W）和高度（H）的百分比，如果需要保持长宽比例不变形，则单击"保持长宽比"按钮。

✿ 数量：指定内容识别缩放与常规缩放的比例。通过在文本框中输入值，或者单击下拉按钮然后移动滑块，来指定内容识别缩放的百分比。

✿ 保护：选取指定要保护的区域的 Alpha 通道，保护其在缩放图像时，该区域不会发生变形。

✿ 保护肤色：单击该按钮后，试图保留包含肤色的图像区域。

> **专家指点**
> 当需要指定在缩放时要保护的内容时，用户可以采用以下方法。
> ✿ 在要保护的内容周围建立选区，然后在"通道"面板中单击"将选区存储为通道"按钮。
> ✿ 如果是缩放"背景"图层，则单击"选择"｜"全部"命令。
> ✿ 单击菜单栏中的"编辑"｜"内容识别比例"命令。
> ✿ 在"保护"下拉列表框中，选取所创建的 Alpha 通道。
> ✿ 拖动外框上的手柄以缩放图像，即可在指定保护内容的前提下变换缩放图像。

Chapter 03

章前知识导读

选区是选择图像时比较重要和常用的手段之一。当用户对图像的局部进行编辑时，可以根据需要使用这些工具创建不同的选区，灵活巧妙地应用这些选区，以帮助用户制作出许多意想不到的效果。

选区应用：创建与编辑选区对象

重点知识索引

- 创建选区
- 编辑选区内容
- 使用各种命令修改选区
- 保存与载入选区

效果图片赏析

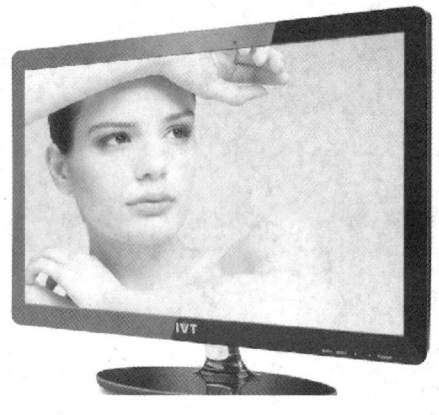

第 3 章 选区应用：创建与编辑选区对象

3.1 创建选区

选区是指通过工具或者相应命令在图像上创建的用于限制图像编辑区域的选区范围。在 Photoshop CS6 中，可以运用选区工具创建规则选区、不规则选区、颜色选区和全部选区等。

创建选区后，选区的边界会显现出不断交替闪烁的虚线，将选区内的图像区域进行隔离。此时可以对选区内的图像进行复制、移动、填充、校正颜色以及滤镜等操作，而选区外的图像不会受到影响，如下图所示。

利用选区更换图像颜色

3.1.1 创建规则选区

在 Photoshop CS6 中，创建规则选区主要使用选框工具，选框工具包括矩形选框工具、椭圆选框工具、单列选框工具和单行选框工具。

使用矩形选框工具可以创建正方形选区和矩形选区，使用椭圆选框工具可以创建椭圆选区和圆形选区，而使用单列选框工具或单行选框工具则可以创建 1 个像素的单列或单行的选区，如下图所示。

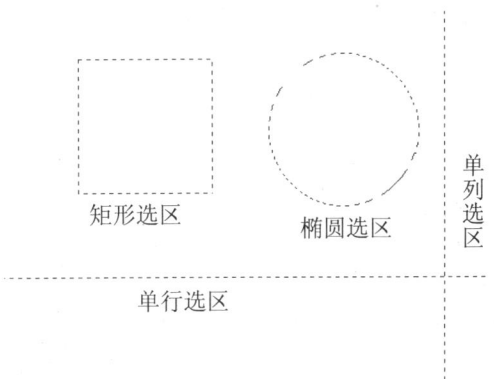

使用不同选框工具创建的选区

下面以矩形选框工具为例，介绍创建并应用规则选区的方法。

| 素材文件 | 第 3 章\新娘.jpg、相框.psd | 效果文件 | 第 3 章\新娘.psd |

STEP 01 打开素材

按【Ctrl+O】组合键，打开两幅素材图像，如下图所示。

STEP 02 选取工具

选取工具箱中的矩形选框工具，如下图所示。

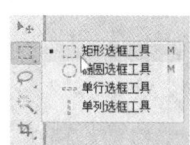

STEP 03 创建矩形选区

选择"新娘"图像为当前编辑窗口，将鼠标指针移至图像编辑窗口中的合适位置，按住鼠标左键并拖曳，创建一个矩形选区，效果如下图所示。

STEP 04 移动选区内容

选取工具箱中的移动工具，将鼠标指针移至图像中的矩形选区内，按住鼠标左键并拖曳，将选区内容移至"相框"图像编辑窗口中，效果如下图所示。

STEP 05 调整效果

单击菜单栏中的"编辑"|"变换"|"缩放"命令，调出变换控制框，调整图像大小和位置，按【Enter】键确认操作，效果如下图所示。

第3章 选区应用：创建与编辑选区对象

> **专家指点**
>
> 使用矩形选框工具组时，用户可以使用以下快捷键。
> - 按【M】键，可以快速选择矩形选框工具。
> - 按【Shift+M】组合键，可以在矩形选框工具与椭圆选框工具之间快速切换。
>
> 由于单列选框工具与单行选框工具在实际应用中使用较少，所以 Photoshop CS6 中未提供这两种工具的快捷键。

选取矩形选框工具后，其工具属性栏如下图所示，其中各主要选项的含义如下：

矩形选框工具的属性栏

- **像素大小**：通过改变该选区中的"宽度"和"高度"数值，可以调整图像在屏幕上的显示大小，图像的尺寸与文件大小也相应发生变化。
- **羽化**：在"羽化"数值框中输入大于零的数值，可以指定选区在边缘产生半选择状态，从而得到柔化效果。
- **样式**：用于设置选区创建的方法。"样式"下拉列表框中有3个选项，分别是"正常"、"固定比例"和"固定大小"。选择"正常"选项，可自由创建任何宽高比例、长宽大小的矩形选区；选择"固定比例"选项，其右边的"宽度"和"高度"文本框将被激活，在此文本框中输入数值，设置选择区域高度与宽度的比例，可得到精确的固定宽高比的矩形选择区域；选择"固定大小"选项，其右边的"宽度"和"高度"文本框将被激活，在此文本框中输入数值，可以确定新选区高度与宽度的精确数值。在此模式下只需在图像中单击，即可创建大小确定、尺寸精确的选区。
- **调整边缘**：单击"调整边缘"按钮，可以对现有的选区进行更为深入的修改，从而帮助用户创建更为精确的选区。

> **专家指点**
>
> 运用选框工具创建选区时，可以配合快捷键进行操作，下面以矩形选框工具为例进行介绍。
> - 按住【Shift】键的同时拖曳鼠标，可创建正方形选区。
> - 按住【Alt】键的同时拖曳鼠标，可创建以起始点为中心的矩形选区。
> - 按住【Alt+Shift】组合键的同时拖曳鼠标，可创建以起始点为中心的正方形选区。

3.1.2 创建不规则选区

在 Photoshop CS6 中，创建不规则选区主要使用套索工具。套索工具的优点在于能简单方便地创建复杂形状的选区，因此成为 Photoshop 中最常用的创建选区工具。在工具箱中，套索工具又可以分为3种不同的类别：套索工具、多边形套索工具以及磁性套索工具。

- 使用套索工具时，在图像编辑窗口中按住鼠标左键并拖曳，便可以创建任意形状的选区，其通常用于创建不太精确的选区。
- 使用多边形套索工具时，在图像编辑窗口中连续单击鼠标左键，便可以创建任意多边形的精确选区。
- 运用磁性套索工具时，在图像编辑窗口中单击鼠标左键并移动鼠标，便可以快速选择与背景对比强烈并且边缘复杂的对象，它可以沿着图像的边缘自动生成选区。

3种套索工具创建的选区形式如下图所示。

套索工具

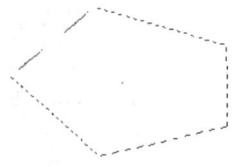
多边形套索工具

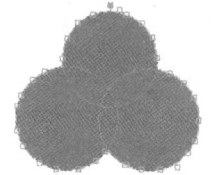
磁性套索工具

使用不同的套索工具创建的选区

下面以磁性套索工具为例,介绍创建并应用不规则选区的操作方法。

素材文件	第 3 章\草莓.jpg、齐白石.jpg	效果文件	第 3 章\草莓.psd

STEP 01 打开素材

按【Ctrl+O】组合键,打开两幅素材图像,如下图所示。

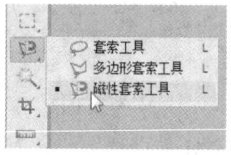

STEP 03 设置工具属性

菜单栏下方显示出磁性套索工具的属性栏,保持各选项为默认设置,如下图所示。

STEP 04 创建不规则选区

切换至"草莓"图像编辑窗口,在草莓的边缘按住鼠标左键并拖曳,沿边缘绘制不规则选区,如下图所示。

STEP 05 移动选区内容

选取工具箱中的移动工具,将鼠标指针移至图像中的不规则选区内,按住鼠标左键并拖曳,移动选区内图像至"齐白石"图像编辑窗口中,效果如下图所示。

STEP 02 选取磁性套索工具

将鼠标指针移至工具箱中,选取磁性套索工具,如下图所示。

> **专家指点**
>
> 当用户使用套索工具时,可以运用以下操作方法。
> ◆ 通过按【Backspace】键或按【Delete】键来删除最近的关键点。
> ◆ 通过双击鼠标左键或按【Enter】键来自动闭合选区。
> ◆ 通过按【Ecs】键来取消创建选区。

在磁性套索工具属性栏中，主要选项的含义如下。

- 羽化：用来模糊选区的边缘。
- 消除锯齿：用来模糊羽化边缘的像素，使其与背景像素产生颜色的过渡，从而消除边缘明显的锯齿。
- 宽度：该值决定了以光标中心为基准，其周围有多少个像素能够被工具检测到。如果对象的边界清晰，可以使用一个较大的宽度值；如果所选对象的边界不是特别清晰，则需要使用一个较小的宽度值。
- 对比度：用来设置感应图像边缘的灵敏度。如果图像的边缘清晰，可将该数值设置得高一些；反之，则设置得低一些。
- 频率：用来设置创建选区时生成锚点的数量。
- 使用绘图板压力以更改钢笔压力：在计算机配置有数位板和压感笔时，单击此按钮，Photoshop 会根据压感笔的压力自动调整工具的检测范围。

> **专家指点**
>
> 在使用磁性套索工具创建选区时，用户可以使用以下操作方法。
> - 若需要临时切换至套索工具，可以按住【Alt】键；若按住【Alt】键的同时单击鼠标左键，则可以临时切换至多边形套索工具。
> - 若选择的边框没有贴近被选图像的边缘，可以在选区上单击鼠标左键，手动添加一个节点，然后将其调整至合适位置。
> - 用户在使用多边形套索工具创建选区时，按住【Shift】键的同时单击鼠标左键，可以沿水平、垂直或45°角方向绘制选区。在运用套索工具或多边形套索工具时，按下【Alt】键可以在两个工具之间进行切换。
> - 创建选区后再移动选区时，若按【Shift+方向键】，则可以移动10像素的距离；若按【Ctrl】键移动选区，则可以移动选区内的图像；使用移动工具移动选区，也可以移动选区内的图像。

3.1.3 创建颜色选区

当图像中色彩相邻像素的颜色相近时，用户可以运用魔棒工具或快速选择工具进行选取。下面以魔棒工具为例，介绍创建并应用颜色选区的方法。

| 素材文件 | 第 3 章\魔方.jpg | 效果文件 | 第 3 章\魔方.jpg |

STEP 01 打开素材

按【Ctrl+O】组合键，打开一幅素材图像，如下图所示。

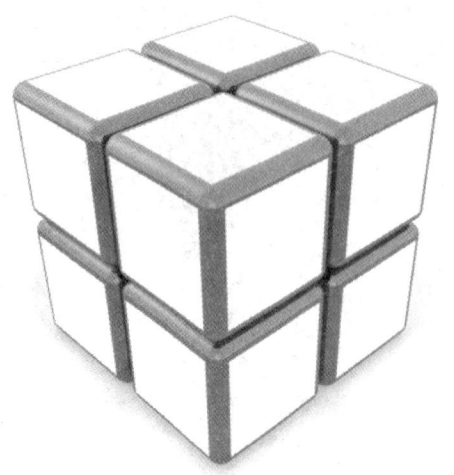

STEP 05 选取颜色

选取工具箱中的画笔工具,单击工具箱中的"设置前景色"色块,弹出"拾色器(前景色)"对话框,在其中选择想要的颜色,如下图所示。

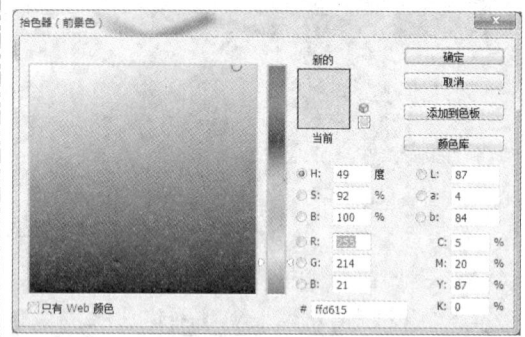

> **专家指点**
>
> 选取画笔工具后,用户可以使用以下方法选择颜色。
>
> ● 打开"颜色"浮动面板,在面板上单击鼠标左键选择需要的颜色。
>
> ● 打开"色板"浮动面板,在面板上单击鼠标左键选择需要的颜色。
>
> ● 按住【Alt】键,当鼠标变成吸管形状时,在图像中吸取需要的颜色至"拾色器"。

STEP 02 选取工具

选取工具箱中的魔棒工具,如下图所示。

STEP 06 修改颜色

按【Enter】键确认设置,将鼠标指针移至图像编辑窗口的选区内,单击鼠标左键,为选区上色,效果如下图所示。

STEP 03 设置工具属性

在菜单栏下方显示出魔棒工具的属性栏,设置"容差"为15,并选中"连续"复选框,如下图所示。

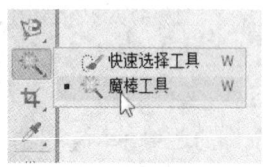

STEP 04 建立颜色选区

移动鼠标指针至图像编辑窗口中,在白色区域上单击鼠标左键,即可选中白色区域,如下图所示。

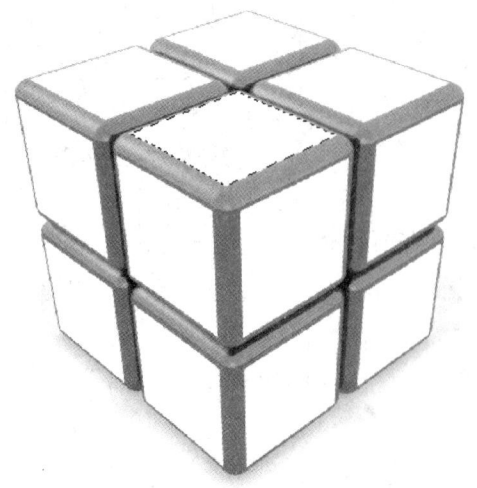

STEP 07 修改所有颜色

运用与上述相同的操作方法,为魔方的各个面上色,效果如下图所示。

STEP 08 最终效果

按【Ctrl+D】组合键取消选区,最终效果如下图所示。

第 3 章 选区应用：创建与编辑选区对象

> **专家指点**
> 给图像快捷上色时，用户还可以使用油漆桶工具。使用油漆桶工具时，需要首先设置前景色，并在工具属性栏中设置"容差"，然后在图像中的合适位置单击鼠标左键，油漆桶工具会自动将鼠标单击位置的颜色及其容差范围内的颜色替换为前景色。

> **专家指点**
> 魔棒工具所创建的选区是根据图像的色彩容差值来进行选取的，魔棒工具属性栏中的"容差"可以是 0~255 之间的数值，默认值为 32。设置的数值越小，选择的颜色范围越相近，选择的范围也就越小；设置的数值越大，选择的颜色范围差距越大，选择的范围也就越大。

3.1.4 创建全部选区

用户在使用 Photoshop CS6 编辑图像时，若图像像素颜色比较复杂或者需要对整幅图像进行调整，则可以使用"全部"命令，将全部图像区域创建为选区，然后对图像进行调整。下面详细介绍创建与应用全部选区的操作方法。

| 素材文件 | 第 3 章\沙漏.jpg | 效果文件 | 第 3 章\沙漏.jpg |

STEP 01 打开素材

按【Ctrl+O】组合键，打开一幅素材图像，如下图所示。

STEP 02 创建全部选区

单击菜单栏中的"选择"|"全部"命令，创建全部选区，如下图所示。

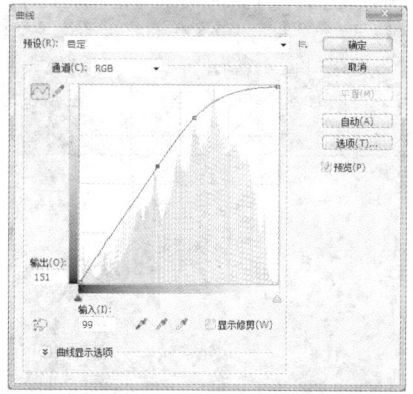

STEP 03 调整选区内容

单击"图像"|"调整"|"曲线"命令，弹出"曲线"对话框，在"通道"选项区中的曲线上单击鼠标左键，添加两个节点，并设置各节点参数，如下图所示。

STEP 04 最终效果

单击"确定"按钮，即可调整全部选区内的图像效果，按【Ctrl+D】组合键，取消选区，效果如下图所示。

> **专家指点**
>
> 用户可以使用以下快捷键快速创建全部选区或取消选区。
> ◎ 按【Ctrl+A】组合键，选择全部的图像。
> ◎ 按【Ctrl+D】组合键，取消选区。

在"曲线"对话框中，各主要选项的含义如下。

◎ 预设：提供了各种预设调整文件，包括彩色负片（RGB）、反冲（RGB）、较暗（RGB）、增加对比度（RGB）、较亮（RGB）、线性对比度（RGB）、中对比度（RGB）、负片（RGB）、强对比度（RGB）等，可以用于调整图像。

◎ 通道：在其下拉列表框中可以选择要调整的通道，调整通道会改变图像的颜色。

◎ 编辑点以修改曲线：该按钮为选中状态时，在曲线中单击可添加新控制点，拖动控制点改变曲线形状即可调整图像。

◎ 通过绘制来修改曲线：单击该按钮后，可以绘制手绘效果的自由曲线。

◎ 输出/输入："输入"色阶显示了调整前的像素值；"输出"色阶显示了调整后的像素值。

◎ 在图像上单击并拖动可修改曲线：单击该按钮后，将光标放在图像上，曲线上会出现一个圆形图形，它代表光标处的色调在曲线上的位置，在画面中按住鼠标左键并拖动鼠标，可以添加控制点并调整相应的色调。

◎ 平滑：使用铅笔绘制曲线后，单击该按钮，可以对曲线进行平滑处理。

◎ 自动：单击该按钮，可以对图像应用"自动颜色"、"自动对比度"或"自动色调"校正。具体校正内容取决于"自动颜色校正选项"对话框中的设置。

◎ 选项：单击该按钮，可以打开"自动颜色校正选项"对话框，自动颜色校正选项用

第3章 选区应用：创建与编辑选区对象

来控制由"色阶"和"曲线"中的"自动颜色"、"自动色调"、"自动对比度"和"自动"选项应用的色调和颜色校正，它允许指定"阴影"和"高光"剪切百分比，并为阴影、中间调和高光指定颜色值。

3.2 编辑选区

用户在使用 Photoshop CS6 处理图像时，经常需要对选区进行各种修改，使选区内的图像更符合用户的需要，为图像处理制作更好的效果。本节主要介绍编辑选区的操作方法，其中包括变换选区、剪切选区图像、拷贝与粘贴选区图像等。

3.2.1 变换选区

在 Photoshop CS6 中运用"变换选区"命令可以直接改变选区的形状，而不会改变选区中的内容。

| 素材文件 | 第3章\显示器.jpg、典雅.jpg | 效果文件 | 第3章\典雅.psd |

STEP 01 打开素材

按【Ctrl+O】组合键，打开两幅素材图像，如下图所示。

"显示器"为当前图像编辑窗口，将鼠标指针移至图像编辑窗口中的合适位置，按住鼠标左键并拖曳，创建一个矩形选区，效果如下图所示。

STEP 03 变换选区

单击"选择"|"变换选区"命令，调出变换控制框，按住【Ctrl】键的同时拖曳各控制柄，即可变换选区，如下图所示。

STEP 04 确认变换

按【Enter】键确认变换操作，效果如下图所示。

STEP 05 复制图像

切换至"典雅"图像编辑窗口，按【Ctrl+A】组合键，全选图像，按【Ctrl+C】组合键，即可复制图像，如下图所示。

STEP 02 建立选区

选取工具箱中的矩形选框工具，确认

专家指点

调出变换控制框后，用户可以使用以下快捷键进行操作。

● 按住【Ctrl】键，在变换控制框的角点上拖曳鼠标，变换为任意的自由四边形；在变换控制框的边控制点上按住鼠标左键并拖曳鼠标，变换为对边不变的自由平行四边形。

● 按住【Alt】键，在变换控制框的角点上拖曳鼠标，变换为中心对称自由矩形；在变换控制框的边控制点上拖曳鼠标，变换为中心对称的等高或等宽自由矩形。

● 按住【Shift】键，在变换控制框的角点上拖曳鼠标，可以等比例放大或缩小（还可反向拖动翻转图形）；在变换控制框的边控制点上拖曳鼠标，可以等比例放大或缩小。在变换控制框外侧拖曳鼠标，可以15°角为增量旋转图形。

● 按住【Ctrl+Shift】组合键，在变换控制框的角点上拖曳鼠标，变换为对角为直角的直角梯形；在变换控制框的边控制点上拖曳鼠标，变换为对边不变的等高或等宽的自由平行四边形。

● 按住【Ctrl+Alt】组合键，在变换控制框的角点上按住鼠标左键并拖曳鼠标，变换为相邻两角位置不变的中心对称自由平行四边形；在变换控制框的边控制点上按住鼠标左键并拖曳鼠标，变换为相邻两边位置不变的中心对称自由平行四边形。

● 按住【Shift+Alt】组合键，在变换控制框的角点上拖曳鼠标，变换为中心对称的等比例放大或缩小的矩形；在变换控制框的边控制点上拖曳鼠标，变换为中心对称的等高或等宽自由矩形。

● 按住【Ctrl+Shift+Alt】组合键，在变换控制框的角点上拖曳鼠标，变换为等腰梯形、三角形或相对等腰三角形；在变换控制框的边控制点上拖曳鼠标，变换为中心对称的等高或等宽的自由平行四边形。

STEP 06 贴入图像

切换至"显示器"图像编辑窗口，按【Alt

+Shift+Ctrl+V】组合键，贴入图像，效果如下图所示。

第 3 章 选区应用：创建与编辑选区对象

> **❓ 专家指点**
>
> 在 Photoshop CS6 中，只有复制或剪切文件后才能使用选择性粘贴操作，粘贴图像的形式有以下几种。
> - 原位粘贴图像：使用原位粘贴指的是粘贴后物体的位置与原始位置一致。
> - 贴入：将拷贝的图像粘贴在选区内，选区以外的图像会自动出现蒙版。
> - 外部粘贴：将拷贝的图像粘贴在选区外部，选区内的图像会自动出现蒙版。

STEP 07 最终效果

单击"编辑"|"自由变换"命令，调出变换控制框，按住【Ctrl】键的同时拖曳各控制柄，适当调整图像的大小与形状，按【Enter】键确认操作，效果如下图所示。

> **❓ 专家指点**
>
> "变换选区"与"自由变换"命令的区别如下：
> - 当执行"变换选区"命令变换选区时，对于选区内的图像没有任何影响。
> - 当执行"自由变换"命令时，则会将选区内的图像一起变换。

3.2.2 剪切选区内的图像

在 Photoshop CS6 中，灵活运用"剪切"命令可以裁剪所需要的图像，并用背景色替换被剪贴位置的图像。下面介绍剪切选区图像的操作方法。

素材文件	第 3 章\方块.jpg	效果文件	第 3 章\方块.jpg

STEP 01 打开素材

按【Ctrl + O】组合键，打开一幅素材图像，如下图所示。

STEP 02 选取工具

选取工具箱中的多边形套索工具，如下图所示。

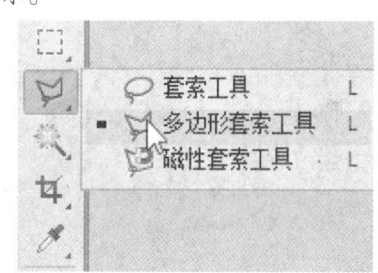

STEP 03 创建不规则选区

移动鼠标指针至图像编辑窗口中的合适位置，沿着需要选择的物体四周，连续单击鼠标左键，即可围绕该物体创建一个不规则的选区，如下图所示。

STEP 04 剪切选区内的图像

单击菜单栏中的"编辑"|"剪切"命令，即可剪切选区内的所选图像，效果如下图所示。

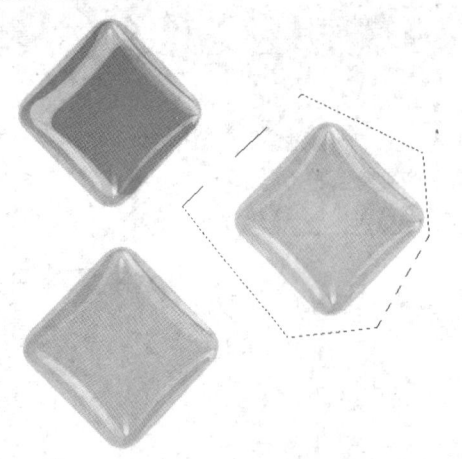

3.2.3 拷贝与粘贴选区图像

选择图像编辑窗口中需要的区域后，用户可将选区内的图像拷贝到剪贴板中，也可将剪贴板中的图像粘贴到指定位置。下面介绍拷贝与粘贴选区图像的操作方法。

| 素材文件 | 第 3 章\金鱼.jpg | 效果文件 | 第 3 章\金鱼.jpg |

STEP 01 打开素材

按【Ctrl+O】组合键，打开一幅素材图像，如下图所示。

STEP 02 建立选区

选取工具箱中的磁性套索工具，沿金鱼周围创建选区，如下图所示。

STEP 03 拷贝与粘贴选区图像

单击"编辑"|"拷贝"命令，拷贝选区内的图像，单击"编辑"|"粘贴"命令，粘贴选区内的图像，选取工具箱中的移动工具，将金鱼移至合适位置，如下图所示。

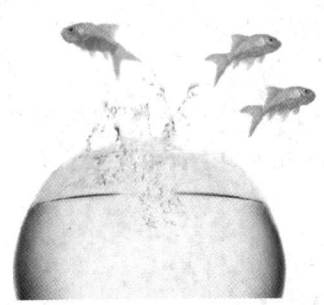

STEP 04 最终效果

按【Ctrl+T】组合键，调出变换控制框，调整图像，并按【Enter】键确认，效果如下图所示。

第 3 章 选区应用：创建与编辑选区对象

> **专家指点**
>
> 当用户将图像拷贝到剪贴板后，如果再次使用"拷贝"命令，拷贝的新图像会覆盖第一次拷贝的图像。
>
> 执行"粘贴"命令时，会把放在剪贴板中的选区图像作为一个新图层粘贴到原图像中，以方便用户对粘贴的图像进行单独处理。

3.3 修改选区

用户在使用 Photoshop CS6 处理图像时，为了使编辑和绘制的图像更加精确，经常要对已经创建的选区进行修改，如边界选区、羽化选区和平滑选区等，使选区的形状更符合用户的要求。

3.3.1 边界选区

使用"边界"命令可以在所创建的选区边缘新建一个选区，下面详细介绍边界选区的操作方法。

| 素材文件 | 第 3 章\发光球.jpg | 效果文件 | 第 3 章\发光球.jpg |

STEP 01 打开素材

按【Ctrl + O】组合键，打开一幅素材图像，如下图所示。

STEP 02 建立选区

选取工具箱中的椭圆选框工具，在图像编辑窗口中的合适位置创建一个椭圆选区，如下图所示。

STEP 03 设置边界命令

单击菜单栏中的"选择"|"修改"|"边界"命令，弹出"边界选区"对话框，设置"宽度"为 50 像素，如下图所示。

STEP 04 建立边界选区

单击"确定"按钮，执行操作后，则在原选区的边界建立一个宽度为 50 像素的边界选区，效果如下图所示。

专家指点

"边界选区"与"扩展选区"命令的区别如下：
- "扩展选区"命令是将选区均匀向外扩展。
- "边界选区"命令是用设置的宽度值围绕已有的选区创建一个环状选区。

STEP 05 设置填充参数

单击菜单栏中的"编辑"|"填充"命令，弹出"填充"对话框，设置"使用"为"白色"，如下图所示。

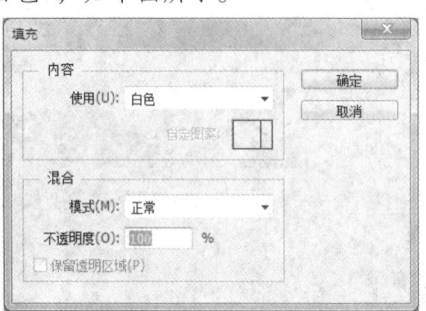

STEP 06 最终效果

按【Enter】键，填充边界选区，按【Ctrl+D】组合键，取消选区，效果如下图所示。

3.3.2 羽化选区

"羽化"命令用于对选区边缘进行羽化。羽化是通过建立选区和选区周围像素之间的转换边界来模糊边缘的，这种模糊方式将丢失选区边缘的一些图像细节。

| 素材文件 | 第3章\金发女.jpg、花边.jpg | 效果文件 | 第3章\金发女.psd |

STEP 01 打开素材

按【Ctrl+O】组合键，打开两幅素材图像，如下图所示。

STEP 02 设置工具属性

选取工具箱中的魔棒工具，在工具属性栏中，设置"取样大小"为"取样点"、"容差"为5，取消选择"连续"复选框，如下图所示。

STEP 03 建立选区

切换至"花边"图像编辑窗口中，在图像的白色位置单击鼠标左键进行取样，建立选区，如下图所示。

STEP 04 反向选区

单击菜单栏中的"选择"|"反向"命令，反向选区，如下图所示。

STEP 05 羽化选区

单击菜单栏中的"选择"|"修改"|"羽化"命令，弹出"羽化选区"对话框，设置"羽化半径"为10像素，按【Enter】键，确认选区的羽化操作，如下图所示。

第 3 章 选区应用：创建与编辑选区对象

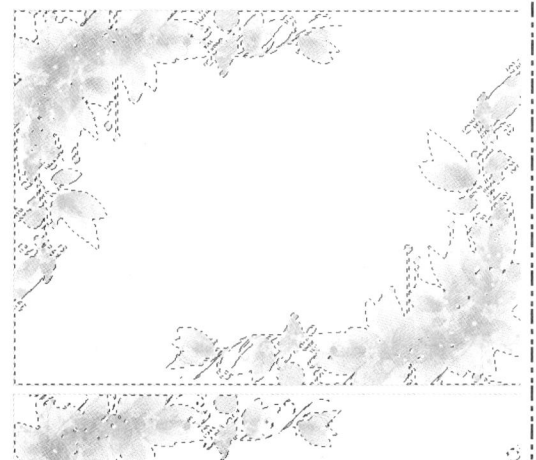

STEP 06 移动选区图像

选取工具箱中的移动工具，将鼠标指针移至图像中的选区内，按住鼠标左键并拖曳，移动选区内图像至"金发女"图像编辑窗口中，效果如下图所示。

STEP 07 最终效果

按【Ctrl＋T】组合键，调出变换控制框，调整图像大小，按【Enter】键确认，效果如下图所示。

❓ 专家指点

除了运用上述方法会弹出"羽化选区"对话框外，还有以下两种方法。
- 按【Shift＋F6】组合键，弹出"羽化选区"对话框。
- 创建好选区后，在图像编辑窗口中单击鼠标右键，在弹出的快捷菜单中选择"羽化"选项，弹出"羽化选区"对话框。

3.3.3 平滑选区

使用"平滑"命令可以平滑选区的尖角和去除锯齿，从而使图像中选区的边缘更加流畅和平滑。

| 素材文件 | 第 3 章\荷花.jpg | 效果文件 | 第 3 章\荷花.jpg |

STEP 01 打开素材

按【Ctrl+O】组合键，打开一幅素材图像，如下图所示。

STEP 02 建立选区

选取工具箱中的矩形选框工具，在图像编辑窗口中创建一个合适大小的矩形选区，如下图所示。

STEP 03 反向选区

单击菜单栏中的"选择"|"反向"命令（如下图所示），反向选择选区。

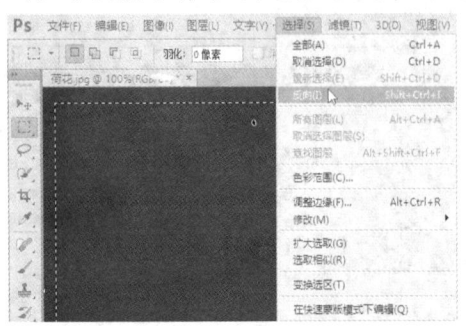

STEP 04 设置平滑命令

单击菜单栏中的"选择"|"修改"|"平滑"命令，弹出"平滑选区"对话框，设置"取样半径"为60像素，如下图所示。

STEP 05 平滑选区

单击"确定"按钮，即可平滑选区，如下图所示。

STEP 06 最终效果

设置前景色为白色，按【Alt+Delete】组合键，填充前景色，按【Ctrl+D】组合键，取消选区，效果如下图所示。

3.4 保存和载入选区

在 Photoshop CS6 中创建选区后，为了防止误操作而造成选区丢失，或者后面制作其他效果时还需要使用相同的选区，用户可以根据需要对选区进行存储与载入操作。

3.4.1 保存选区

创建选区后，如果在以后的操作中还可能需要使用该选区，用户可以先将该选区保存下来，方便下一次调用，同时也能减少用户的重复操作。

| 素材文件 | 第 3 章\戒指.jpg | 效果文件 | 第 3 章\戒指.psd |

STEP 01 打开素材

按【Ctrl+O】组合键，打开一幅素材图像，如下图所示。

STEP 02 设置工具属性

选取工具箱中的魔棒工具，在工具属性栏中设置"容差"为 15，选中"连续"复选框，如下图所示。

STEP 03 建立选区

按住【Shift】键，在戒指的两处空白背景上单击鼠标左键，选择两处空白后释放【Shift】键，如下图所示。

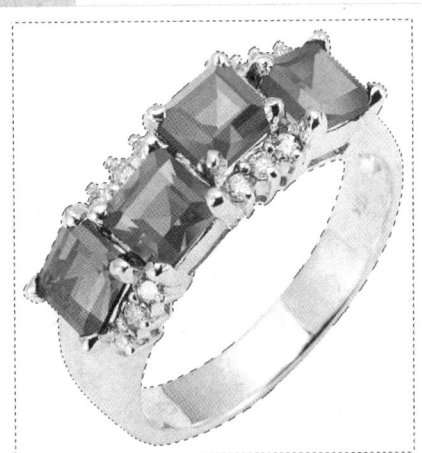

STEP 04 反向选区

单击菜单栏中的"选择"|"反向"命令，将选区进行反向，如下图所示。

STEP 05 设置相应参数

单击菜单栏中的"选择"|"存储选区"命令，弹出"存储选区"对话框，设置相应的参数，如下图所示。

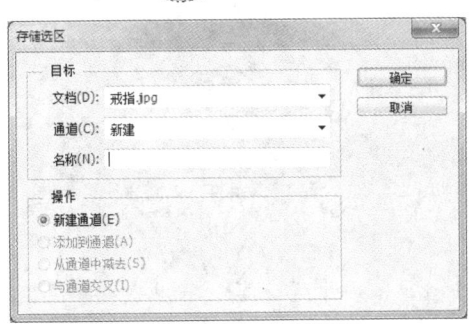

STEP 06 存储选区

单击"确定"按钮，即可存储创建的选区，如下图所示。

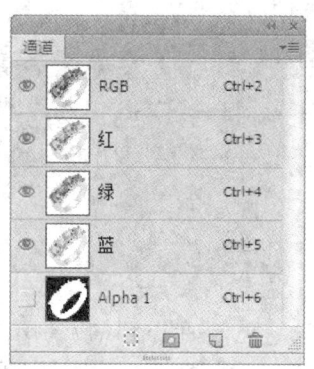

> **专家指点**
> 如果需要再次打开该文件时使用该选区，应将文件存储为 PSD 格式，如果把图像保存为其他格式后再关闭，保存的选区信息将丢失，重新打开的文件中无法载入保存的选区。

在"存储选区"对话框内，主要选项的含义如下：

❀ 文档：在该下拉列表框中可以选择保存选区的目标文件，默认情况下选区保存在当前文档中，也可以选择将选区保存在一个新建的文档中。

❀ 通道：可以选择将选区保存到一个新建的通道，或保存到其他 Alpha 通道中。

❀ 名称：用来设置存储的选择区域在通道中的名称。

❀ 操作：如果保存选区的目标文件包含选区，则可以选择如何在通道中合并选区。选中"新建通道"单选按钮，可以将当前选区存储在新通道中；选中"添加到通道"单选按钮，可以将选区添加到目标通道的现有选区中；选中"从通道中减去"单选按钮，可以从目标通道内的现有选区中减去当前的选区；选中"与通道交叉"单选按钮，可以从与当前选区和目标通道中的现有选区交叉的区域中存储一个选区。

3.4.2 载入选区

存储选区后，用户可以通过"载入选区"命令，将选区载入到图像中。

| 素材文件 | 第 3 章\戒指.psd、背景.jpg | 效果文件 | 第 3 章\戒指.psd |

STEP 01 打开素材

以 3.4.1 节的效果为素材，按【Ctrl + O】组合键，打开两幅素材图像，如下图所示。

STEP 02 设置各选项

单击"选择"|"载入选区"命令，弹出"载入选区"对话框，设置各选项，如下图所示，单击"确定"按钮，即可载入选区。

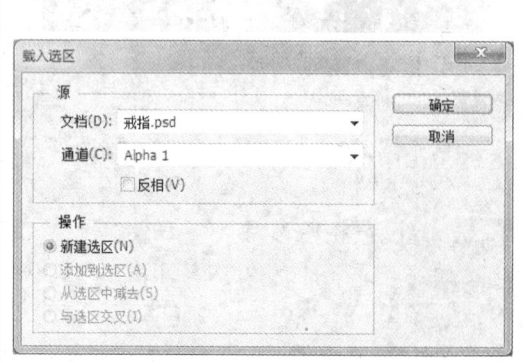

第 3 章　选区应用：创建与编辑选区对象

STEP 03 移动选区图像

选取工具箱中的移动工具，将鼠标指针移至图像中的选区内，按住鼠标左键并拖曳，移动选区内图像至"背景"图像编辑窗口中，效果如下图所示。

在"载入选区"对话框内，主要选项的含义如下：

- 文档：在该下拉列表框中可以选择保存选区的目标文件，默认情况下选区保存在当前文档中，也可以选择将选区保存在一个新建的文档中。
- 通道：用来选择包含选区的通道。
- 反相：选中该复选框可以反转选区，相当于载入选区后执行"反向"命令。
- 操作：如果当前文档中已包含选区，用户可以通过该选项设置如何合并载入的选区。

● 读书笔记

Chapter 04

章前知识导读

一幅好的设计作品，对其进行润色和修饰是必不可少的步骤，Photoshop CS6 中提供了各式各样的润色工具和修饰工具，且每种工具都有独特之处，正确、合理地使用各种工具，将会制作出更精美的效果。

修图高手：调色与修饰图像

重点知识索引

- 调整图像基本色彩
- 调整图像特殊色调
- 使用各种工具修复图像

效果图片赏析

4.1 调整图像基本色彩

Photoshop CS6 提供了图像色彩调整的多种常用方法,本节主要介绍使用"曝光度"、"色彩平衡"、"色相/饱和度"、"色阶"以及"亮度/对比度"命令调整图像基本色彩的操作方法。

4.1.1 了解图像的颜色模式

在学习调整图像基本色彩的方法之前,需要对图像的颜色模式有所了解。颜色模式决定了图像的显示颜色数量,也影响图像的通道数和图像的文件大小。Photoshop CS6 能以多种色彩模式显示图像,最常用的模式是 RGB、CMYK、位图、灰度以及多通道模式。

1. RGB 模式

RGB 模式是 Photoshop 默认的颜色模式,是图形图像设计中最常用的色彩模式。它代表了可视光线的 3 种基本色,即红、绿、蓝,因此也称为"光学三原色",每一种颜色存在着 256 个等级的强度变化。当三原色重叠时,由不同的混色比例和强度会产生其他的间色,三原色相加会产生白色,如下图所示。

RGB 模式在屏幕显示中色彩丰富,所有滤镜都可以使用,各软件之间文件兼容性高,但在印刷输出时,偏色情况较重。

2. CMYK 模式

CMYK 模式即由 C(青色)、M(洋红)、Y(黄色)、K(黑色)合成颜色的模式,如下图所示。

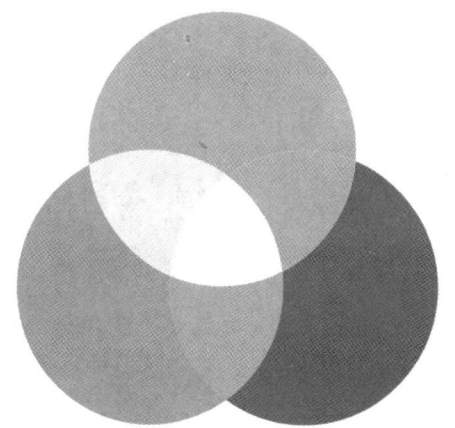

RGB 模式　　　　　　　　　　　　　CMYK 模式

这是印刷上最主要使用的颜色模式,由这 4 种油墨按不同比例合成可生成千变万化的颜色,因此被称为四色印刷。

CMYK 模式由青色(C)、洋红(M)、黄色(Y)叠加即生成红色、绿色、蓝色以及黑色,黑色用来增加对比度,以补偿 C、M、Y 产生的黑度不足。由于印刷使用的油墨都包含一些杂质,单纯由 C、M、Y 三种油墨混合不能产生真正的黑色,因此需要加一种黑色（K）。CMYK 模式是一种减色模式，每一种颜色所占的百分比范围为 0%～100%，百分比越大，颜色越深。

3. 灰度模式

灰度模式可以将图片转变成黑白相片的效果（如下图所示），它是图像处理中被广泛运用的模式，采用 256 级不同浓度的灰度来描述图像，每一个像素都有 0～255 之间范围的亮度值。

将彩色图像转换为灰度模式时，所有的颜色信息都将被删除。Photoshop 允许将灰度模式的图像再转换为彩色模式，但是原来已丢失的颜色信息不能再恢复。

4. 位图模式

位图模式也称为黑白模式，它使用黑、白双色来描述图像中的像素，如下图所示。

灰度模式

位图模式

黑白之间没有灰度过渡色，该类图像占用的内存空间非常少。当一幅彩色图像要转换成黑白模式时，不能直接转换，必须先将图像转换成灰度模式。

5. 多通道模式

多通道模式实际是一种减色模式，将 RGB 图像转换为该模式后，可以得到青色、洋红和黄色通道，此外，如果删除 RGB、CMYK 或 Lab 模式的某个颜色通道，图像会自动转换为多通道模式。这种模式包含了多种灰阶通道，每一通道均由 256 级灰阶组成，通常用来处理特殊打印需求。例如，如果图像中只使用了一两种或两三种颜色，使用多通道颜色模式可以减少印刷成本。

下图所示为将一幅 RGB 模式图像中的蓝色通道删除，得到的多通道模式图像。

在 Photoshop CS6 中，用户可以根据需要将图像转换为多通道模式。下图所示为使用"多通道"命令将 RGB 模式图像转换为多通道模式的效果。

双色模式通过 1～4 种自定油墨创建单色调、双色调、三色调和四色调的灰度图像，如果希望将彩色图像模式转换为双色调模式，则必须先将图像转换为灰度模式，再转换为双色调模式。

第 4 章 修图高手：调色与修饰图像

删除蓝色通道后的多通道图像

将 RGB 模式转换为多通道模式后的图像

4.1.2 调整图像亮度范围

亮度（Value，简写为 V，又称为明度）是指颜色的明暗程度，通常使用从 0%～100% 的百分比来度量。通常在正常强度的光线照射下的色相，被定义为标准色相，亮度高于标准色相的，称为该色相的高光，反之称为该色相的阴影。

不同亮度的颜色给人的视觉感受各不相同，高亮度颜色给人以明亮、纯净、唯美的感觉，中亮度颜色给人以朴素、稳重、亲和的感觉，低亮度颜色则让人感觉压抑、沉重、神秘，如下图所示。

高亮度颜色

低亮度颜色

在照片拍摄过程中，经常会出现因为曝光过度而导致图像偏白，或者因为曝光不足而导致图像偏暗的情况。在 Photoshop CS6 中，运用"曝光度"命令可以快速调整图像的曝光问题，改变图像的亮度，改善照片的效果。

| 素材文件 | 第 4 章\猫.jpg | 效果文件 | 第 4 章\猫.jpg |

STEP 01 打开素材

按【Ctrl+O】组合键，打开一幅素材图像，如下图所示。

STEP 02 调整曝光度参数

单击菜单栏中的"图像"|"调整"|"曝光度"命令，弹出"曝光度"对话框，在选项区中设置"曝光度"为 1.11、"灰度系数校正"为 0.84，如下图所示。

STEP 03 确认调整

单击"确定"按钮，即可调整图像曝光度，效果如下图所示。

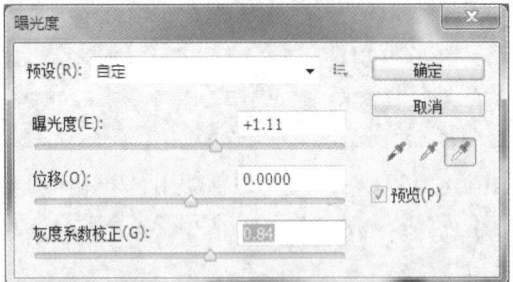

文件。调整后单击"预设选项"按钮，在弹出的下拉列表框中，选择"存储预设"选项，可以将当前的调整参数保存为一个预设的文件。

❀ 曝光度：调整色调范围的高光端，对极限阴影的影响很轻微。

❀ 位移：使阴影和中间调变暗，对高光的影响很轻微。

❀ 灰度系数校正：使用简单乘方函数调整图像的灰度系数，负值会被视为它们的相应正值。

在"曝光度"对话框内，主要选项的含义如下：

❀ 预设：软件默认提供了 4 种预设曝光度效果，可以选择一个预设的曝光度调整

4.1.3 调整图像色彩范围

在调整图像的色彩范围之前，用户需要了解色相的概念。

色相（Hue，简写为 H）是指每种颜色的固有颜色表相，它是一种颜色区别于另一种颜色的最显著的特征。在通常使用中，颜色的名称就是根据其色相来决定的。例如，红色、橙色、蓝色、黄色、绿色。颜色体系中最基本的色相为赤（红）、橙、黄、绿、青、蓝、紫，将这些颜色相互混合可以产生许多色相的颜色。

颜色是按色轮关系排列的，色轮是表示最基本色相关系的颜色表，如右图所示。

在色轮表中，各颜色的分类详解如下。

❀ 三原色：也就是红色、黄色、蓝色，这 3 种颜色是无法通过其他颜色的混合来创建的，而使用这 3 种颜色的任意两种等量混合则可以创建出三间色，如红色与蓝色混合得到紫色、黄色与红色混合得到橙色、蓝色与黄色混合得到绿色。任一三原色与其相邻的三间色组合创建出第三色。

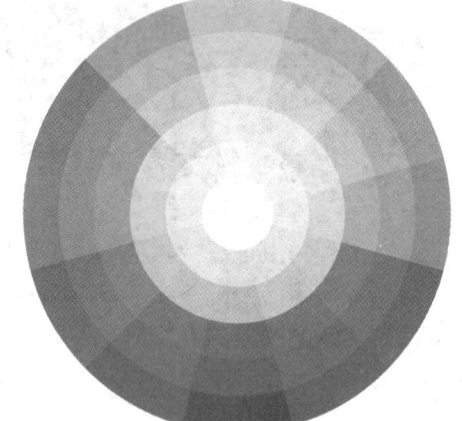

色轮表

❀ 互补色：色轮表上相对的两种颜色即组成互补色，由于形成互补色的两种颜色是对立的，所以使用其中的一种为主色，另一种颜色则用来作为强调色，可以形成比较鲜明的

第 4 章 修图高手：调色与修饰图像

对比。

- 三色组：色轮表上彼此等距的 3 种颜色则形成三色组，比如三原色形成的三色组称之为基色三色组，而三间色形成的三色组则称之为间色三色组。而另一种形式的分裂互补三色组则是由某个颜色与其互补色两边的颜色组成的。
- 类似色：色轮表上彼此相邻的颜色组成类似色，不管这些相邻的颜色是两种还是两种以上，它们都有相同的基础色。
- 亮色与暗色：对于一个设计中的颜色来说，仅仅依靠这些基本的色调是不行的，设计中有明暗的表现，所以也就有了亮色与暗色。亮色即是向色调中增加白色，同理，暗色即是向色调中增加黑色。正如色轮表上所显示的，暗色的最终色即为黑色，而亮色的最终色即是白色。
- 单色组合：由一种色调及其相应的多种暗色与亮色的组合即称为单色组合。

颜色一般以颜色固有的色相来命名，部分颜色还经常以植物所具有的颜色命名（如青绿）、动物所具有的颜色命名（如鸽子灰）以及颜色的深浅和明暗命名（如鹅黄）。右图所示为纯黄橙色图像。

纯黄橙色图像

不同的色相不仅明度不同，纯度也不相同，在所有色相中，红色的饱和度最高，蓝绿色的饱和度最低，如下图所示。

红色图像

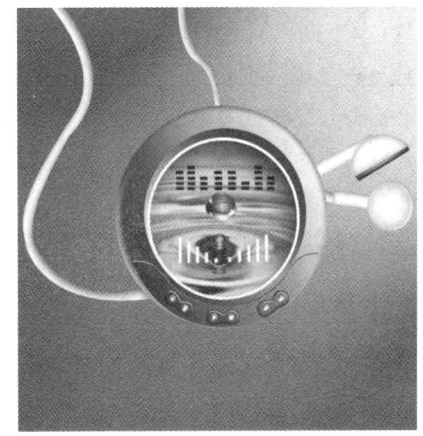

蓝绿色图像

任何一种色相加入白色时，明度虽有所提高，但纯度都会降低，若加入黑色，色相的纯度和明度都会降低；当两种或两种以上的色相混合时，它们各自的纯度都会降低。

在 Photoshop CS6 中使用"色彩平衡"命令，可以通过增加或减少处于图像高光、中间调及阴影区域中的特定颜色的色相，调整图像的色彩范围，改变图像的整体色调。下面将介绍调整图像色彩范围的操作方法。

| 素材文件 | 第 4 章\秋景.jpg | 效果文件 | 第 4 章\秋景.jpg |

STEP 01 打开素材

按【Ctrl+O】组合键，打开一幅素材图像，如下图所示。

STEP 02 调整色彩平衡参数

单击菜单栏中的"图像"|"调整"|"色彩平衡"命令，在弹出的"色彩平衡"对话框中，设置"青色"为26、"洋红"为-19、"黄色"为-19，并选中"保持明度"复选框，如下图所示。

STEP 03 确认调整

单击"确定"按钮，即可调整图像色彩平衡，效果如下图所示。

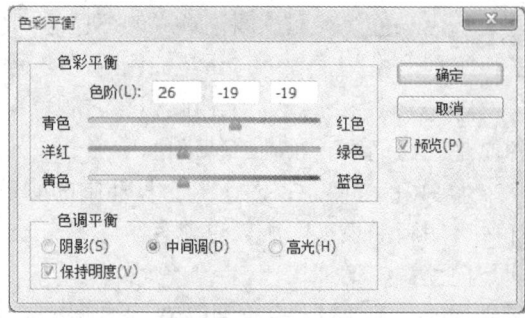

> **专家指点**
>
> 按【Ctrl+B】组合键，可以快速打开"色彩平衡"对话框。

在"色彩平衡"对话框内，各主要选项的含义如下。

❂ 色彩平衡：分别显示了青色和红色、洋红和绿色、黄色和蓝色这3对互补的颜色，每一对颜色中间的滑块用于控制各主要色彩的增减。

❂ 色调平衡：在该选项区中提供了阴影、中间调与高光3个单选按钮，选中其中一个单选按钮，可以调整图像颜色的阴影、中间调和高光。

❂ 保持明度：选中该复选框，图像像素的亮度值不变，只有颜色值发生变化。

4.1.4 调整图像整体色调

在使用 Photoshop CS6 调整图像色调时，饱和度也是一个极其重要的概念。

饱和度（Chroma，简写为C，又称为彩度）是指颜色的强度或纯度，它表示色相中颜色本身色素分量所占的比例，使用从0%~100%的百分比来度量。在标准色轮上，饱和度从中心到边缘逐渐递增，颜色的饱和度越高，其鲜艳程度也就越高，反之颜色则因包含其他颜色而显得陈旧或混浊。

不同饱和度的颜色能够给人带来不同的视觉感受，高饱和度的颜色给人以积极、冲动、活泼、有生气、喜庆的感觉，如下图所示。

同样的图像，如果将饱和度降低，则会给人以消极、无力、安静、沉稳且厚重的感觉，如下图所示。

第 4 章 修图高手：调色与修饰图像

高饱和度的图像　　　　　　　　　　　　低饱和度的图像

"色相/饱和度"命令可以精确地调整整幅图像，也可以调整单独一种颜色成分的色相、饱和度和明度。此命令也可以用于 CMYK 颜色模式的图像。下面将介绍调整图像整体色调的操作方法。

| 素材文件 | 第 4 章\酒杯.jpg | 效果文件 | 第 4 章\酒杯.jpg |

STEP 01 打开素材

按【Ctrl+O】组合键，打开一幅素材图像，如下图所示。

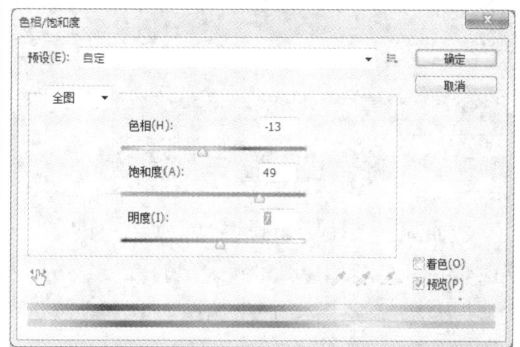

STEP 02 调整色相/饱和度参数

单击"图像"|"调整"|"色相/饱和度"命令，弹出"色相/饱和度"对话框，在选项区中设置"色相"为-13、"饱和度"为 49、"明度"为 7，如下图所示。

STEP 03 确认调整

单击"确定"按钮，即可调整图像的色调，效果如下图所示。

> **专家指点**
>
> 按【Ctrl+U】组合键，可以快速打开"色相/饱和度"对话框。

在"色相/饱和度"对话框中,主要选项的含义如下:

- 预设:软件默认提供了氰版照相、进一步增加饱和度、增加饱和度、旧样式、红色提升、深褐、强饱和度和黄色提升 8 种预设效果。
- 通道:在"通道"下拉列表框中可以选择"全图"、"红色"、"黄色"、"绿色"、"青色"、"蓝色"和"洋红"通道进行调整。
- 色相:色相是各类颜色的相貌称谓,用于改变图像的颜色。
- 饱和度:饱和度是指色彩的鲜艳程度,也称为色彩的纯度。当"饱和度"为正值时,图像的饱和度增加;当"饱和度"为负值时,图像的饱和度降低。
- 明度:明度是指图像的明暗程度。
- 着色:选中该复选框后,如果前景色是黑色或白色,图像会转换为红色;如果前景色不是黑色或白色,则图像会转换为当前前景色的色相;变为单色图像以后,可以拖动"色相"滑块修改颜色,或者拖动下面的两个滑块来调整饱和度和明度。
- 在图像上单击并拖动可修改饱和度:使用该工具在图像上单击鼠标左键,设置取样点以后,向左右拖曳鼠标可以调整图像饱和度。

> **专家指点**
> 获得一张好的扫描图像是修图工作的良好开端,Photoshop 虽然可以对有缺陷的图像进行修饰,但如果扫描的图像没有获得足够的颜色信息,那么过度的色彩调整会导致更多的细节丢失。

4.1.5 调整图像色阶效果

色阶是指图像中的颜色或颜色中的某一个组成部分的亮度范围。"色阶"命令通过调整图像的阴影、中间调和高光的强度级别,来校正图像的影调(包括反差、明暗和图像层次),以及调整图像的色调范围和色彩平衡。

| 素材文件 | 第 4 章\风景.jpg | 效果文件 | 第 4 章\风景.jpg |

STEP 01 打开素材

按【Ctrl + O】组合键,打开一幅素材图像,如下图所示。

STEP 02 调整色阶参数

单击"图像"|"调整"|"色阶"命令,弹出"色阶"对话框,在该对话框中设置相应的参数,如下图所示。

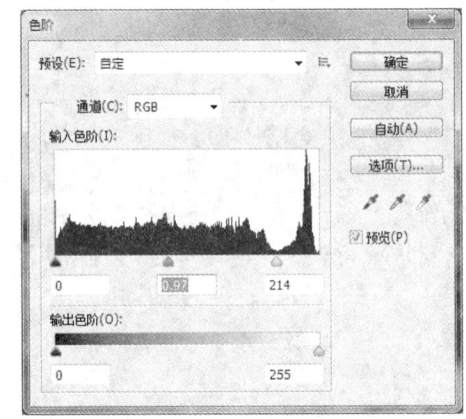

STEP 03 确认调整

单击"确定"按钮,即可调整图像色阶,效果如下图所示。

第 4 章　修图高手：调色与修饰图像

> **专家指点**
> 按【Ctrl+L】组合键，可以快速打开"色阶"对话框。

> **专家指点**
> 在色阶直方图中显示有高低起伏的山峰状图形，是根据当前图像的颜色暗调、中间调和高光收集数据，并以直方图形式直观地显示出来，山峰越高代表该部分的颜色信息越多。修改色阶其实就是扩大照片的动态范围（指相机能记录的亮度范围）、查看和修正曝光、调色或提高对比度。

在"色阶"对话框内，各主要选项的含义如下：

❀ 预设：软件默认提供了较暗、增加对比度 1、增加对比度 2、增加对比度 3、加亮阴影、较亮、中间调较亮、中间调较暗等 8 种预设效果。

❀ 通道：在"通道"下拉列表框中可以选择 RGB、"红"、"绿"和"蓝"通道，从整体或从各通道对图像的颜色进行调整。

❀ 输入色阶：用来调整图像的阴影、中间调和高光区域。

❀ 输出色阶：可限制图像的亮度范围，降低图像的对比度，从而使图像呈现褪色效果。

❀ 自动：单击该按钮，可以应用自动颜色校正，Photoshop 会以 0.5%的比例自动对图像的色阶进行调整，使图像的亮度分布更加均匀。

❀ 选项：单击该按钮，可以打开"自动颜色校正选项"对话框，在该对话框中可以设置黑色像素和白色像素的比例。

❀ 在图像中取样以设置黑场：使用该工具在图像中单击，可以将单击点的像素调整为黑色，原图中比该点暗的像素也会变为黑色。

❀ 在图像中取样以设置灰场：使用该工具在图像中单击，可以根据单击点像素的亮度来调整其他中间色调的平均亮度，通常用来校正色偏。

❀ 在图像中取样以设置白场：使用该工具在图像中单击，可以将单击点的像素调整为白色，原图中比该点亮度值高的像素也都会变为白色。

4.1.6 调整图像的对比度

运用"亮度/对比度"命令可以快速调整素材图像的整体亮度与对比度色彩，使图像效果更清晰，明暗对比更强烈。

| 素材文件 | 第 4 章\向日葵.jpg | 效果文件 | 第 4 章\向日葵.jpg |

STEP 01 打开素材

按【Ctrl+O】组合键，打开一幅素材图像，如下图所示。

STEP 02 调整亮度/对比度参数

单击"图像"|"调整"|"亮度/对比度"命令，弹出"亮度/对比度"对话框，在选项区中设置"亮度"为 47、"对比度"为 68，如下图所示。

新手学 Photoshop 从入门到精通

单击"确定"按钮，即可调整图像对比度，效果如下图所示。

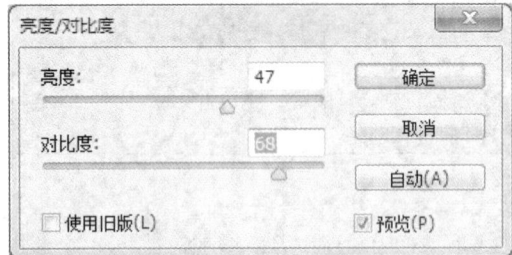

STEP 03 确认调整

> **专家指点**
>
> 使用"亮度/对比度"命令可以对图像的色调范围进行简单的调整，其与"曲线"和"色阶"命令不同，它对图像中的每个像素均进行同样的调整，而对单个通道不起作用，建议不要用于高端输出，以免引起图像细节丢失。

在"亮度/对比度"对话框内，主要选项的含义如下：

❀ 亮度：用于调整图像的亮度，该值为正时增加图像亮度，为负时降低亮度。

❀ 对比度：用于调整图像的对比度，该数值为正值时增加图像对比度，为负值时降低图像对比度。

4.2 调整图像特殊色调

色彩和色调特殊调整有许多种常用的方法，主要通过"反相"、"去色"、"黑白"、"可选颜色"等命令来进行操作，可以非常轻松地将图像制作成底片、单色、黑白色、颜色加强等具有艺术特色的特殊色彩效果。

4.2.1 制作照片底片效果

"反相"命令用于制作类似照片底片的效果，也就是将黑色变成白色，或者从扫描的黑白阴片中得到一张阳片。在 Photoshop CS6 中，用户可以通过"反相"命令制作出底片效果。

| 素材文件 | 第 4 章\金发.jpg | 效果文件 | 第 4 章\金发.jpg |

STEP 01 打开素材

按【Ctrl + O】组合键，打开一幅素材图像，如下图所示。

STEP 02 制作"反相"效果

单击菜单栏中的"图像"|"调整"|"反相"命令，即可制作出底片效果，如下图所示。

> **专家指点**
>
> 按【Ctrl + I】组合键，可以对图像快速执行"反相"命令。

第 4 章 修图高手：调色与修饰图像

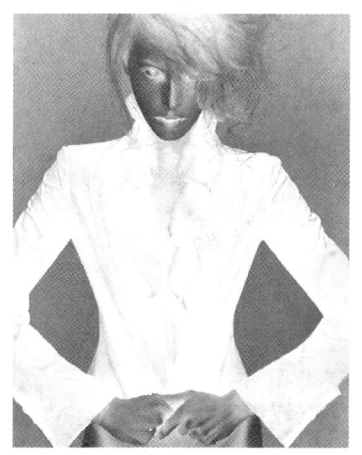

| 4.2.2 | 制作灰度图片效果 |

"去色"命令能够将彩色图像转换为灰度图像，但图像的原颜色模式保持不变，只是将各色彩颜色的明度通过黑、白、灰的明暗变化来表示。

将彩色图像转换为灰度模式时，图像中所有的颜色信息都将被删除。虽然 Photoshop 允许将灰度模式的图像再转换为彩色模式，但是原来已删除的颜色信息不能再恢复。

| 素材文件 | 第 4 章\门楼.jpg | 效果文件 | 第 4 章\门楼.jpg |

STEP 01 打开素材

按【Ctrl+O】组合键，打开一幅素材图像，如下图所示。

STEP 02 制作灰度图像

单击菜单栏中的"图像"|"调整"|"去色"命令，即可去除图像的颜色，制作灰度图像效果，如下图所示。

❓ 专家指点

制作灰度图像时，用户可以使用以下操作方法。
- 按【Shift+Ctrl+U】组合键，快速执行"去色"命令，即可制作灰度图像。
- 单击菜单栏中的"图像"|"模式"|"灰度"命令，也将图像转换为灰度图像。
- 按【Ctrl+U】组合键，打开"色相/饱和度"对话框，设置"饱和度"为-100，同样可以制作灰度图像效果。

4.2.3 制作单色图像效果

在 Photoshop CS6 中，运用"黑白"命令可以将彩色图像转换为具有艺术效果的黑白图像，也可以根据需要将图像调整为不同于单色的艺术效果。下面介绍使用"黑白"命令制作单色图片效果的操作方法。

| 素材文件 | 第 4 章\思念.jpg | 效果文件 | 第 4 章\思念.jpg |

STEP 01 打开素材

按【Ctrl+O】组合键，打开一幅素材图像，如下图所示。

STEP 02 为"灰度"着色

单击菜单栏中的"图像"|"调整"|"黑白"命令，弹出"黑白"对话框，选中"色调"复选框，为灰度着色，创建单色调效果。拖动"色相"滑块，调整着色色调；拖动"饱和度"滑块，调整着色的饱和度，如下图所示。

STEP 03 确认调整

单击"确定"按钮，即可制作单色图像，效果如下图所示。

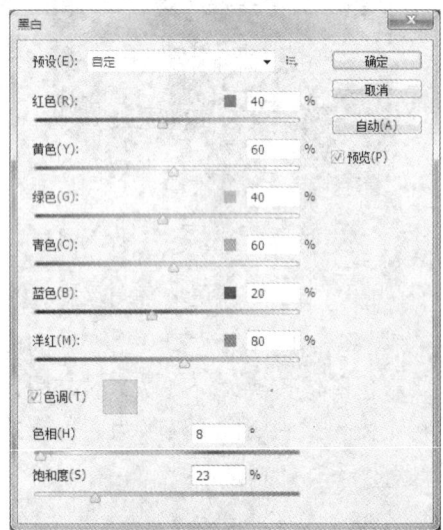

专家指点

按【Ctrl+Shift+Alt+B】组合键，可以快速打开"黑白"对话框。

在"黑白"对话框内，主要选项的含义如下：

● 预设：软件默认提供蓝色滤镜、较暗、绿色滤镜、高对比度蓝色滤镜、高对比度红色滤镜、红外线、较亮、最黑、最白、中灰密度、红色滤镜和黄色滤镜 12 种预设效果。

● 红色、黄色、绿色、青色、蓝色、洋红：调整图像各颜色通道的灰色度，提高黑白图像的亮度对比效果。

4.2.4 制作黑白图像效果

"黑白"命令可以将彩色图像转换为具有艺术效果的黑白图像，并通过分别调整红色、黄色、绿色、青色、蓝色、洋红 6 种颜色通道的灰色调，来增强照片各颜色通道的亮度，提高黑白图像的对比效果。

第 4 章 修图高手：调色与修饰图像

| 素材文件 | 第 4 章\优雅.jpg | 效果文件 | 第 4 章\优雅.jpg |

STEP 01 打开素材

按【Ctrl+O】组合键，打开一幅素材图像，如下图所示。

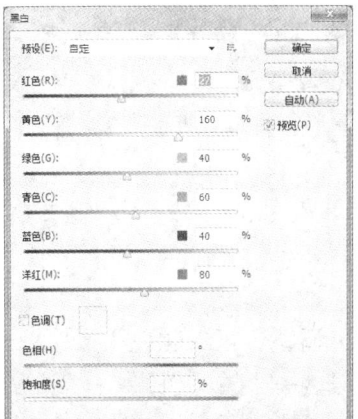

STEP 02 调整参数

单击菜单栏中的"图像"|"调整"|"黑白"命令，弹出"黑白"对话框，在选项区中设置相应的参数，如下图所示。

STEP 03 确认调整

单击"确定"按钮，即可制作出黑白照片，效果如下图所示。

专家指点

制作黑白照片时，用户需要注意以下要求：
- 黑白对比和反差不能过大，如果过大会让画面没有层次丢失细节。
- 对亮部高光的控制也要注意不要过度，让脸部、鼻梁、手背都有明暗过渡。
- 在控制整体画面的明暗过渡时要全局考虑，不能单独地去调试某一个块。
- 让画面出现高光-明暗-暗部过渡效果，这样画面才不会脱节。

4.2.5 校正图像颜色平衡

"可选颜色"命令主要用于校正图像的色彩平衡和调整图像的色彩，它可以在高档扫描仪和分色程序中使用，并有选择性地修改主要颜色的印刷数量，而不会影响到其他主要颜色。

| 素材文件 | 第 4 章\招财猫.jpg | 效果文件 | 第 4 章\招财猫.jpg |

STEP 01 打开素材

按【Ctrl+O】组合键，打开一幅素材图像，如下图所示。

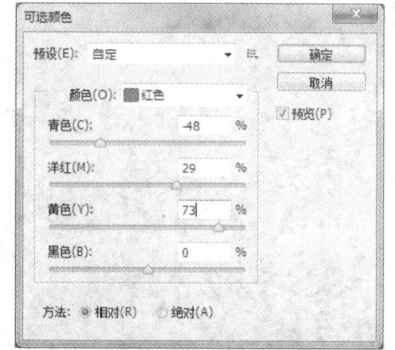

STEP 02 调整"可选颜色"

单击菜单栏中的"图像"|"调整"|"可选颜色"命令,弹出"可选颜色"对话框,在"颜色"通道中选择想要调整的颜色,再调整各颜色通道滑块,或在输入栏中设置相应的参数,如下图所示。

STEP 03 确认调整

单击"确定"按钮,即可校正图像颜色平衡,效果如下图所示。

在"可选颜色"对话框内,主要选项的含义如下。

● 颜色:在该下拉列表框中提供了红色、黄色、绿色、青色、蓝色、洋红、白色、中性色以及黑色9种颜色,选择要改变的颜色,然后通过调整下方的"青色"、"洋红"、"黄色"、"黑色"滑块,对选择的颜色进行调整。

● 方法:该选项区中包括"相对"和"绝对"两个单选按钮,"绝对"表示直接将原颜色校正为设置的颜色,"相对"表示设置的颜色为相对于原颜色的改变量,即在原颜色的基础上增加或减少某种印刷色的含量。

4.3 使用工具修复图像

合理地运用各种修复和修补工具,可以修复图像中的污点或瑕疵,使图像的效果更加自然、真实、美观。修复和修补工具组包括污点修复画笔工具、修复画笔工具、修补工具、红眼工具、加深工具、海绵工具、仿制图章工具。下面将介绍如何使用各种修复和修补工具处理图像中的瑕疵。

4.3.1 使用污点修复画笔工具修复图像

污点修复画笔工具不需要指定采样点,只需在图像中有杂色或污渍的地方单击鼠标左键即可修复图像,Photoshop 能够自动分析鼠标单击处及其周围图像的不透明度、颜色与质感,自动进行采样与修复操作,适用于清除单一颜色、质地的色块上的污点。

| 素材文件 | 第4章\诱惑.jpg | 效果文件 | 第4章\诱惑.jpg |

STEP 01 打开素材

按【Ctrl+O】组合键,打开一幅素材图像,如下图所示。

第 4 章 修图高手：调色与修饰图像

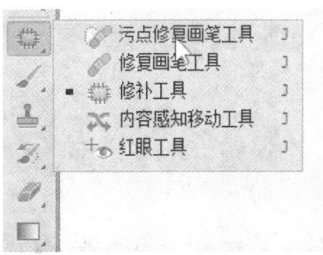

STEP 02 选取工具

选取工具箱中的污点修复画笔工具，如下图所示。

STEP 03 涂抹污点区域

移动鼠标指针至图像中污点的位置，按住鼠标左键并拖动进行涂抹，鼠标涂抹过的区域会呈黑色显示。释放鼠标左键后，即可修复图像，效果如下图所示。

污点修复画笔工具的属性栏如下图所示，其中主要选项的含义如下：

污点修复画笔工具的属性栏

- 模式：在该下拉列表框中可以设置修复图像与目标图像之间的混合方式。
- 近似匹配：选中该单选按钮后，在修复图像时，将根据当前图像周围的像素来修复瑕疵。
- 创建纹理：选中该单选按钮后，在修复图像时，将根据当前图像周围的纹理自动创建相似的纹理，从而在修复瑕疵的同时保证不改变原图像的纹理。
- 内容识别：选中该单选按钮后，在修复图像时，将根据当前图像的内容识别像素并自动填充。

4.3.2 使用修复画笔工具修复图像

使用修复画笔工具前需要先在图像中取样，然后将选取的图像填充到要修复的目标区域，使修复的区域和周围的图像整合。另外，用户还可以将所选择的图案应用到要修复的图像区域中。

| 素材文件 | 第 4 章\百合与女人.jpg | 效果文件 | 第 4 章\百合与女人.jpg |

STEP 01 打开素材

按【Ctrl+O】组合键，打开一幅素材图像，如下图所示。

STEP 02 选取工具

选取工具箱中的修复画笔工具,如下图所示。

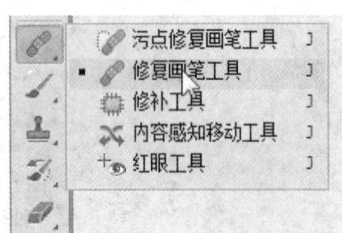

STEP 03 取样

将鼠标指针移至图像窗口中额头处,按住【Alt】键的同时单击鼠标左键进行取样,如下图所示。

STEP 04 修复图像

释放【Alt】键,将鼠标指针移至额头上的瑕疵处,按住鼠标左键并拖曳,至合适位置后释放鼠标左键,即可修复图像,效果如下图所示。

修复画笔工具的属性栏如下图所示,其中主要选项的含义如下:

修复画笔工具的属性栏

● 源:设置用于修复像素的源。选中"取样"单选按钮,可以从图像的像素上取样;选中"图案"单选按钮,则可以在其右侧的下拉列表框中选择一个图案作为取样。

● 对齐:选中该复选框,可以对像素进行连续取样,在修复过程中,取样点随修复位置的移动而变化;取消选中该复选框,则会在修复过程中始终以一个取样点为起始点。

● 样本:用来设置从指定的图层中进行数据取样,包括"当前和下方图层"、"当前图层"和"所有图层"3个选项。

4.3.3 使用修补工具修补图像

修补工具可以使用其他区域的色块域或图案来修补选中的区域,可以将图像的纹理、亮度和层次进行保留,使图像的整体效果更加真实。下面介绍使用修补工具修补图像的操作方法。

| 素材文件 | 第4章\电视墙.jpg | 效果文件 | 第4章\电视墙.jpg |

STEP 01 打开素材

按【Ctrl+O】组合键,打开一幅素材图像,如下图所示。

STEP 02 选取工具

第4章 修图高手：调色与修饰图像

移动鼠标指针至工具箱中，选取工具箱中的修补工具，如下图所示。

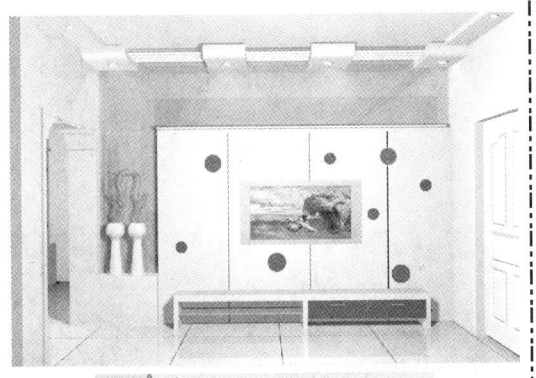

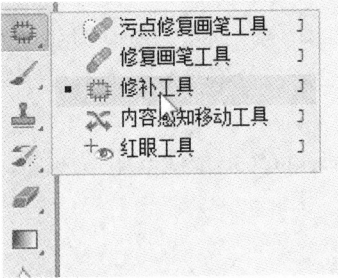

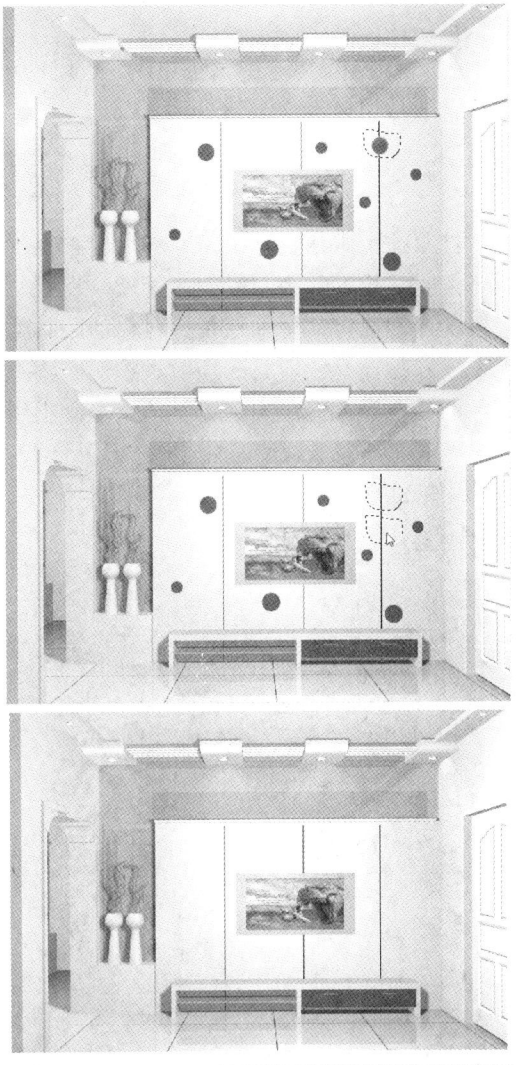

STEP 03 建立修补选区

移动鼠标指针至图像编辑窗口中，在需要修补的位置按住鼠标左键并拖曳，释放鼠标左键后创建一个修补选区，如下图所示。

STEP 04 选择修补源

在修补选区上按住鼠标左键并拖曳，移至图像颜色、纹理相近的位置，该位置的色块域将作为修补源对选区进行修补，如下图所示。

STEP 05 取消修补选区

释放鼠标左键，即可完成修补操作，重复以上操作，然后单击菜单栏中的"选择"|"取消选择"命令，取消选区，效果如下图所示。

专家指点

修复画笔工具、修补工具与仿制图章工具有些类似，主要区别在于，仿制图章工具是将定义点全部照搬，仿制边缘有一定的羽化，但是并不与背景色相融合；修复画笔工具和修补工具则会加入目标点的纹理、阴影、光等因素，一般可用来修复一些大面积的皱纹之类的照片，细节处理则需要用仿制图章工具。

修补工具的属性栏如下图所示，其中主要选项的含义如下：

修补工具的属性栏

- 运算按钮：是针对应用创建选区的工具进行的操作，可以对选区进行添加、减去和交叉等操作。

- 修补：用来设置修补方式。选中"源"单选按钮，当将选区拖曳至要修补的区域以后，释放鼠标左键就会用当前选区中的图像修补原来选中的内容；选中"目标"单选按钮，则会将选中的图像复制到目标区域中。

✿ 透明：该复选框用于设置所修复图像的透明度。设置修补选项为"正常"时显示该复选框。

✿ 使用图案：选中该按钮后，可以应用图案对所选区域进行修复。在图像中创建选区之后，该按钮才会被激活。

4.3.4 使用红眼工具去除红眼

红眼这个术语实际上是针对人物拍摄的，当闪光灯照射到人眼的时候，瞳孔会放大让更多的光线通过，视网膜的血管就会在照片上产生泛红现象。红眼的程度是根据拍摄对象色素的深浅决定的，如果拍摄对象的眼睛颜色较深，红眼现象便不会特别明显。人像红眼现象一般是在光线较暗的环境下拍摄时，瞳孔在照片上产生泛红现象，而对于动物照片来说，即使在光线充足的情况下拍摄也会出现这类现象。

红眼工具是一个专门用于修饰数码照片的工具，在 Photoshop CS6 中常用于去除人物照片中的红眼。

| 素材文件 | 第 4 章\眼睛.jpg | 效果文件 | 第 4 章\眼睛.jpg |

STEP 01 打开素材

按【Ctrl+O】组合键，打开一幅素材图像，如下图所示。

STEP 02 选取工具

移动鼠标指针至工具箱中，选取工具箱中的红眼工具，如下图所示。

STEP 03 去除红眼

将鼠标指针移至图像编辑窗口中，在人物的眼睛上单击鼠标左键，即可去除红眼，如下图所示。

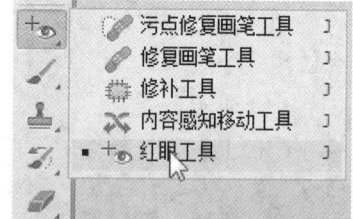

红眼工具的属性栏如下图所示，其中主要选项的含义如下：

红眼工具的属性栏

✿ 瞳孔大小：设置该数值框，可以设置红眼图像的大小。

✿ 变暗量：设置该数值框，可以设置去除红眼后瞳孔变暗的程度。数值越大，则去除红眼后的瞳孔越暗。

4.3.5 使用加深工具调暗图像

加深工具与减淡工具是一组效果相反的工具，加深工具可以调暗图像的局部，通过降低图像选区的亮度来校正曝光，此工具常用于修饰人物照片与静物照片。

| 素材文件 | 第 4 章\花纹.jpg | 效果文件 | 第 4 章\花纹.jpg |

STEP 01 打开素材

按【Ctrl+O】组合键，打开一幅素材图像，如下图所示。

STEP 03 调整设置参数

在加深工具属性栏中，设置"曝光度"为 50%，在"范围"下拉列表框中选择"中间调"选项，如下图所示。

STEP 04 调暗图像

在图像编辑窗口中需要调暗的地方涂抹，即可调暗图像，效果如下图所示。

STEP 02 选取工具

移动鼠标指针至工具箱中，选取工具箱中的加深工具，如下图所示。

加深工具属性栏的"范围"下拉列表框中，各选项的含义如下：

- "阴影"：选择该选项，表示对图像暗部区域的像素加深或减淡。
- "中间调"：选择该选项，表示对图像中间色调区域加深或减淡。
- "高光"：选择该选项，表示对图像亮度区域的像素加深或减淡。

4.3.6 使用海绵工具调整图像

使用海绵工具可以精确地改变图像局部的色彩饱和度，不会造成像素的重新分布，将"降低饱和度"和"饱和"两种模式作为互补来使用效果会更好，过度降低饱和度后，可以切换到"饱和"方式增加色彩饱和度，但无法为已经完全转化为灰度的像素增加色彩。

使用海绵工具降低饱和度时，可以将有颜色的部分变为黑白。它与减淡工具不同，减淡工具在减淡时同时将所有颜色，包括黑色都减淡，到最后变成一片白色；而海绵工具只吸去除黑白以外的颜色。

| 素材文件 | 第 4 章\色彩.jpg | 效果文件 | 第 4 章\色彩.jpg |

STEP 01 打开素材

按【Ctrl + O】组合键，打开一幅素材图像，如下图所示。

STEP 03 调整设置参数

在海绵工具属性栏中，设置"模式"为"饱和"、"流量"为 50%，选中"自然饱和度"复选框，如下图所示。

STEP 04 加深图像饱和度

将鼠标指针移至图像编辑窗口中，按住鼠标左键并拖曳，涂抹图像，即可加深图像的饱和度，效果如下图所示。

STEP 02 选取工具

移动鼠标指针至工具箱中，选取工具箱中的海绵工具，如下图所示。

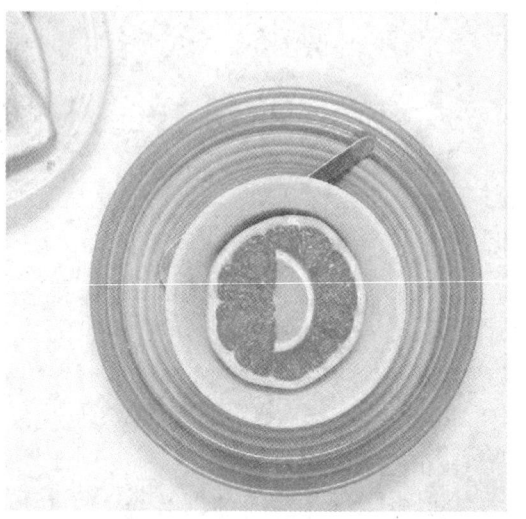

在海绵工具属性栏中，主要选项的含义如下：

❀ 模式：其中有"降低饱和度"和"饱和"两种模式，"降低饱和度"可以减少图像中某部分的饱和度，"饱和"可以增加图像中某部分的饱和度。

❀ 流量：在数值框中输入相应数值或直接拖曳滑块，可以调整饱和度的更改速率。

❀ 自然饱和度：选中该复选框，可增加图像中的饱和度。

> **专家指点**
>
> 使用海绵工具时，用户需要注意以下几点：
> ❀ 如果在灰度模式的图像（不是 RGB 模式中的灰度）中使用海绵工具，会产生增加或减少灰度对比度的效果。
> ❀ 海绵工具不能应用于索引颜色和位图颜色模式。

4.3.7 使用仿制图章工具复制图像

使用仿制图章工具，可以对图像进行近似克隆的操作。从图像中取样后，在图像窗口中的其他区域按住鼠标左键并拖曳，即可涂抹出相同的样本图像。

| 素材文件 | 第 4 章\雨中杯.jpg | 效果文件 | 第 4 章\雨中杯.jpg |

STEP 01 打开素材

第 4 章 修图高手：调色与修饰图像

按【Ctrl+O】组合键，打开一幅素材图像，如下图所示。

STEP 02 选取工具

移动鼠标指针至工具箱中，选取工具箱中的仿制图章工具，如下图所示。

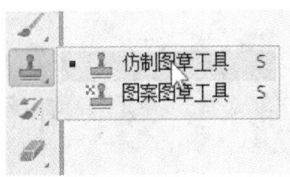

STEP 03 取样

将鼠标指针移至图像窗口中的适当位置，按住【Alt】键的同时单击鼠标左键，进行取样，如下图所示。

STEP 04 复制样本对象

释放【Alt】键，将鼠标指针移至图像右侧，按住鼠标左键并拖曳，即可对样本对象进行复制，如下图所示。

仿制图章工具的属性栏如下图所示，其中主要选项的含义如下：

仿制图章工具的属性栏

❀ "切换到仿制源面板"按钮：单击此按钮，展开"仿制源"面板，可对仿制的源图像进行更加具体的管理和设置。

❀ 不透明度：用于设置应用仿制图章工具时，画笔的不透明度。

❀ 流量：用于设置扩散速度。

❀ 对齐：选中该复选框，取样的图像源在应用时，若由于某些原因停止，再次仿制图像时，仍可从上次仿制结束的位置开始；若未选中该复选框，则每次仿制图像时，都是从取样点的位置开始应用。

❀ 样本：在该下拉列表框中定义取样源的图层范围。

❀ "忽略调整图层"按钮：当设置"样本"为"当前和下方图层"或"所有图层"时，才能激活"忽略调整图层"按钮，选中该按钮，则在定义取样源时可以忽略图层中的调整图层。

Chapter 05

章前知识导读

图层作为 Photoshop 的核心功能,其功能的强大自然不言而喻。用户可以在图像中创建各种图层,并对图层对象进行管理,如调整图层的不透明度、混合模式或快速创建特殊效果的图层样式,极其方便地对图像进行编辑,制作出各种美观的图像效果。

图像助手:创建与管理图层对象

重点知识索引

- 创建图层与图层组
- 管理图层对象
- 应用常用的图层样式
- 编辑图层样式

效果图片赏析

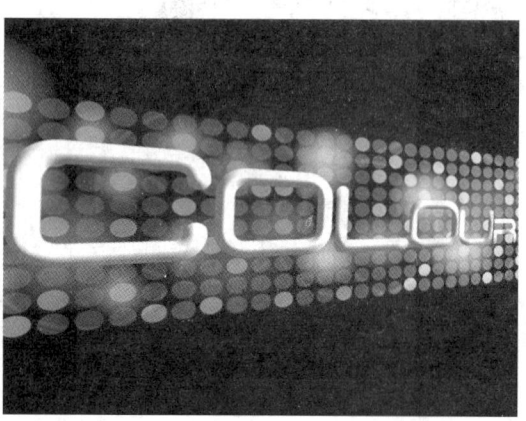

第 5 章　图像助手：创建与管理图层对象

5.1　创建图层与图层组

在编辑图像时，图层是绘制和处理图像的基础，每一幅设计作品都离不开图层的应用与管理。用户可以在 Photoshop 中创建各种图层，并调整图层的不透明度、混合模式以及图层样式等属性，对不同的图层进行不同的操作，制作出丰富多彩的图像效果。

"图层"的概念在 Photoshop 中非常重要，它是构成图像的重要组成单位，许多效果可以通过对图层的直接操作而得到，用图层来实现效果是一种直观而简便的方法。

通俗地讲，图层就像是含有文字或图形等元素的胶片，一张张按顺序叠放在一起，组合起来形成页面的最终效果。图层可以将页面上的元素精确定位。图层中可以加入文本、图片、表格、插件，也可以再嵌套图层。

在 Photoshop CS6 中打开由多个图层组成的图像后，用户可以在"图层"面板中看到组成该图像的各个图层，如下图所示。

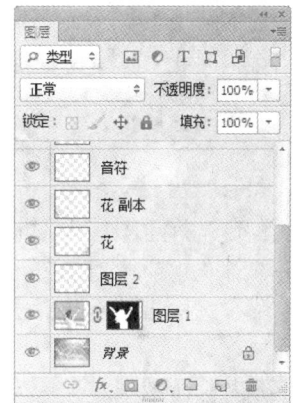

组成图像的多个图层

在 Photoshop CS6 中，图层类型主要有背景图层、普通图层、文字图层、形状图层、调整图层和填充图层等，用户还可以创建图层组，将多个图层放在图层组中。下面介绍创建图层与图层组的操作方法。

5.1.1　创建普通图层

普通图层是 Photoshop 中最基本的图层，也是最常用到的图层之一，在创建和编辑图像时，创建的图层都是普通图层。常用的创建普通图层的方法如下：

❀ 单击"图层"面板底部的"创建新图层"按钮 ，即可创建普通图层。

❀ 按【Alt＋Shift＋Ctrl＋N】组合键，可直接创建一个新图层。

❀ 按住【Ctrl】键的同时，单击"图层"面板底部的"创建新图层"按钮，可在当前图层的下方直接新建一个图层。

❀ 单击"图层"｜"新建"｜"图层"命令，弹出"新建图层"对话框，单击"确定"按钮，即可创建新图层。

❀ 单击"图层"面板右上角的三角形按钮，在弹出的快捷菜单中选择"新建图层"选项，可打开"新建图层"对话框。

新手学 Photoshop 从入门到精通

◎ 按住【Alt】键的同时，单击"图层"面板底部的"创建新图层"按钮，也可打开"新建图层"对话框。

◎ 按【Shift+Ctrl+N】组合键，可弹出"新建图层"对话框。

下面以单击"图层"命令为例，介绍创建普通图层的具体操作方法。

| 素材文件 | 第5章\小狗.jpg | 效果文件 | 第5章\小狗.psd |

STEP 01 打开素材

按【Ctrl+O】组合键，打开一幅素材图像，如下图所示。

STEP 02 弹出"新建图层"对话框

单击菜单栏中的"图层"|"新建"|"图层"命令，弹出"新建图层"对话框，如下图所示。

STEP 03 新建普通图层

单击"确定"按钮，即可新建普通图层，创建的普通图层在"图层"面板中显示如下图所示。

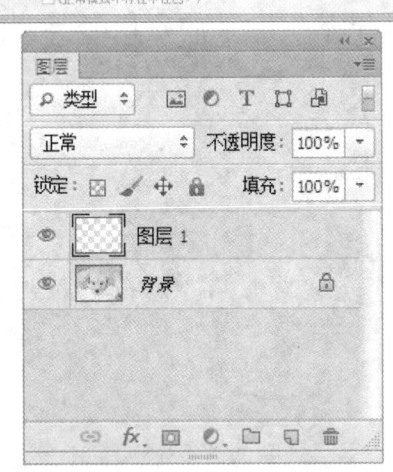

在"新建图层"对话框中，主要选项的含义如下：

◎ 名称：用于设置新建图层的名称。

◎ 颜色：软件默认预设了7种颜色，用来为新建的图层设置一种标记颜色，不影响图层效果，只是方便用户识别。

◎ 模式：用来设置新建普通图层的混合模式。

◎ 不透明度：用来设置新建普通图层的不透明度。

> **专家指点**
>
> 背景图层在 Photoshop 中与其他图层有所不同，当用户在 Photoshop 中新建文件时，创建的图像在"图层"面板中被默认为背景图层，或者用户在 Photoshop 中打开一幅素材图像时，"图层"面板中也会自动默认图像的图层为背景图层，且呈不可编辑状态。

在"图层"面板中，各主要选项的含义如下。

◎ "设置图层的混合模式"下拉列表框 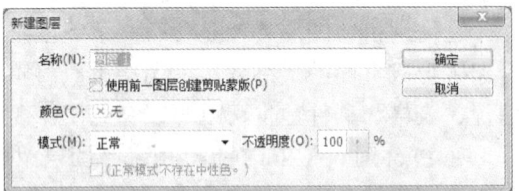：从该下拉列表框中可以选择当前图层的混合模式。

◎ "不透明度"数值框 不透明度: 100%：在该数值框中输入相应的数值，可以控制当前图层的透明度。数值越小，当前的图层越透明。

◎ "锁定"选项区 锁定: ☒ ✔ ✢ ●：分别单击该选项区内的各个按钮，可以将图层设置为相应的锁定状态。

- "填充"数值框 填充：100%：在该数值框中输入数值，可以控制当前图层中非图层样式部分的透明度。
- "指示图层可见性"图标：单击该按钮，可以控制当前图层的显示或隐藏状态。
- "链接图层"按钮：在选中多个图层的情况下单击该按钮，可以对所选的图层进行链接。当选择其中一个图层进行移动或变换时，会同时对所有的链接图层进行操作。
- "添加图层样式"按钮：单击该按钮，可以在弹出的下拉菜单中选择相应的图层样式，为当前图层添加图层样式效果。
- "添加图层蒙版"按钮：单击该按钮，可以为当前图层添加图层蒙版。
- "创建新的填充或调整图层"按钮：单击该按钮，可以在弹出的下拉菜单中为当前图层创建新的填充或调整图层。
- "创建新组"按钮：单击该按钮，可以新建一个图层组。
- "创建新图层"按钮：单击该按钮，可以创建一个新图层。
- "删除图层"按钮：单击该按钮，在弹出的信息提示框中单击"是"按钮，即可将当前图层删除。

5.1.2 创建文字图层

选取文字工具，在图像编辑窗口中单击鼠标左键，确认插入点，然后输入所需文本内容，此时软件将自动创建一个新的文字图层以保存用户输入的文字，如下图所示。

> **专家指点**
> 当用户在图像中创建1个普通图层后，如果没有在普通图层中添加任何内容，此时使用文字工具在图像中输入文字，新建的普通图层会自动变成文字图层。使用形状工具时也同样如此。

5.1.3 创建形状图层

选取工具箱中的形状工具，在图像编辑窗口中单击鼠标左键并拖曳，创建形状图像，此时软件将在"图层"面板中自动创建一个新的形状图层以保存用户创建的形状，如下图所示。

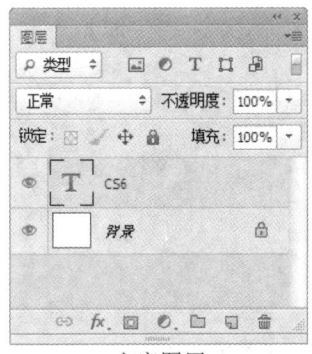
文字图层

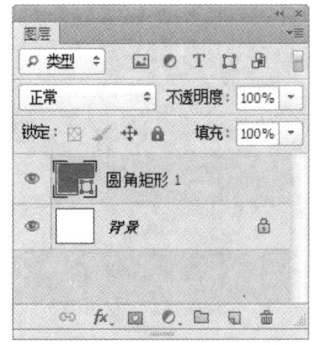
形状图层

5.1.4 创建调整图层

在 Photoshop 中，用户可以创建调整图层，在调整图层中对图像进行颜色填充和色调调整。使用该方法调整图像时，不会永久地修改图像中的像素，即颜色和色调更改位于调整图层内，该图层像一层透明的膜一样，下层图像及其调整后的效果可以透过它显示出来。

素材文件	第 5 章\微笑.jpg	效果文件	第 5 章\微笑.psd

STEP 01 打开素材

按【Ctrl+O】组合键，打开一幅素材图像，如下图所示。

STEP 02 弹出"新建图层"对话框

单击菜单栏中的"图层"|"新建调整图层"|"亮度/对比度"命令，弹出"新建图层"对话框，如下图所示。

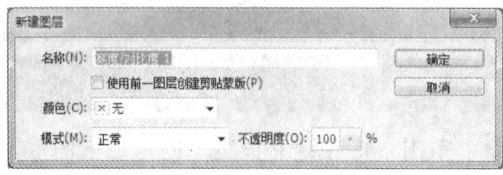

STEP 03 创建调整图层

单击"确定"按钮，即可创建调整图层，如下图所示。

STEP 04 设置调整属性

展开"亮度/对比度"属性面板，在其中设置"亮度"为 35、"对比度"为 -7，如下图所示。

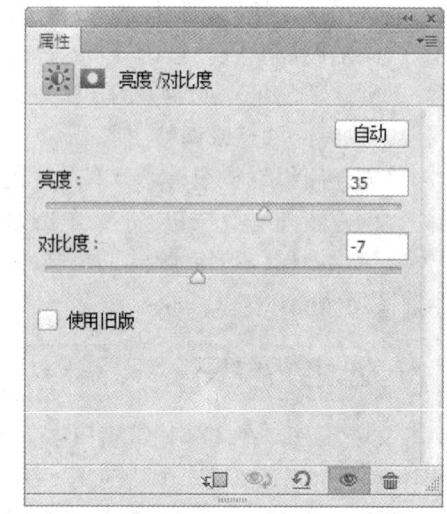

STEP 05 图像效果

执行上述操作后，图像效果随之改变，隐藏"亮度/对比度"属性面板，效果如下图所示。

专家指点

在调整图层的"属性"面板中，包括以下两个区域：
- 参数设置区：用于设置调整图层中的亮度、对比度、色相或饱和度等参数。
- 功能按钮区：单击各个按钮，即可对调整图层进行相应操作。

5.1.5 创建填充图层

填充图层是指在原有图层的基础上新建一个图层，并在该图层上填充相应的颜色。用户可以根据需要为新图层填充纯色、渐变色或图案，通过调整图层的混合模式和不透明度使其与底层图层叠加，以产生特殊效果。

| 素材文件 | 第 5 章\创意.jpg | 效果文件 | 第 5 章\创意.psd |

STEP 01 打开素材

按【Ctrl+O】组合键，打开一幅素材图像，如下图所示。

STEP 02 弹出"新建图层"对话框

单击菜单栏中的"图层"|"新建填充图层"|"纯色"命令，弹出"新建图层"对话框，如下图所示。

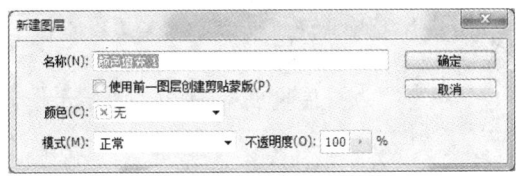

STEP 03 设置 RGB 参数

单击"确定"按钮，弹出"拾色器（纯色）"对话框，设置 RGB 参数值分别为 3、121、241，如下图所示。

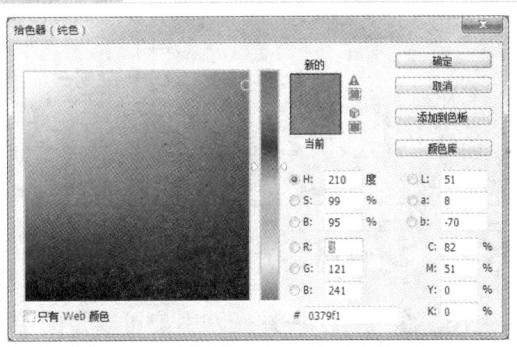

STEP 04 设置混合模式

单击"确定"按钮，即可创建填充图层，设置该图层的"混合模式"为"颜色"，如下图所示。

STEP 05 最终效果

执行上述操作后，图像效果也随之改变，最终效果如下图所示。

专家指点

除了运用上述方法可以创建填充图层外，单击"图层"面板底部的"创建新的填充或调整图层"按钮，在弹出的下拉菜单中选择"纯色"、"渐变"或"图案"选项，也可以创建填充图层。

填充图层也是图层的一类，因此可以通过改变图层的混合模式、不透明度，为图层增加蒙版或将其应用于剪贴蒙版的操作，以此来获得不同的图像效果。

专家指点

使用填充图层时，用户可以应用以下操作方法。

❀ 如果用户对设置的填充颜色不满意，可以展开"图层"面板，在"颜色填充1"填充图层的缩略图上双击鼠标左键，即会弹出"拾色器（纯色）"对话框，再次设置填充颜色。

❀ 创建填充图层时，软件会自动为填充图层创建图层蒙版，用户可以使用画笔工具对蒙版进行涂抹，调整填充图层的应用范围，具体操作方法参见本书第9章。

使用调整图层时，用户也可以运用与以上相同的操作方法。

5.1.6 创建图层组

图层组类似于文件夹，用户可以将图层按照类别放在不同的组内，当关闭图层组后，在"图层"面板中只显示图层组的名称，使"图层"面板的界面更简洁。

素材文件	第 5 章\彩球.psd	效果文件	第 5 章\彩球.psd

STEP 01 打开素材

按【Ctrl+O】组合键，打开一幅素材图像，如下图所示。

STEP 02 弹出"新建组"对话框

单击菜单栏中的"图层"|"新建"|"组"命令，弹出"新建组"对话框，设置"名称"为"彩球"，如下图所示。

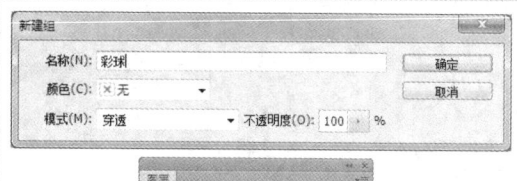

STEP 03 选择图层

单击"确定"按钮，完成新图层组创建，在"图层"面板中选择"青球"、"橙球"、"黄球"图层，如下图所示。

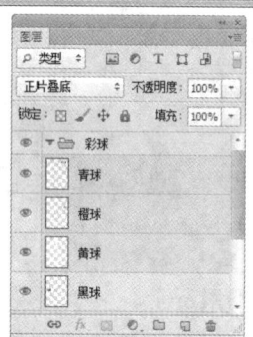

STEP 04 拖入图层组

将选择的图层拖曳至"彩球"图层组中，如下图所示。

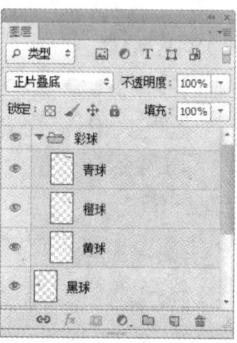

第 5 章　图像助手：创建与管理图层对象

> **专家指点**
>
> 在"图层"面板中，用户可以在图层上单击鼠标左键选择单个图层，还可以使用以下选择图层的方法。
> - 选择多个连续图层：单击第一个图层，然后在按住【Shift】键的同时单击最后一个图层，即可选择"图层"面板中的多个连续的图层。
> - 选择多个不连续的图层：按住【Ctrl】键的同时单击所需的图层，即可选择"图层"面板中的多个不连续的图层。
> - 选择所有图层：单击"选择"|"所有图层"命令，即可选择"图层"面板中的所有图层。
> - 选择相似图层：单击"选择"|"选择相似图层"命令，即可选择类型相似的所有图层。
> - 选择链接图层：选择一个链接图层，单击"图层"|"选择链接图层"命令，可以选择与之链接的所有图层。
> - 取消选择图层：如果不想选择任何图层，可以在面板中最下面的灰色空白处单击。

STEP 05 关闭图层组

单击"彩球"图层组左侧的三角形图标，即可关闭图层组，效果如下图所示。

STEP 06 展开图层组

再次单击"彩球"图层组左侧的三角形图标，即可展开图层组，效果如下图所示。

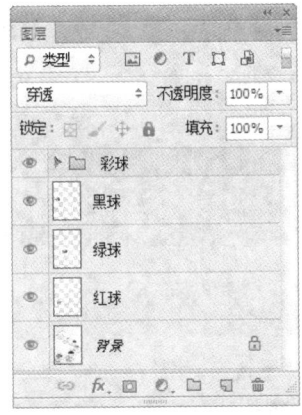
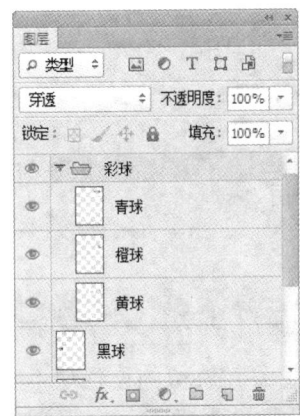

5.2 管理图层对象

在 Photoshop CS6 中，对于"图层"的管理，包括设置"图层"的不透明度、设置"填充"图层参数、链接和合并图层、对齐与分布图层等。本节主要介绍管理图层对象的操作方法。

5.2.1 设置图层不透明度

在 Photoshop 中，不透明度用于控制图层中所有对象的透明属性，通过设置图层的不透明度，使图像主次分明，主体突出。

| 素材文件 | 第 5 章\黄金.psd | 效果文件 | 第 5 章\黄金.psd |

STEP 01 打开素材

按【Ctrl+O】组合键，打开一幅素材图像，如下图所示。

STEP 02 设置"不透明度"

展开"图层"面板，选择"图层 1"图层，将鼠标指针移至面板的右上方，设置"不透明度"为 44%，如下图所示。

> **专家指点**
>
> 除了运用上述方法外，用户还可以将鼠标移至"图层"面板的"不透明度"文字上，按住鼠标左键并左右拖曳，也能调整图层的不透明度。向左拖曳时，可以降低图层的不透明度；向右拖曳时，可以提高图层的不透明度。

STEP 03 调整图层不透明度后的效果

执行操作后，图像的效果如下图所示。

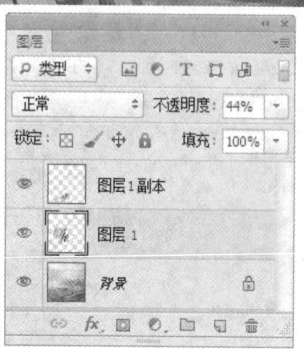

5.2.2 设置填充图层参数

"填充"图层参数的设置与"不透明度"参数的设置一致，两者在一定程度上来讲，都是针对透明度进行调整。数值为 100 时，完全不透明；数值为 50 时，为半透明；数值为 0 时，完全透明。

| 素材文件 | 第 5 章\菊花.psd | 效果文件 | 第 5 章\菊花.psd |

STEP 01 打开素材

按【Ctrl + O】组合键，打开一幅素材图像，如下图所示。

STEP 02 设置"填充"

展开"图层"面板，选择"图层 1"图层，在面板的右上方设置"填充"为 44%，如下图所示。

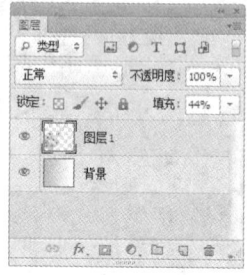

STEP 03 调整"填充"参数后的效果

执行上述操作后，图像的效果如下图所示。

第 5 章 图像助手：创建与管理图层对象

> **专家指点**
>
> "不透明度"与"填充"选项的区别如下：
> ✦ "不透明度"选项控制着整个图层的透明属性，包括图层中的形状、像素以及图层样式等。
> ✦ "填充"选项只影响图层中绘制的像素和形状的不透明度。

5.2.3 链接与合并图层

如果要同时处理多个图层中的内容（如移动、应用变化或创建剪贴蒙版），可以将这些图层链接在一起。选择两个或多个图层，然后单击"图层"|"链接图层"命令或单击"链接图层"按钮 ⇔，可以将选择的图层链接起来。如果要取消链接，只需选其中一个链接图层，然后单击"链接图层"按钮 ⇔，即可取消链接。

在编辑图像文件时，为了减少对磁盘空间的占用，对于没必要分开的图层，可以将它们合并。合并图层有助于减少图像文件对磁盘空间的占用，同时也可提高系统的处理速度。

| 素材文件 | 第 5 章\刷子.psd | 效果文件 | 第 5 章\刷子.psd |

STEP 01 打开素材

按【Ctrl + O】组合键，打开一幅素材图像，如下图所示。

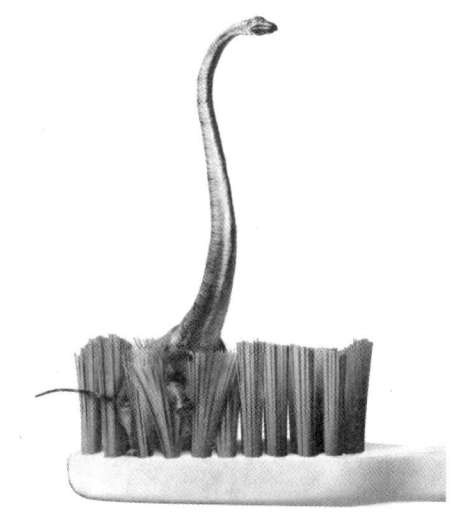

STEP 03 单击"链接图层"命令

单击"图层"|"链接图层"命令，即可将选择的图层链接起来，如下图所示。

STEP 02 选择图层

展开"图层"面板，按住【Ctrl】键的同时单击"图层 2"与"图层 3"图层，即可选择"图层 2"和"图层 3"图层，如下图所示。

专家指点

链接图层的操作方法还有以下几种：
- 单击"图层"面板下方的"链接图层"按钮 🔗，即可将所选的图层链接起来；再次单击该按钮则可以取消链接。
- 在所选图层上单击右键，在弹出的快捷菜单中选择"链接图层"选项，链接所选图层；再次选择该选项，则可以取消链接。
- 单击"图层"面板右上角的三角形按钮，在弹出的面板菜单中选择"链接图层"选项，链接所选图层；再次选择该选项，则可以取消链接。

STEP 04 移动链接图层

选择"图层3"图层，选取移动工具，拖曳图像至合适位置，即可移动链接的图像，效果如下图所示。

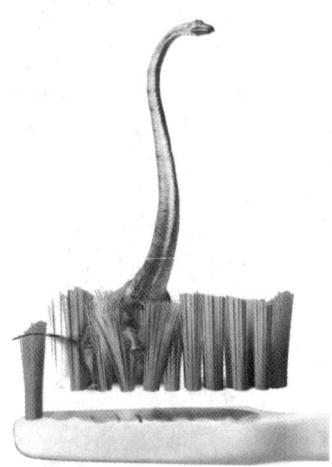

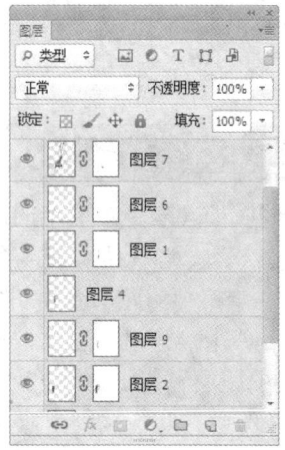

STEP 05 选择所有图层

按【Ctrl+Z】组合键，还原移动操作，在"图层"面板中最顶部的图层上单击鼠标左键，按住【Shift】键，再在"图层"面板中最底部的图层上单击鼠标左键，选择所有图层，如下图所示。

STEP 06 合并图层

单击菜单栏中的"图层"|"合并图层"命令，即可合并所选图层，如下图所示。

专家指点

合并图层的操作方法还有以下4种。
- 按【Ctrl+E】组合键，可以向下合并一个图层或合并所选择的图层。
- 按【Shift+Ctrl+E】组合键，可以合并所有图层。
- 在所选择的图层上，单击鼠标右键，在弹出的快捷菜单中选择"合并图层"选项，即可合并所选的图层。
- 在所选的图层上单击鼠标右键，在弹出的快捷菜单中选择"合并可见图层"选项，即可合并所有可见图层。

5.2.4 对齐与分布图层

对齐图层是指所选图层按照指定的方式进行对齐；分布图层则是指将所选择图层中的

第 5 章 图像助手：创建与管理图层对象

图像对象按照指定的方式进行等距排列分布。使用对齐和分布功能，可以对各图层中的图像对象进行准确定位与分布。

素材文件	第 5 章\手机.psd	效果文件	第 5 章\手机.psd

STEP 01 打开素材

按【Ctrl+O】组合键，打开一幅素材图像，如下图所示。

STEP 02 选择图层

在"图层"面板中，选择"图层 1"至"图层 5"图层，如下图所示。

STEP 03 垂直居中对齐图层

单击菜单栏中的"图层"|"对齐"|"垂直居中"命令，将所选对象垂直居中对齐，效果如下图所示。

STEP 04 水平居中分布图层

单击菜单栏中的"图层"|"分布"|"水平居中"命令，将所选对象水平居中分布，效果如下图所示。

专家指点

在 Photoshop CS6 中，提供的对齐方式有以下 6 种。
- 顶边：所选图层对象将以位于最上方的对象为基准，进行顶部对齐。
- 垂直居中：所选图层对象将以位置居中的对象为基准，进行垂直居中对齐。
- 底边：所选图层对象将以位于最下方的对象为基准，进行底部对齐。
- 左边：所选图层对象将以位于最左侧的对象为基准，进行左对齐。
- 水平居中：所选图层对象将以位于中间的对象为基准，进行水平居中对齐。
- 右边：所选图层对象将以位于最右侧的对象为基准，进行右对齐。

专家指点

在 Photoshop CS6 中，提供的分布方式有以下 6 种。
- 顶边：可以均匀分布各链接图层或所选择的多个图层对象的位置，使它们最上方的图像间相隔同样的距离。
- 垂直居中：可将所选图层对象间垂直方向的图像相隔同样的距离。
- 底边：可使所选图层对象间最下方的图像相隔同样的距离。
- 左边：可使所选图层对象间最左侧的图像相隔同样的距离。
- 水平居中：可使所选图层对象间水平方向的图像相隔同样的距离。
- 右边：可使所选图层对象间最右侧的图像相隔同样的距离。

5.3 应用图层样式

图层样式是 Photoshop CS6 中一个用于制作各种效果的强大功能，利用图层样式功能，用户可以简单快捷地制作出各种立体投影、各种质感以及光景效果的图像特效。与不用图层样式的传统操作方法相比较，图层样式具有速度更快、效果更精确、可编辑性更强等无法比拟的优势。

在 Photoshop CS6 中，图层样式包括以下 10 种。用户可以自由编辑各项样式效果并组合多种样式，制作各种图像特效。

❀ 投影：将为图层上的对象、文本或形状后面添加阴影效果。投影参数由"混合模式"、"不透明度"、"角度"、"距离"、"扩展"和"大小"等各种选项组成，通过对这些选项的设置可以得到需要的效果。

❀ 内阴影：将在对象、文本或形状的内边缘添加阴影，让图层产生一种凹陷外观。将内阴影效果使用到文本对象上效果更佳。

❀ 外发光：将从图层对象、文本或形状的边缘向外添加发光效果，设置其参数可以使图像、文本或形状更精美。

❀ 内发光：将从图层对象、文本或形状的边缘向内添加发光效果。

❀ 斜面和浮雕：在图像上应用高光和阴影效果，从而创建出立体感或浮雕效果，将图像变形成阴刻或阳刻形态。用户可以在"结构"选项区的"样式"下拉列表框中选择需要的样式。

外斜面：沿对象、文本或形状的外边缘创建三维斜面。
内斜面：沿对象、文本或形状的内边缘创建三维斜面。
浮雕效果：创建外斜面和内斜面的组合效果。
枕状浮雕：创建内斜面的反相效果，其中对象、文本或形状看起来下沉。
描边浮雕：仅适用于描边对象，即在应用描边浮雕效果时才打开描边效果。

❀ 光泽：将对图层对象内部应用阴影，与对象的形状互相作用，通常创建规则波浪形状，产生光滑的磨光及金属效果。

❀ 颜色叠加：将在图层对象上叠加一种颜色，即用一层纯色填充到应用样式的对象上。单击"混合模式"右侧的颜色框，可以通过"拾色器（叠加颜色）"对话框选择任意颜色。

❀ 渐变叠加：将在图层对象上叠加一种渐变颜色，即用一层渐变颜色填充到应用样式的对象上。通过"渐变编辑器"对话框还可以选择使用其他的渐变颜色。

❀ 图案叠加：将在图层对象上叠加图案，即用一致的重复图案填充对象。

❀ 描边：使用颜色、渐变颜色或图案描绘当前图层上的对象、文本或形状的轮廓，对于边缘清晰的形状（如文本），这种效果尤其有用。

5.3.1 应用投影样式

应用"投影"图层样式，会为图层中的对象制造一种阴影效果，下面介绍设置投影样式的操作方法。

| 素材文件 | 第 5 章\箭头.psd | 效果文件 | 第 5 章\箭头.psd |

STEP 01 打开素材

第 5 章 图像助手：创建与管理图层对象

按【Ctrl+O】组合键，打开一幅素材图像，如下图所示。

STEP 02 选择图层

展开"图层"面板，选择"图层 1"图层，如下图所示。

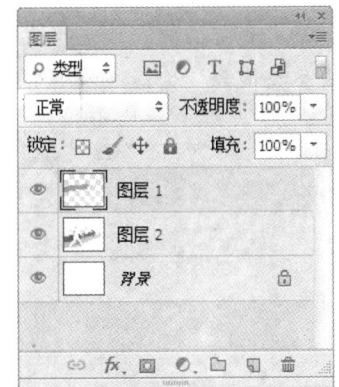

STEP 03 弹出"图层样式"对话框

单击菜单栏中的"图层"|"图层样式"|"投影"命令，弹出"图层样式"对话框，如下图所示。

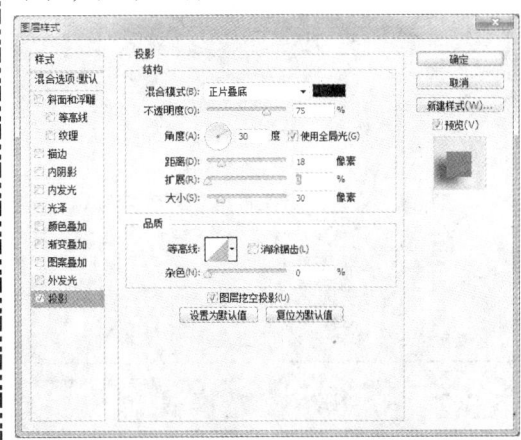

STEP 04 添加投影效果

设置"角度"为 60、"距离"为 50、"扩展"为 24、"大小"为 50，单击"确定"按钮，即可添加投影效果，如下图所示。

在"投影"选项区内，主要选项的含义如下：

❀ 混合模式：设置投影与下面图层的混合方式，默认为"正片叠底"模式。

❀ 不透明度：设置图层效果的不透明度，不透明度值越大，图像效果就越明显。

❀ 角度：设置光照角度，可以确定投下阴影的方向与角度。当选中后面的"使用全局光"复选框时，可以将所有图层对象的阴影角度都统一。

❀ 扩展：设置模糊的边界，"扩展"值越大，模糊的部分越少。

❀ 等高线：设置阴影的明暗部分，单击右侧的下拉按钮，可以选择预设效果，也可以单击预设效果，弹出"等高线编辑器"对话框重新进行编辑。

❀ 图层挖空投影：该复选框用来控制半透明图层中投影的可见性。

❀ 投影颜色：在"混合模式"右侧的颜色框中，单击鼠标左键，弹出"选择阴影颜色"对话框，可以设定阴影的颜色。

❀ 距离：设置阴影偏移的幅度，距离越大，层次感越强；距离越小，层次感越弱，用户可以根据需要进行更改。

❀ 大小：设置模糊的边界，值越大，模糊的范围就越大。

🔹 消除锯齿：混合等高线边缘的像素，使投影更加平滑。

🔹 杂色：为阴影增加杂点效果，值越大，杂点越明显。

> **专家指点**
>
> 图层样式的优点主要体现在以下几个方面：
> 🔹 通过不同的图层样式选项设置，可以很容易地模拟出各种效果。这些效果利用传统的制作方法会比较难以实现，或者根本不能制作出来。
> 🔹 图层样式可以被应用于各种普通的、矢量的和特殊属性的图层上，几乎不受图层类别的限制。
> 🔹 图层样式具有极强的可编辑性，当图层中应用了图层样式后，会随文件一起保存，可以随时进行参数选项的修改。
> 🔹 图层样式的选项非常丰富，通过不同选项及参数的搭配，可以创作出变化多样的图像效果。
> 🔹 图层样式可以在图层间进行复制、移动，也可以存储成独立的文件，将工作效率最大化。

5.3.2 应用外发光样式

应用"外发光"图层样式，可以为所选图层中的图像外边缘添加发光效果。

| 素材文件 | 第 5 章\高尔夫球.psd | 效果文件 | 第 5 章\高尔夫球.psd |

STEP 01 打开素材

按【Ctrl+O】组合键，打开一幅素材图像，如下图所示。

STEP 02 选择图层

展开"图层"面板，选择"图层 1"图层，如下图所示。

STEP 03 设置"外发光"选项

单击"图层"|"图层样式"|"外发光"命令，弹出"图层样式"对话框，在"外发光"选项区中，设置"颜色"为橘黄色（RGB 的参数值分别为 255、205、72）、"大小"为 100，如下图所示。

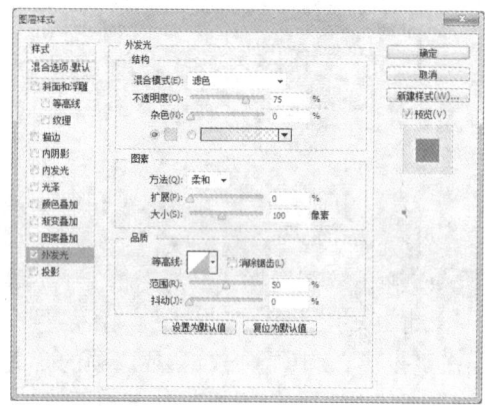

STEP 04 添加外发光效果

单击"确定"按钮，即可为该图层添加外发光效果，如下图所示。

在"外发光"选项区内,主要选项的含义如下:

- 混合模式:用来设置投影与下面图层的混合方式,默认为"滤色"模式,用户可以根据需要进行调整。
- 不透明度:用来设置发光效果的不透明度,该值越低,发光效果越弱。
- 杂色:可以在发光效果中添加随机的杂色,使光晕呈现颗粒感。
- 发光颜色:"杂色"选项下方的颜色和颜色条用来设置发光颜色。
- 方法:用来设置发光的方法,以控制发光的准确度。
- 扩展:用来在模糊之前扩展外发光的杂边边界。
- 大小:用来设置光晕范围的大小。

> **专家指点**
> 图层样式的编辑需要用户在应用过程中注意观察,积累经验,这样才能准确迅速地判断出所要进行的具体操作和合适的选项设置。

5.3.3 应用内发光样式

使用"内发光"图层样式可以为所选图层中的图像增加内发光效果,提高图像的立体感,使图像效果更美观。下面将详细介绍运用内发光样式制作发光效果的操作方法。

| 素材文件 | 第 5 章\盒子.psd | 效果文件 | 第 5 章\盒子.psd |

STEP 01 打开素材

按【Ctrl+O】组合键,打开一幅素材图像,如下图所示。

STEP 02 选择图层

展开"图层"面板,选择"图层 1"图层,如下图所示。

STEP 03 设置"内发光"选项

单击"图层"|"图层样式"|"内发光"命令,弹出"图层样式"对话框,在"内发光"选项区中,设置"混合模式"为"滤色"、"不透明度"为 75%、"大小"为 16,如下图所示。

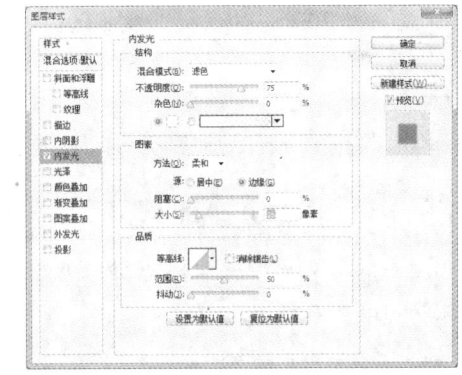

STEP 04 添加内发光效果

单击"确定"按钮,即可为该图层添加内发光效果,如下图所示。

5.3.4 应用斜面与浮雕样式

应用"斜面和浮雕"图层样式可以制作出各种凹陷和凸出的图像或文字,从而使图像具有一定的立体效果。

| 素材文件 | 第 5 章\文字.psd | 效果文件 | 第 5 章\文字.psd |

STEP 01 打开素材

按【Ctrl+O】组合键,打开一幅素材图像,如下图所示。

STEP 02 设置"斜面和浮雕"选项

展开"图层"面板,在 COLOUR 图层上双击鼠标左键,在弹出的"图层样式"对话框中,选中"斜面和浮雕"复选框,并设置"深度"为 200%、"大小"为 20,如下图所示。

STEP 03 添加斜面和浮雕效果

单击"确定"按钮,即可为该图层添加斜面和浮雕效果,如下图所示。

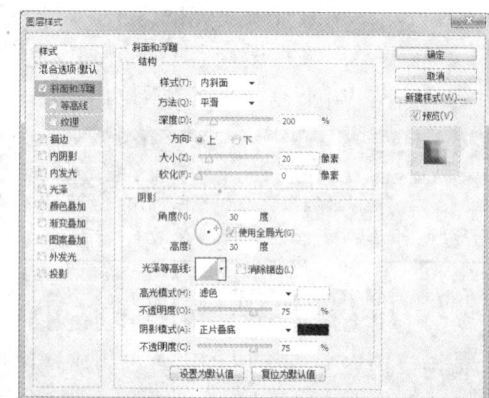

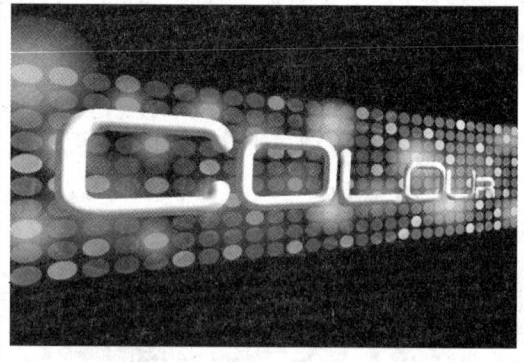

5.3.5 应用渐变叠加样式

应用"渐变叠加"图层样式可以为图层添加渐变效果,下面介绍运用渐变叠加样式制作文字效果的操作方法。

| 素材文件 | 第 5 章\成功之匙.psd | 效果文件 | 第 5 章\成功之匙.psd |

STEP 01 打开素材

按【Ctrl+O】组合键,打开一幅素材图像,如下图所示。

STEP 02 选择文字图层

展开"图层"面板,选择"成功之匙"文字图层,如下图所示。

STEP 03 设置"渐变叠加"选项

单击菜单栏中的"图层"|"图层样式"|"渐变叠加"命令,弹出"图层样式"对话框,在"渐变叠加"选项区中设置"混合模式"为"正常"、"渐变"为"橙,黄,橙渐变"、"样式"为"对称的"、"角度"为 126、"缩放"为 133%,如下图所示。

STEP 04 设置"投影"选项

选中"投影"复选框,在"投影"选项区中保持默认设置,如下图所示。

第 5 章　图像助手：创建与管理图层对象

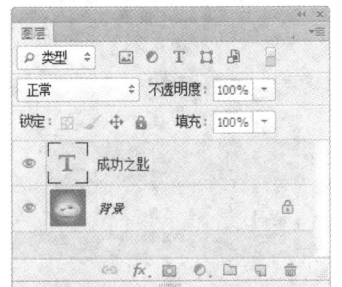

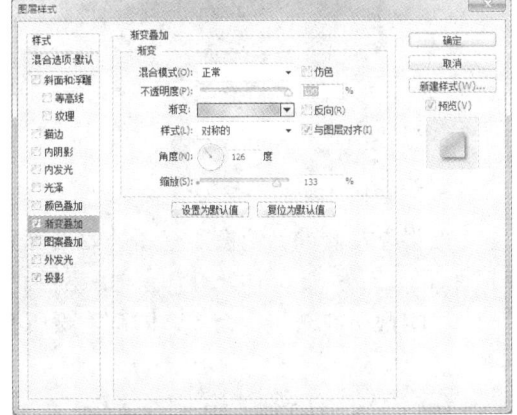

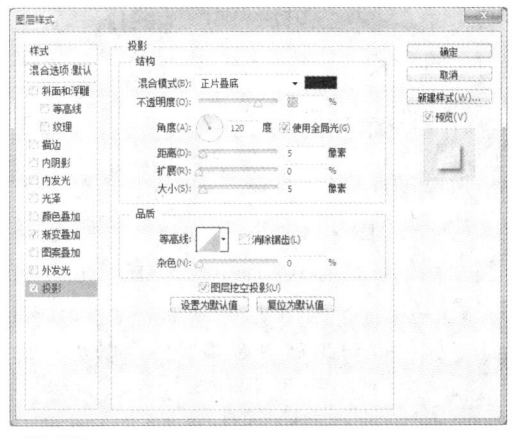

STEP 05 添加图层样式

单击"确定"按钮，即可为文字图层添加图层样式，效果如下图所示。

专家指点

打开"图层样式"对话框后，用户只需在"样式"选项区中根据需要选择所需的样式复选框，即可在打开的图层样式选项区中进行设置，以达到用户理想的效果；如果想要放弃某种图层样式，只需在"样式"选项区中取消选择该样式复选框即可。

5.4　编辑图层样式

图层样式的优点之一就是极强的可编辑性，用户可以随时选择隐藏与删除图层样式，或者将设置好的图层样式进行复制与粘贴，以节省用户大量的重复操作。本节主要介绍编辑图层样式的基本操作。

5.4.1　隐藏与删除图层样式

隐藏图层样式后，可以暂时将图层样式进行清除，方便用户对比添加图层样式前后的图像效果。当然，用户也可以将图层样式重新显示出来。删除图层样式则是将图层中的图层样式进行彻底清除（删除图层样式后无法还原）。下面介绍隐藏与删除图层样式的方法。

1. 隐藏图层样式

隐藏图层样式有以下 4 种操作方法。

❀ 在"图层"面板中单击图层样式名称左侧的"切换单一图层效果可见性"图标 ◉，可将显示的图层样式隐藏，如下图所示。

❀ 在任意一个图层样式名称上单击鼠标右键，在弹出的快捷菜单中选择"隐藏所有效果"选项，即可隐藏所有图层样式效果，如下图所示。

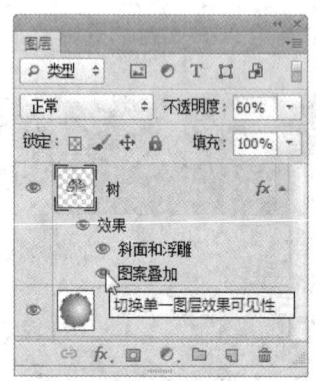
单击"切换单一图层效果可见性"图标

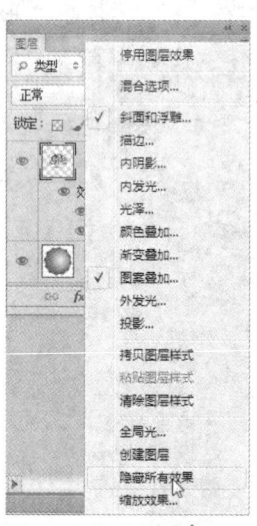
选择"隐藏所有效果"选项

❀ 在"图层"面板中单击所有图层样式上方"效果"左侧的"切换所有图层效果可见性"图标 ◉，即可隐藏所有图层样式效果，如下图所示。

❀ 在菜单栏中单击"图层"｜"图层样式"｜"隐藏所有效果"命令，即可隐藏所有图层样式效果，如下图所示。

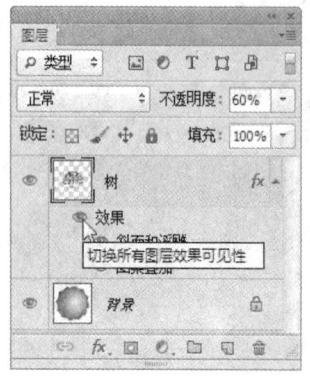
单击"切换所有图层效果可见性"图标

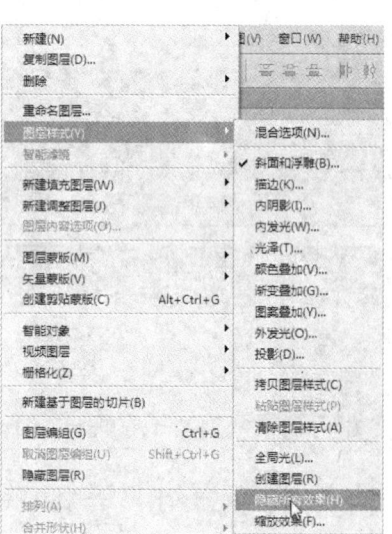
单击"隐藏所有效果"命令

第 5 章　图像助手：创建与管理图层对象

2. 删除图层样式

删除图层样式有以下 4 种操作方法。

❀ 如果需要删除某一种图层样式，在"图层"面板中的该图层样式名称前按住鼠标左键，将其拖曳至"删除图层"按钮 🗑 上，即可删除该图层样式，如下图所示。

❀ 如果要一次性删除应用于某个图层上的所有图层样式，则可以在图层名称下的"效果"上按住鼠标左键，将其拖曳至"删除图层"按钮 🗑 上，如下图所示。

 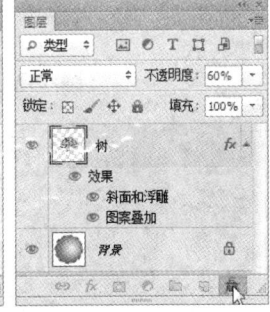  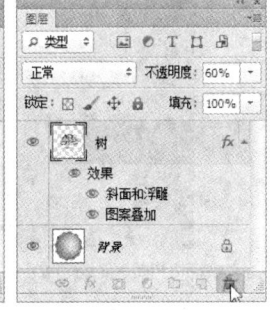

　　　　删除某一种图层样式　　　　　　　　　　删除某图层的所有图层样式

❀ 单击"图层"｜"图层样式"｜"清除图层样式"命令，即可清除当前图层的所有图层样式，如下图所示。

❀ 在任意一个图层样式上单击鼠标右键，在弹出的快捷菜单中选择"清除图层样式"选项，也可以删除当前图层的所有图层样式，如下图所示。

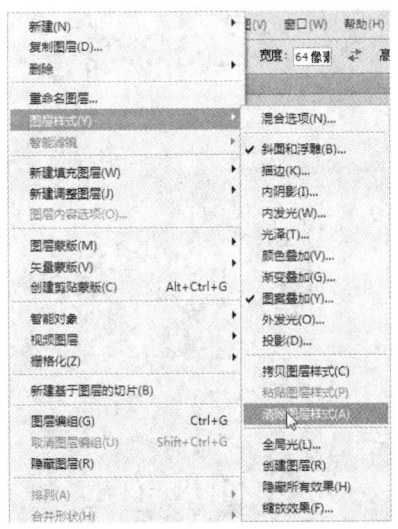 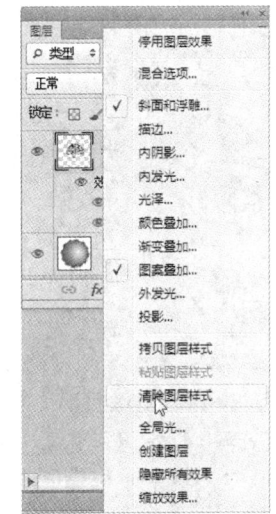

　　单击"清除图层样式"命令　　　　　　选择"清除图层样式"选项

5.4.2 复制与粘贴图层样式

复制和粘贴图层样式是将当前图层的图层样式复制，并粘贴到其他图层中。粘贴图层样式的目标图层既可以是单个图层也可以是多个图层，也可以是用 Photoshop CS6 打开的其他图像中的图层。通过复制与粘贴图层样式，可以减少重复操作。

| 素材文件 | 第 5 章\心房.psd | 效果文件 | 第 5 章\心房.psd |

STEP 01 打开素材

按【Ctrl+O】组合键，打开一幅素材图像，如下图所示。

STEP 02 复制图层样式

展开"图层"面板，将鼠标指针移至"心房"图层上，单击鼠标右键，在弹出的快捷菜单中选择"拷贝图层样式"选项，即可复制该图层样式，如下图所示。

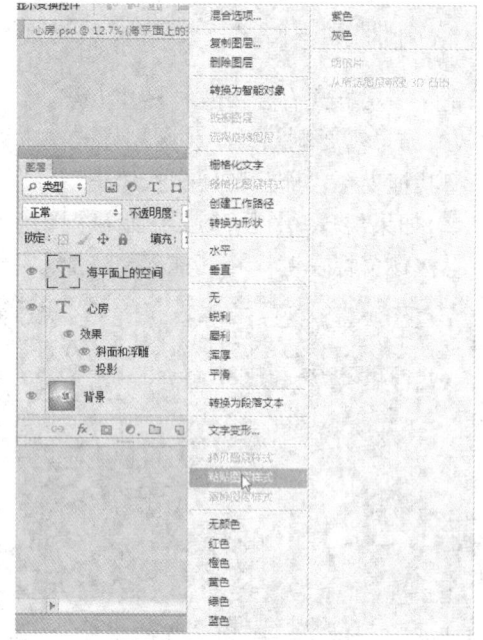

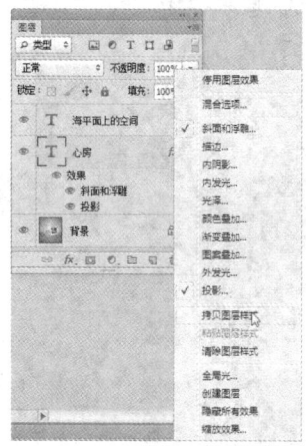

STEP 03 选择"粘贴图层样式"选项

在"海平面上的空间"图层上单击鼠标右键，在弹出的快捷菜单中选择"粘贴图层样式"选项，如下图所示。

STEP 04 粘贴图层样式后的效果

执行上述操作后，即可粘贴图层样式，此时的图像效果如下图所示。

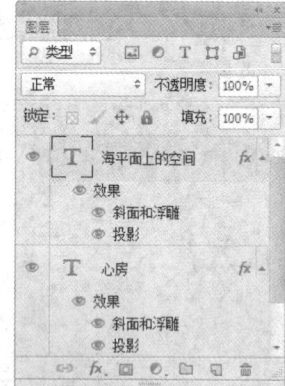

❓ 专家指点

按住【Alt】键的同时将鼠标指针移至"心房"图层上，在"指示图层效果"按钮上按住鼠标左键并拖曳，至"海平面上的空间"图层上释放鼠标左键，即可将图层样式复制至目标图层。

Chapter 06

章前知识导读

在图像设计中,文字的使用非常广泛,通过对文字进行编排与设计,不但能够更加有效地突出设计主题,而且可以对图像起到美化作用。本章主要讲述与文字处理相关的知识,包括点文字、段落文字和路径文字的编辑。

画龙点睛:制作精彩文字特效

重点知识索引

- ▷ 创建文字对象
- ▷ 编辑文字对象
- ▷ 制作路径文字
- ▷ 制作异形文字与段落文本

效果图片赏析

6.1 创建文字对象

在商业设计作品中，文字是不可缺少的设计元素，它直接传达了设计者的表达意图。好的文字布局和设计效果在作品中会起到画龙点睛的作用，因此，对文字的设计与编排是不容忽视的。Photoshop CS6 不仅提供了绘制图像或编辑图像的功能，还拥有强大的文字处理功能，可以对输入的文字进行多种编辑操作。

Photoshop 中的文字是以数学方式定义的形状组成的，在将文字栅格化之前，Photoshop 会保留基于矢量的文字轮廓，可以任意缩放文字或调整文字大小而不会产生锯齿。

Photoshop 提供了 4 种文字类型，包括：横排文字、直排文字、段落文字和选区文字。下图所示为使用 Photoshop 制作的文字艺术效果。

使用 Photoshop 制作的文字效果

在 Photoshop CS6 中提供了 4 种文字输入工具，分别为横排文字工具、直排文字工具、横排文字蒙版工具和直排文字蒙版工具，根据需要选择不同的文字工具可以创建出不同类型的文字对象。

6.1.1 创建横排文字

横排文字是一个水平的文本行，每行文本的长度随着文字的输入而不断增加，但是不会换行。

输入横排文字的方法很简单，将鼠标移至工具箱中，在文字工具组中选择横排文字工具 T 或横排文字蒙版工具 T ，然后在图像编辑窗口中单击鼠标左键，即可开始输入横排文字。

| 素材文件 | 第 6 章\个人形象.jpg | 效果文件 | 第 6 章\个人形象.psd |

STEP 01 打开素材

按【Ctrl + O】组合键，打开一幅素材图像，如下图所示。

STEP 02 选取文字工具

选取工具箱中的横排文字工具 T ，如下图所示。

STEP 03 设置工具属性

在工具属性栏中，设置"字体"为"方正大标宋简体"、"字体大小"为 14 点、"消除锯齿的方法"为"平滑"、"文本对齐"为"左对齐文本"、"文本颜色"为黑色，如下图所示。

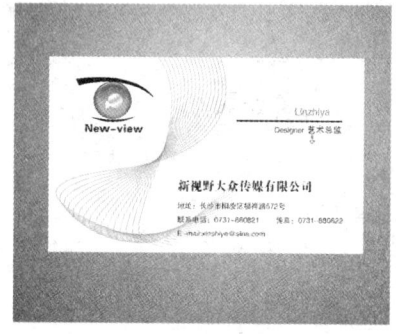

第6章 画龙点睛：制作精彩文字特效

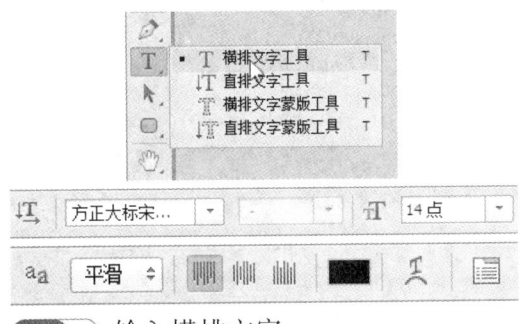

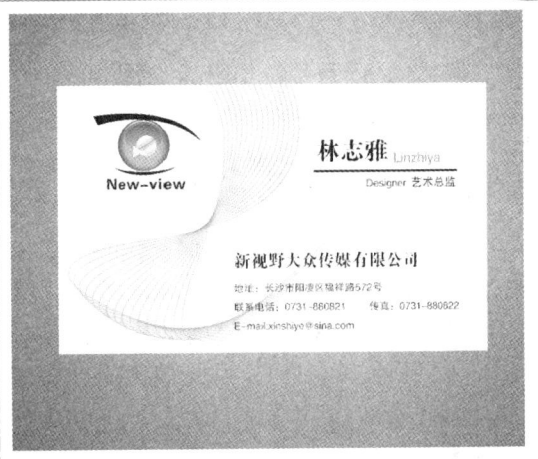

STEP 04 输入横排文字

选择一种合适的输入法，在图像上输入相应文字，如下图所示。

STEP 05 输入效果

单击工具属性栏右侧的"提交所有当前编辑"按钮✓，即可完成横排文字的输入操作，效果如下图所示。

> **专家指点**
>
> 在 Photoshop 中，文字具有极为特殊的属性，当用户输入文字后，文字表现为一个文字图层，文字图层具有与普通图层不一样的可操作性。
>
> ● 在文字图层中无法使用画笔、铅笔、渐变等工具，只能对文字进行变换、改变颜色等有限的操作。
>
> ● 当用户需要对文字图层使用画笔工具、铅笔工具、渐变工具等工具进行操作时，需要先将文字栅格化。
>
> ● 在将文字栅格化之前，Photoshop 会保留基于矢量的文字轮廓，可以任意缩放文字或调整文字大小而不会产生锯齿。

在文字工具属性栏中，各主要选项的含义如下：

● 更改文本方向：如果当前文字为横排文字，单击该按钮，即可将其转换为直排文字；如果当前文字为直排文字，单击该按钮，即可将其转换为横排文字。

● 设置字体：在该下拉列表框中，用户可以根据需要选择不同字体。

● 字体样式：为字符设置样式，包括字距调整、Regular（规则的）、Ltalic（斜体）、Bold（粗体）和 Bold Ltalic（粗斜体），该选项只对部分英文字体有效。

● 字体大小：可以选择字体的大小，或者直接输入数值来进行调整。

● 消除锯齿的方法：可以为文字选择一种消除锯齿的方法，Photoshop CS6 将会通过部分填充边缘像素来产生边缘平滑的文字，使文字的边缘混合到背景中而看不出锯齿，软件提供了"无"、"锐利"、"犀利"、"浑厚"和"平滑"5 个选项。

● 文本对齐：用来设置文本的对齐方式，软件提供了"左对齐文本"、"居中对齐文本"和"右对齐文本"3 个选项。

● 文本颜色：单击颜色块，会弹出"拾色器（文本颜色）"对话框，在该对话框中设置文字的颜色。

● 文本变形：单击该按钮，会弹出"变形文字"对话框，为文本添加变形样式，创建变形文字。

   显示/隐藏字符和段落面板：单击该按钮，可以显示或隐藏"字符"面板和"段落"面板。

6.1.2 创建直排文字

直排文字与横排文字类似，是一个垂直的文本行，文本行的长度随着文字的输入而不断增加，但是不会换行。

将鼠标指针移至工具箱中，在文字工具组中选取直排文字工具 IT 或直排文字蒙版工具 IT，然后将鼠标指针移动到图像编辑窗口中，单击鼠标左键确定插入点，当图像中出现闪烁的光标之后，即可输入文字。

| 素材文件 | 第6章\璀璨烟火.jpg | 效果文件 | 第6章\璀璨烟火.psd |

STEP 01 打开素材

按【Ctrl+O】组合键，打开一幅素材图像，如下图所示。

STEP 02 选取文字工具

选取工具箱中的直排文字工具 IT，如下图所示。

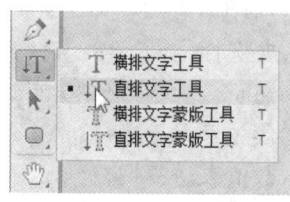

STEP 03 设置文字属性

在工具属性栏中，设置"字体"为"华文行楷"、"字体大小"为75点、"消除锯齿的方法"为"平滑"、"文本对齐"为"顶对齐文本"、"文本颜色"为黄色（RGB参数值分别为255、240、0），如下图所示。

STEP 04 输入直排文字

设置完成后，选择一种合适的输入法，在图像上输入所需的文字，如下图所示。

STEP 05 输入效果

单击工具属性栏右侧的"提交所有当前编辑"按钮，即可完成直排文字的输入操作，效果如下图所示。

用户也可以展开"字符"面板，对"字体"、"字体大小"、"字符间距"和文字倾

斜等属性进行更详细的设置。在"字符"面板（如右图所示）中，各主要选项的含义如下：

◆ 字体：可以在该下拉列表框中选择字体。
◆ 字体大小：可以在该下拉列表框中选择字体的大小。
◆ 行距：行距是指文本中各行之间文字的垂直间距，同一段落的行与行之间可以设置不同的行距，但文字行中的最大行距决定了该行的行距。
◆ 字距微调：用来调整两个字符之间的距离。
◆ 字距调整：选择部分字符时，可以调整所选字符的间距。
◆ 垂直缩放：垂直缩放用于调整字符的高度。当水平缩放与垂直缩放百分比相同时，可以进行等比缩放；不相同时，则可以进行不等比缩放。

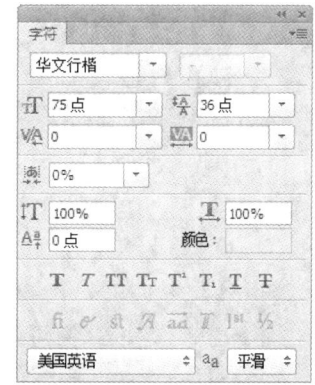

"字符"面板

◆ 水平缩放：水平缩放用于调整字符的宽度。当水平缩放与垂直缩放百分比相同时，可以进行等比缩放；不相同时，则可以进行不等比缩放。
◆ 基线偏移：控制文字与基线的距离。文字横排时，参数为正值时文字向上偏移，为负值时文字向下偏移；文字直排时，参数为正值时文字向右偏移，为负值时文字向左偏移。
◆ 颜色：设置文字的颜色。
◆ T 状按钮：用来创建各种文字样式，Photoshop CS6 提供了仿粗体、仿斜体、全部大写字母、小型大写字母、上标、下标、下划线和删除线 8 种文字样式。
◆ 语言：可以对所选字符进行有关字符和拼写规则的语言设置。

> **专家指点**
>
> 在 Photoshop CS6 中进行文字编辑时，可以使用以下快捷操作。
> ◆ 在英文输入法状态下，按【T】键，可以快速切换至文字工具。
> ◆ 按【Ctrl + Enter】组合键，快速提交所有当前编辑。
> ◆ 按【Esc】键，取消所有当前编辑。
> ◆ 文字处于编辑状态时，如果输入的文字位置不符合用户的需求，此时可以将鼠标指针移动到图像上远离输入符的位置，此时鼠标指针会自动变成移动工具，方便用户移动文字。

6.1.3 创建段落文本

段落文字是一类以文本框来确定文字的位置与换行情况的文字，当用户改变文本框时，文本框中的文字会根据文本框的位置自动换行，保持输入的文字在文本框的范围以内。当文字数量超过文本框所能容纳的上限时，溢出文本框的文字将不会显示。下面介绍创建段落文本的操作方法。

| 素材文件 | 第 6 章\钢琴意境.jpg | 效果文件 | 第 6 章\钢琴意境.psd |

STEP 01 打开素材

按【Ctrl + O】组合键，打开一幅素材图像，如下图所示。

STEP 02 选取文字工具

选取工具箱中的横排文字工具，如下图所示。

STEP 03 设置文字属性

在工具属性栏中设置"字体"为"黑体"、"字体大小"为 15 点、"文本颜色"为黑色，单击"居中对齐文本"按钮，如下图所示。

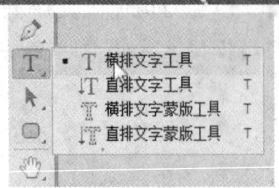

STEP 04 创建段落文本框

在图像编辑窗口中的合适位置，按住鼠标左键并向右下角拖曳，释放鼠标左键，即可创建一个文本框，如下图所示。

STEP 05 输入文字

选择一种合适的输入法，输入文字，如下图所示。

STEP 06 完成横排文字的输入

单击工具属性栏右侧的"提交所有当前编辑"按钮，即可完成横排文字的输入操作，如下图所示。

用户在输入段落文本时，可以展开"段落"面板，对文字段落进行调整。在"段落"面板（如下图所示）中，各主要选项的含义如下：

● 文字对齐方式：在该选项区中设置段落文字的对齐方式，软件提供了左对齐文本、居中对齐文本、右对齐文本、最后一行左对齐、最后一行居中对齐、最后一行右对齐和全部对齐7种对齐方式。

第 6 章　画龙点睛：制作精彩文字特效

🔅 左缩进值：用于设置当前段落的左侧相对于左文本框的缩进值。

🔅 右缩进值：用于设置当前段落的右侧相对于右文本框的缩进值。

🔅 首行缩进值：缩进段落中的首行文字。对于横排文字，首行缩进的量与左缩进有关；对于直排文字，首行缩进的量与顶端缩进有关。要创建首行悬挂缩进，必须输入一个负值。

🔅 段前添加空格：设置段落与上一行的距离，或全选文字的每一段的距离。

🔅 段后添加空格：设置每段文本后的一段距离。

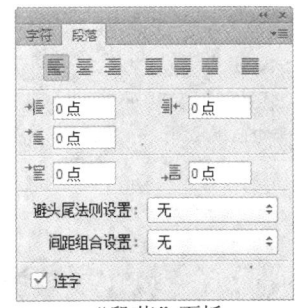
"段落"面板

> **专家指点**
>
> 用户使用横排文字蒙版工具或直排文字蒙版工具输入文字时，输入效果与文字工具有所不同。当用户提交输入文字后，软件会将输入的文字转换为选区，而不会在图像中创建文字图层。

6.2　编辑文字对象

编辑文字是指对已经创建的文字进行各种编辑操作，当用户完成文字输入后，如果对文字的属性不满意，还可以继续对其进行格式设置，直至满意为止。

6.2.1　更改文字类型

在 Photoshop CS6 中，用户输入文字之后，还可以通过文字工具对文字的属性进行修改，使文字更符合用户的需要。

| 素材文件 | 第 6 章\绿色生活.jpg | 效果文件 | 第 6 章\绿色生活.psd |

STEP 01　打开素材

按【Ctrl+O】组合键，打开一幅素材图像，如下图所示。

STEP 02　设置文字工具

选取工具箱中的横排文字工具，在工具属性栏中设置"字体"为"汉仪圆叠体简"、

"字体大小"为 72 点、"文本颜色"为白色，如下图所示。

STEP 03　输入文字

在图像的合适位置单击鼠标左键，确认插入点，输入文字，如下图所示。

STEP 04 确认输入

单击工具属性栏右侧的"提交所有当前编辑"按钮✓，即可完成横排文字的输入操作，效果如下图所示。

STEP 05 选中文字

展开"图层"面板，双击"绿色生活"文字图层的缩略图，选中该图层的文字，如下图所示。

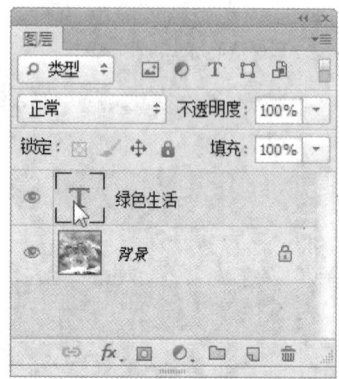

STEP 06 文字变为选中状态

执行上述操作后，图像中的文字显示为被选中状态，如下图所示。

STEP 07 调整文字属性

在工具属性栏中设置"字体"为"华文行楷"、"字体大小"为60点，即可调整文字属性，如下图所示。

STEP 08 确认文字的调整

单击工具属性栏右侧的"提交所有当前编辑"按钮✓，即可完成对文字的调整，效果如下图所示。

第 6 章 画龙点睛：制作精彩文字特效

> **专家指点**
> 在"图层"面板中，用户可以对文字图层使用以下快捷操作方法。
> ◎ 鼠标左键单击文字图层，即可选中该图层。
> ◎ 双击文字图层的缩略图，即可选中该图层的所有文字。
> ◎ 双击文字图层的名称，即可修改图层名称。
> ◎ 双击文字图层右侧的空白处，即可打开"图层样式"对话框。

> **专家指点**
> 当用户在编辑文字属性时，需要注意以下几点。
> ◎ 当文字处于编辑状态时，改变文字属性只能对已选中的文字，以及下一次输出的文字生效。
> ◎ 当用户确认输入后，只需在"图层"面板中选中文字图层，即可更改文字的属性。

6.2.2 更改文本方向

用户在 Photoshop CS6 中编辑文字时，还可以根据需要在输入的水平文字和垂直文字之间进行切换，下面介绍其操作方法。

| 素材文件 | 第 6 章\多方思考.jpg | 效果文件 | 第 6 章\多方思考.psd |

STEP 01 打开素材

按【Ctrl + O】组合键，打开一幅素材图像，如下图所示。

STEP 02 设置文字属性

选取工具箱中的直排文字工具，在工具属性栏中设置"字体"为"方正大标宋简体"、"字体大小"为 41 点、"文本颜色"为白色，如下图所示。

STEP 03 输入文字

在图像编辑窗口中的合适位置单击鼠标左键，确认插入点，然后输入文字，如下图所示。

STEP 04 确认文字的输入

按【Ctrl + Enter】组合键，确认文字的输入，效果如下图所示。

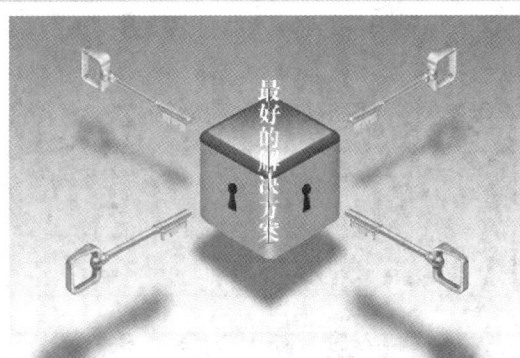

STEP 05 选择文字图层

展开"图层"面板，选择"最好的解决方案"文字图层，如下图所示。

STEP 06 更改文本方向

在工具属性栏中，单击"更改文本方向"按钮，即可更改文字的排列方向，效果如下图所示。

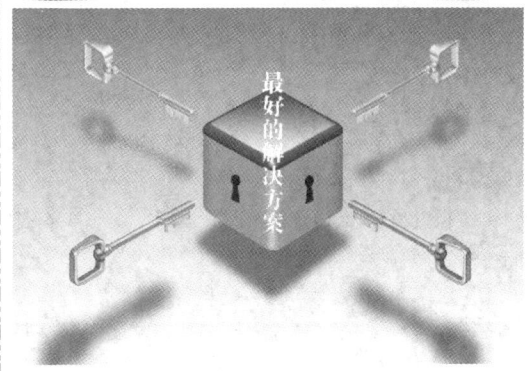

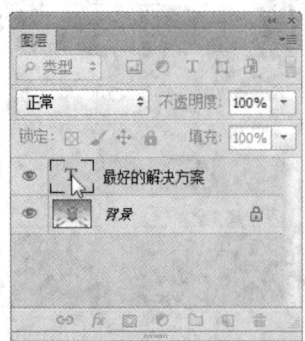

> **专家指点**
>
> 虽然使用横排文字工具只能创建水平排列的文字，使用直排文字工具只能创建垂直排列的文字，但在需要的情况下，用户可以相互转换这两种文本的显示方向。

STEP 07 最终效果

选取移动工具，拖曳文本至合适位置，效果如下图所示。

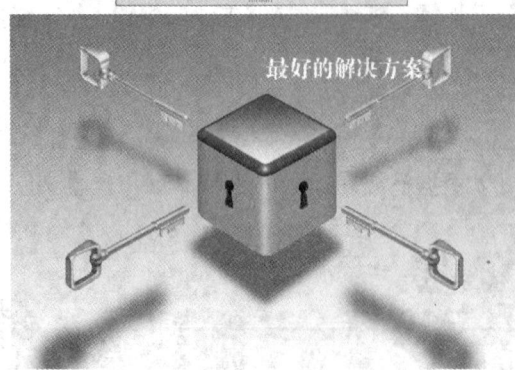

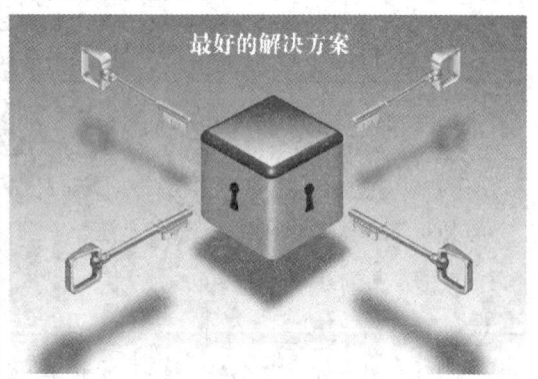

> **专家指点**
>
> 除了在工具属性栏中单击"更改文本方向"按钮更改文本方向，用户还可以运用以下操作方法。
> ● 单击菜单栏中的"文字"|"取向"|"水平"命令，即可将垂直的文本转换为水平文本。
> ● 展开"图层"面板，将鼠标指针移至"最好的解决方案"文字图层上，单击鼠标右键，在弹出的快捷菜单中选择"水平"选项，即可将垂直文本转换为水平文本。

6.2.3　更改文本颜色

用户在 Photoshop CS6 中编辑文字时，还可以根据需要对文字的颜色进行调整，增强文字的色彩效果。

素材文件	第 6 章\蒲公英.jpg	效果文件	第 6 章\蒲公英.psd

STEP 01 打开素材

按【Ctrl + O】组合键，打开一幅素材图像，如下图所示。

STEP 02 设置文字属性

选取工具箱中的直排文字工具，在工具属性栏中设置"字体"为"文鼎中特广告体"、"字体大小"为 70 点、"文本颜色"为白色，如下图所示。

STEP 03 输入文字

将鼠标指针移至图像编辑窗口中的合适位置，单击鼠标左键，确认文字的插入点，输入相应文字，如下图所示。

STEP 04 确认输入

单击工具属性栏右侧的"提交所有当前

第6章 画龙点睛：制作精彩文字特效

编辑"按钮 ✓，即可完成文字输入操作，效果如下图所示。

展开"图层"面板，在面板中选择"蒲公英的秋天"文字图层，如下图所示。

STEP 06 修改文字颜色

在工具属性栏中设置"文本颜色"为褐色（RGB 参数值分别为 175、93、21），即可修改文字的颜色，效果如下图所示。

STEP 05 选择文字图层

> **专家指点**
> 在文字编辑模式下，用户必须先选择需要更改的文字，然后再调整颜色，调整效果才会对文字生效。如果用户退出了文字编辑模式，只需使用上述方法，即可修改该图层文字的颜色。

6.3 制作路径文字

在许多作品中，设计的文字呈连绵起伏的状态，这都是路径文字的功劳。制作路径文字时，可以先使用钢笔工具或形状工具创建直线或曲线路径，再进行文字的输入，本节主要介绍制作路径文字的操作方法。

6.3.1 制作路径排列文字

制作路径文字时，文字将沿着路径方向排列，呈现连绵起伏的文字效果。如果在路径上输入横排文字，文字方向将与基线垂直；如果在路径上输入直排文字，文字方向将与基线平行。

| 素材文件 | 第 6 章\心形.jpg | 效果文件 | 第 6 章\心形.psd |

STEP 01 打开素材

按【Ctrl+O】组合键，打开一幅素材图像，如下图所示。

STEP 02 选取钢笔工具

将鼠标指针移至工具箱中，选取钢笔工具，如下图所示。

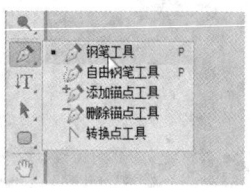

STEP 03 创建路径

将鼠标指针移动到图像编辑窗口中，沿心形右侧的弧形边缘创建一条曲线路径，如下图所示。

STEP 04 设置文字属性

选取工具箱中的横排文字工具，在工具属性栏中，设置"字体"为"华康海报体"、"字体大小"为30点、"文本颜色"为白色，如下图所示。

STEP 05 输入文字

移动鼠标指针至图像编辑窗口中的曲线路径上，单击鼠标左键确定插入点，并输入文字，如下图所示。

STEP 06 最终效果

按【Ctrl+Enter】组合键确认，软件会自动隐藏路径，效果如下图所示。

专家指点

确认输入文字后，会自动隐藏路径，如果需要再次显示路径，只需要在"路径"面板中选中要显示的路径即可。如果要隐藏路径，只需在"路径"面板中取消选择路径即可。

6.3.2 调整文字位置与路径形状

在"路径"面板中选择文字路径，文字的排列路径将会在图像编辑窗口中显示出来，此时用户可以用路径工具对路径形状进行调整。下面详细介绍调整路径文字的操作方法。

| 素材文件 | 第6章\地球.jpg | 效果文件 | 第6章\地球.psd |

STEP 01 打开素材

按【Ctrl+O】组合键，打开一幅素材图像，如下图所示。

STEP 02 创建路径

选取工具箱中的钢笔工具，然后在图像编辑窗口中创建一条合适的曲线路径，如下图所示。

STEP 03 设置文字属性

选取工具箱中的横排文字工具，在工具属性栏中设置"字体"为"楷体"、"字体大小"为18点、"文本颜色"为白色、"消除锯齿的方法"为"平滑"，如下图所示。

STEP 04 输入文字

移动鼠标指针至图像编辑窗口中的曲线路径上，单击鼠标左键确定文字插入点，然后输入相应文字，如下图所示。

STEP 05 确认输入

按【Ctrl+Enter】组合键确认，并隐藏路径，效果如下图所示。

STEP 06 显示文字路径

展开"路径"面板，在面板中选择文字路径，此时图像编辑窗口中将显示"珍爱我们的家园"文字的路径，如下图所示。

STEP 07 选取直接选择工具

选取工具箱中的直接选择工具，如下图所示。

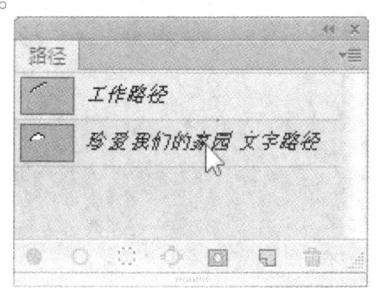

STEP 08 调整文字

移动鼠标指针至图像编辑窗口中的文字路径上,按住鼠标左键并拖曳节点,即可调整文字路径的形状,隐藏文字路径后,效果如下图所示。

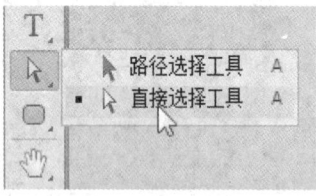

> **专家指点**
> 将鼠标指针移至文字的起点或终点处,当鼠标指针呈 ﹜或﹝ 形状时,按住鼠标左键并拖曳,可以调整文字的起点或终点,以改变文字在路径上的排列位置。

6.3.3 调整文字与路径的距离

调整路径文字的基线偏移距离,可以在不编辑路径的情况下轻松调整文字与路径的距离,下面介绍调整文字与路径距离的操作方法。

| 素材文件 | 第 6 章\色彩.jpg | 效果文件 | 第 6 章\色彩.psd |

STEP 01 打开素材

按【Ctrl + O】组合键,打开一幅素材图像,如下图所示。

选取钢笔工具,将鼠标指针移至图像编辑窗口中的合适位置,创建一条曲线路径,如下图所示。

STEP 02 创建曲线路径

STEP 03 设置文字属性

选取工具箱中的横排文字工具,在工具属性栏中,设置"字体"为"华文琥珀"、"字体大小"为60点、"消除锯齿的方法"为"平滑"、"文本颜色"为红色(RGB参数值分别为233、67、13),如下图所示。

展开"路径"面板,选择工作路径,此时在图像编辑窗口中将会显示工作路径,如下图所示。

STEP 04 输入文字

移动鼠标指针至图像编辑窗口中,在曲线路径上单击鼠标左键,确定文字的插入点,输入所需的文字,如下图所示。

STEP 05 确认文字的输入

按【Ctrl+Enter】组合键确认文字的输入,并隐藏路径,效果如下图所示。

STEP 07 调整文字

选取工具箱中的移动工具,将鼠标指针移至图像编辑窗口中的文字上,按住鼠标左键并拖曳,即可调整文字与路径间的距离,如下图所示。

STEP 06 显示工作路径

新手学 Photoshop 从入门到精通

STEP 08 最终效果

将文字调整到合适位置后，隐藏路径，效果如下图所示。

> **专家指点**
> 工作路径相当于一个范围，按【Ctrl+Enter】组合键可以将将当前路径转换为选择区域状态。如果所选路径是开放路径，那么转换成的选区将是路径的起点和终点连接起来而形成的闭合区域。

6.4 制作变形文字

在 Photoshop CS6 中，用户可以通过"变形文字"对话框制作文字变形效果，从而创建富有动感的文字特效，使作品显得更美观，更容易引起人们的注意。

6.4.1 创建变形文字样式

在 Photoshop CS6 中，用户可以对文字进行变形扭曲操作，以创造出更好的视觉效果，下面介绍创建变形文字样式的操作方法。

| 素材文件 | 第 6 章\水晶球.jpg | 效果文件 | 第 6 章\水晶球.jpg |

STEP 01 打开素材

按【Ctrl+O】组合键，打开一幅素材图像，如下图所示。

STEP 02 设置工具属性

选取工具箱中的横排文字工具，在工具属性栏中，设置"字体"为"长城行楷体"、"字体大小"为 100 点、"文本颜色"为白色，如下图所示。

STEP 03 输入文字

移动鼠标指针至图像编辑窗口中的合适位置单击，并输入文字，如下图所示。

STEP 04 确认文字的输入

按【Ctrl+Enter】组合键，确认输入的文字，如下图所示。

第 6 章 画龙点睛：制作精彩文字特效

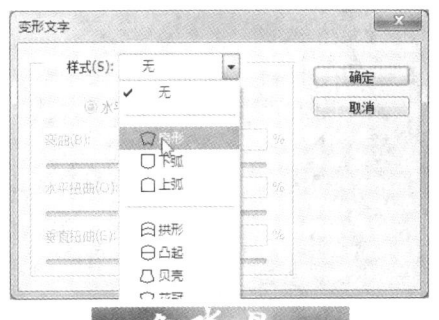

STEP 05 选择文字图层

展开"图层"面板，在面板中选择"蓝色水晶球"文字图层，如下图所示。

STEP 08 调整文字位置

选取工具箱中的移动工具，将文字移至合适位置，效果如下图所示。

STEP 06 设置文字变形

单击"文字"|"文字变形"命令，弹出"变形文字"对话框，在"样式"下拉列表框中选择"扇形"选项，如下图所示。

STEP 07 确认变形

单击"确定"按钮，即可变形文字，如下图所示。

专家指点

调出"变形文字"对话框还有以下两种方法。
- 单击工具属性栏中的"创建变形文本"按钮。
- 在"图层"面板的文字图层上单击鼠标右键，在弹出的快捷菜单中选择"文字变形"选项。

6.4.2 编辑变形扭曲文字效果

在 Photoshop CS6 中，当用户为文字创建扭曲变形效果后，还可以重新打开"变形文字"对话框，对变形扭曲的效果进行编辑，使文字效果更加符合用户的需要。

| 素材文件 | 第 6 章\水晶球.psd | 效果文件 | 第 6 章\水晶球 2.psd |

STEP 01 打开素材

按【Ctrl+O】组合键，打开一幅素材图像，如下图所示。

STEP 02 选择文字图层

展开"图层"面板，选择文字图层，如下图所示。

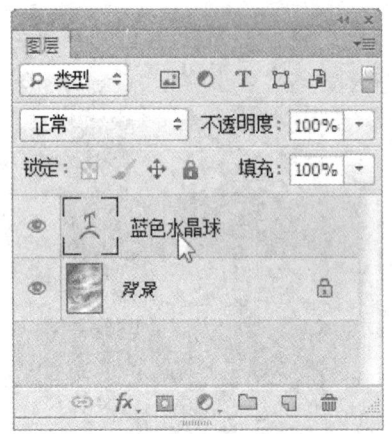

STEP 03 设置扭曲命令

单击"文字"|"文字变形"命令，弹出"变形文字"对话框，选中"水平"单选按钮，设置"弯曲"为46、"水平扭曲"为-65、"垂直扭曲"为-10，如下图所示。

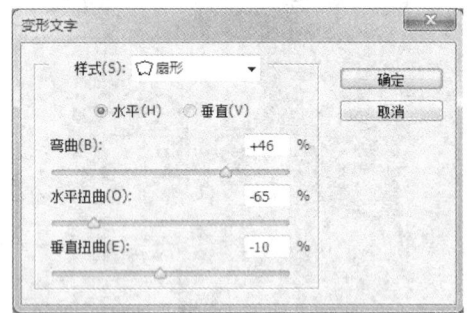

STEP 04 调整文字位置

单击"确定"按钮，选取移动工具，在文字上按住鼠标左键并拖曳，移动文字至合适位置，效果如下图所示。

在"变形文字"对话框内，各主要选项的含义如下：

- 样式：在该选项的下拉列表框中包含15种变形样式供选择。
- 水平/垂直：文本的扭曲方向为水平方向或垂直方向。
- 弯曲：设置文本的弯曲程度。
- 水平扭曲/垂直扭曲：拖动滑块，调整水平扭曲和垂直扭曲的参数值，可以对文本应用透视效果。

6.5 异形轮廓段落文本

在 Photoshop CS6 中，用户可以通过绘制路径，创建文本框轮廓任意外形的异形轮廓段落文本，从而获得更独特的文字效果，使作品显得更美观。下面介绍创建与编辑异形轮廓段落文本的操作方法。

6.5.1 创建异形轮廓段落文本

在 Photoshop CS6 中，用户可以通过绘制路径创建出造型独特的文本框，从而编辑出异形轮廓段落文本，其具体操作方法如下：

| 素材文件 | 第 6 章\云.jpg | 效果文件 | 第 6 章\云.psd |

STEP 01 打开素材

按【Ctrl+O】组合键，打开一幅素材图像，如下图所示。

STEP 02 创建曲线路径

选取工具箱中的钢笔工具，将鼠标指针移动到图像编辑窗口中，沿云朵绘制一条封闭的曲线路径，如下图所示。

STEP 03 设置文字属性

选取工具箱中的横排文字工具，在工具属性栏中，设置"字体"为"华文行楷"、"字体大小"为 29 点、"文本颜色"为红色（RGB 参数值分别为 222、44、65），如下图所示。

STEP 04 输入文字

移动鼠标指针至图像编辑窗口中，在封闭的曲线路径内部单击鼠标左键，输入文字，如下图所示。

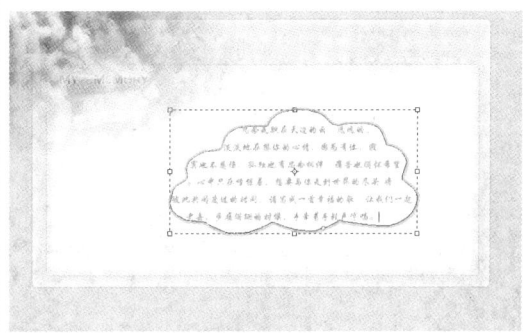

STEP 05 确认文字的输入

按【Ctrl+Enter】组合键确认文字的输入，即可创建异形轮廓段落文本，效果如下图所示。

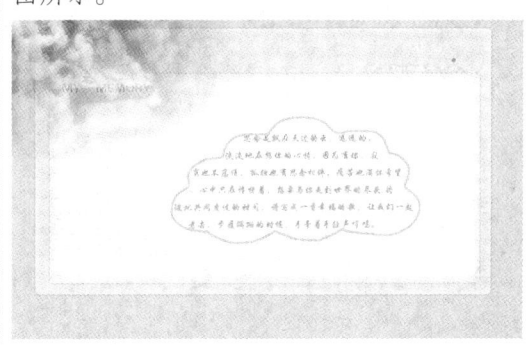

6.5.2 修改文字排列的形状

用户如果对创建的异形轮廓段落文本不满意，可以在工具箱中选取直接选择工具，对段落文本的轮廓进行调整。

| 素材文件 | 第 6 章\云 2.psd | 效果文件 | 第 6 章\云 2.psd |

STEP 01 打开素材

按【Ctrl+O】组合键，打开一幅素材图像，如下图所示。

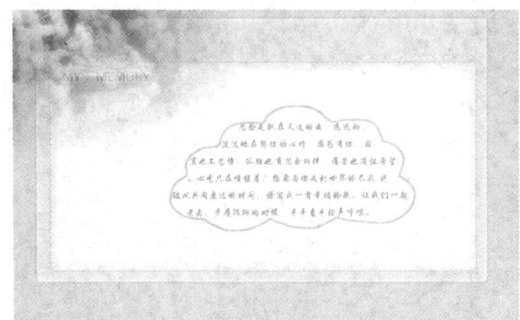

STEP 02 选中文字路径

展开"路径"面板,在该面板中选择"思念是飘在天边的云,…"文字路径,图像编辑窗口中将会显示此路径,如下图所示。

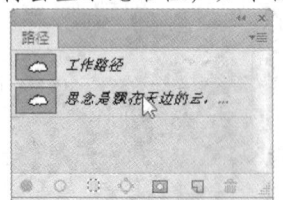

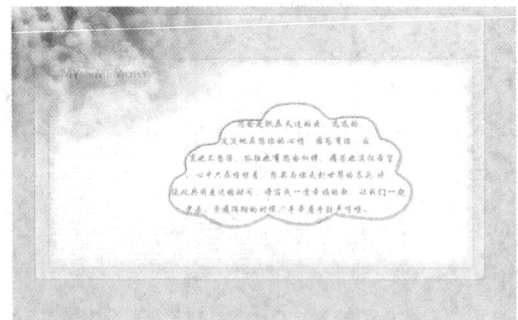

STEP 03 调整路径形状

选取工具箱中的直接选择工具,将鼠标指针移至图像编辑窗口中的文字路径上,按住鼠标左键并拖曳各个节点,即可调整文字路径的形状,如下图所示。

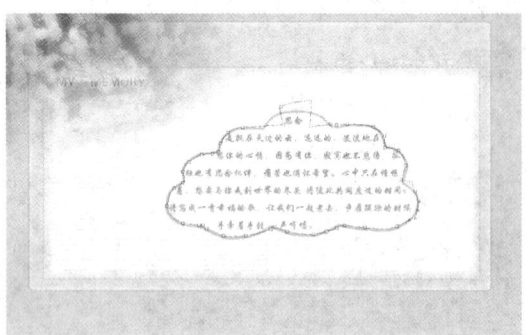

STEP 04 隐藏路径

执行上述操作后,隐藏路径,效果如下图所示。

Chapter 07

章前知识导读

滤镜是一种插件模块,能够对图像中的像素进行操作,也可以模拟一些特殊的光照效果或带有装饰性的纹理效果。Photoshop 提供了多种滤镜,使用这些滤镜,用户无须耗费大量的时间和精力,就可以快速地制作出云彩、马赛克、模糊、素描、光照以及各种扭曲效果。

完美特效:制作精彩滤镜特效

重点知识索引

▷ 使用智能滤镜　　　　　　▷ 应用常用滤镜
▷ 应用特殊滤镜

效果图片赏析

7.1 使用智能滤镜

滤镜主要是用来实现图像的各种特殊效果,它在 Photoshop 中具有非常神奇的作用。所有的 Photoshop 滤镜都按分类放置在"滤镜"菜单中,使用时只需要从该菜单中执行相应的命令即可。滤镜的操作非常简单,但是真正用起来却很难恰到好处。滤镜通常需要同通道、图层等联合使用,才能取得最佳艺术效果。

滤镜分为以下两种。

✿ 特殊滤镜:此类滤镜由于功能强大、使用频繁,加上在"滤镜"菜单中位置特殊,因此被称为特殊滤镜,其中包括"自适应广角"、"镜头校正"、"液化"、"油画"和"消失点"5 个命令。

✿ 普通滤镜:此类滤镜是自 Photoshop 4.0 发布以来直至 CS6 版本始终都存在的一类滤镜,其数量有上百个之多,被广泛应用于纹理制作、图像效果的修整、文字效果制作、图像处理等各方面。

智能滤镜并非滤镜某一种分类,所有应用于智能对象的滤镜都是智能滤镜。智能滤镜将出现在"图层"面板中应用这些智能滤镜的智能对象图层的下方。可以调整、移去或隐藏智能滤镜,所以这些滤镜是非破坏性的。

除"液化"、"图案生成器"、"消失点"和"油画"之外,可以按智能滤镜应用任意 Photoshop 滤镜(也可与智能滤镜一起使用)。此外,可以将"阴影/高光"和"变化"调整作为智能滤镜应用。

智能滤镜是 Photoshop 中的一个强大功能,在使用 Photoshop 时,如果要对智能对象应用滤镜,就必须将该智能对象栅格化,然后才可以应用智能滤镜效果,但如果用户要修改智能对象中的内容,则需要重新应用滤镜,这样就在无形中增加了操作的复杂程度,而智能滤镜的功能就是为了解决这一难题而产生的,同时使用智能滤镜,还可以对所添加的滤镜进行反复修改。

本节将主要介绍创建、编辑、隐藏、停用和启用、删除智能滤镜等具体操作方法。

7.1.1 创建智能滤镜

智能对象主要是由智能蒙版和智能滤镜列表两部分构成。其中,智能蒙版主要是用于隐藏智能滤镜对图像的处理效果,而智能滤镜列表则显示了当前智能滤镜图层中所应用的滤镜名称。下面介绍创建智能滤镜的操作方法。

| 素材文件 | 第 7 章\岛屿.psd | 效果文件 | 第 7 章\岛屿.psd |

STEP 01 打开素材

按【Ctrl+O】组合键,打开一幅素材图像,如下图所示。

STEP 02 转换为智能对象

展开"图层"面板,选择"图层 1"图层,在"图层 1"上单击鼠标右键,在弹出的快捷菜单中选择"转换为智能对象"选项,转换为智能对象后,"图层 1"图层的缩略图如下图所示。

STEP 03 设置滤镜参数

单击菜单栏中的"滤镜"|"扭曲"|"水波"命令,弹出"水波"对话框,设置各选

第 7 章　完美特效：制作精彩滤镜特效

项，如下图所示。

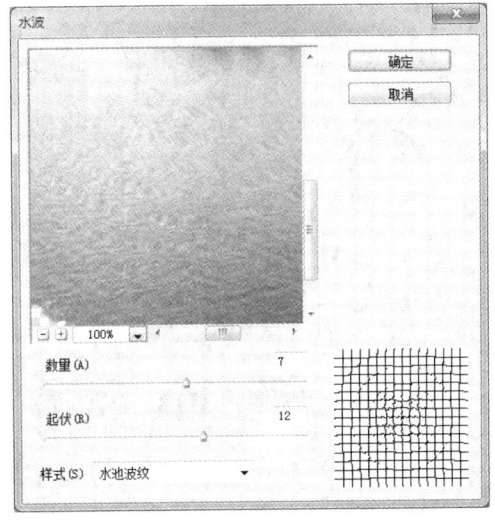

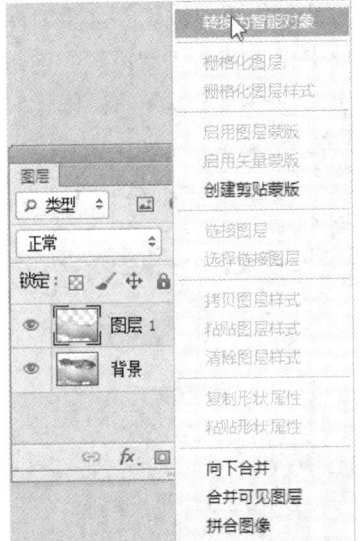

STEP 04　应用滤镜

单击"确定"按钮，应用"水波"滤镜，即可在"图层 1"图层下方生成一个"智能滤镜"图层，此时的图像效果如下图所示。

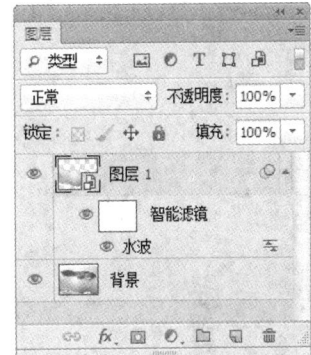

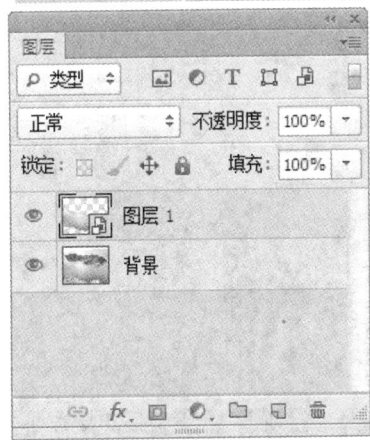

在"水波"对话框中，各主要选项的含义如下：
- 数量：用来调整图像水波化的缩放数值。
- 起伏：用来设置水波方向从选区的中心到其边缘的反转次数。
- 样式：可设置围绕中心、从中心向外和水池波纹 3 个样式。

> **专家指点**
>
> 在 Photoshop CS6 中，滤镜主要有以下 5 种功能。
> - 创建边缘效果：在 Photoshop 中，用户可以使用多种方法处理图像，从而得到艺术化的图像效果。
> - 创建绘画效果：综合使用滤镜能够将图像处理成为具有油画、素描效果的图像。
> - 将滤镜应用于单个通道：将滤镜应用于单个通道，对每个颜色通道可以应用不同的效果或具有不同设置的同一滤镜，从而创建特殊的图像效果。
> - 创建背景：将滤镜应用于有纯色或灰度的图层可以得到各种背景和纹理，虽然有些滤镜在应用于纯色时效果不明显，但有些滤镜却可以产生奇特的效果。
> - 修饰图像：Photoshop 提供了几种用于修饰数码相片的滤镜，使用这些滤镜能够去除图像的杂点，如"去除杂色"命令，或者为使图像更加清晰，可以使用"智能锐化"命令。

7.1.2 编辑智能滤镜

相对普通滤镜而言，智能滤镜最大的优点就是可对其进行重复编辑。如果对图像应用了一个或多个滤镜，这些智能滤镜也会在"图层"面板中作为名为"滤镜库"的组出现。用户可以通过双击"滤镜库"组内的各个选项，在弹出的对话框中编辑智能滤镜。

素材文件	第 7 章\向阳之花.jpg	效果文件	第 7 章\向阳之花.psd

STEP 01 打开素材

按【Ctrl + O】组合键，打开一幅素材图像，如下图所示。

STEP 02 转换为智能对象

选择"背景"图层，在"背景"图层上单击鼠标右键，在弹出的快捷菜单中选择"转换为智能对象"选项，将图像转换为智能对象，如下图所示。

> **专家指点**
>
> 将图层转换为智能对象后，用户还可以使用"栅格化图层"命令，将智能对象转换为普通对象。

STEP 03 弹出"滤镜库"对话框

单击"滤镜"|"滤镜库"命令，弹出"滤镜库"对话框，如下图所示。

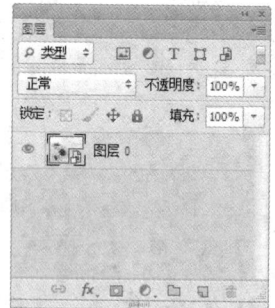

> **专家指点**
>
> Photoshop CS6 中的滤镜库是功能极为强大的一个命令，此功能允许用户重叠或重复使用某几种或某一种滤镜，从而使滤镜的应用变换更加繁多，所获得的效果也更加复杂多样。

第 7 章　完美特效：制作精彩滤镜特效

在"滤镜库"对话框中包括 6 类滤镜效果。对话框的左侧是预览区，中间是 6 类滤镜，右侧是参数设置区，其中各主要区域及选项的含义如下：

✿ 预览区：用来预览滤镜效果。

✿ 缩放区：单击 + 按钮，可放大预览区图像的显示比例；单击 - 按钮，则缩小显示比例。单击文本框右侧的下拉按钮 ▼，即可在打开的下拉菜单中选择显示比例。

✿ 显示/隐藏滤镜缩览图：单击该按钮，可以隐藏滤镜组，将窗口空间留给图像预览区，再次单击则显示滤镜组。

✿ 弹出样式菜单：单击 ▼ 按钮，可在打开的下拉菜单中选择一个滤镜。

✿ 参数设置区："滤镜库"对话框中共包含 6 组滤镜，单击滤镜组前的 ▷ 按钮，可以展开该滤镜组；单击滤镜组中的滤镜可运用该滤镜效果，与此同时，右侧的参数设置区会显示该滤镜的参数选项。

✿ 效果图层：显示当前使用的滤镜列表。单击图标 👁 可以隐藏或显示滤镜。

✿ 当前使用的滤镜：显示当前所使用的滤镜。

STEP 04 选择"染色玻璃"滤镜

展开"纹理"滤镜组，选择"染色玻璃"滤镜，如下图所示。

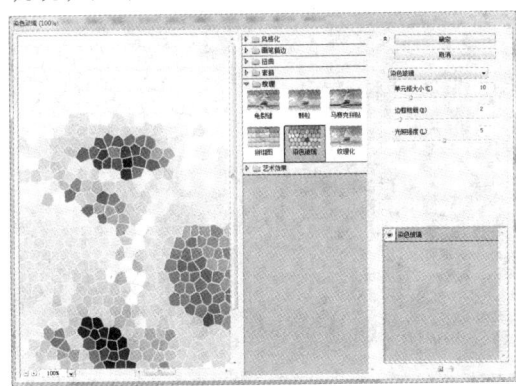

STEP 05 应用滤镜

单击"确定"按钮，应用"染色玻璃"滤镜，效果如下图所示。

STEP 06 双击滤镜

在"图层"面板中双击"染色玻璃"智能滤镜，如下图所示。

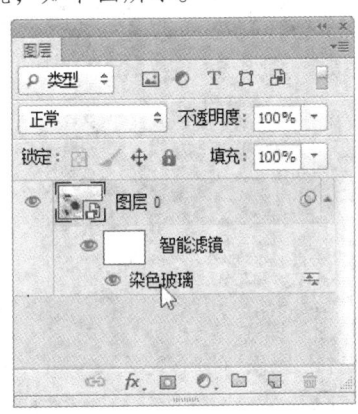

STEP 07 编辑滤镜

执行操作后，弹出"染色玻璃"对话框，设置"单元格大小"为 7、"边框粗细"为 2、"光照强度"为 6，如下图所示。

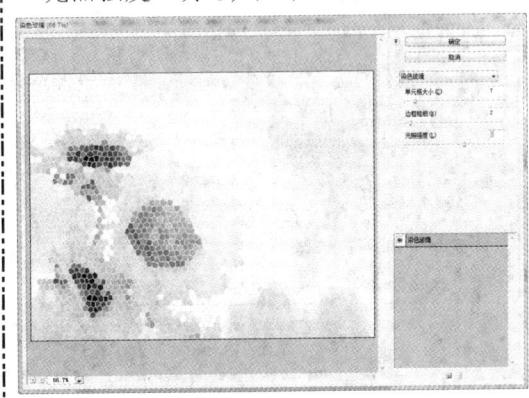

STEP 08 应用滤镜

单击"确定"按钮，完成"染色玻璃"滤镜的编辑，效果如下图所示。

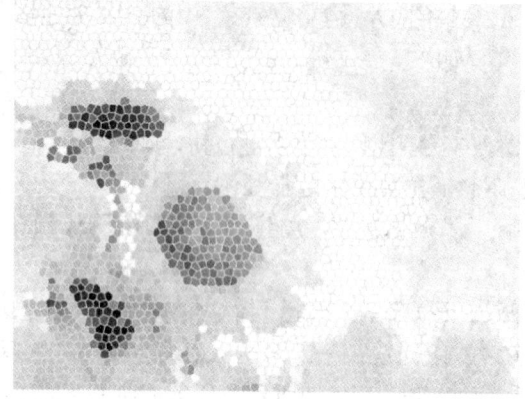

STEP 09 双击相应图标

展开"图层"面板，双击智能滤镜右侧的"双击以编辑滤镜混合选项"图标，如下图所示。

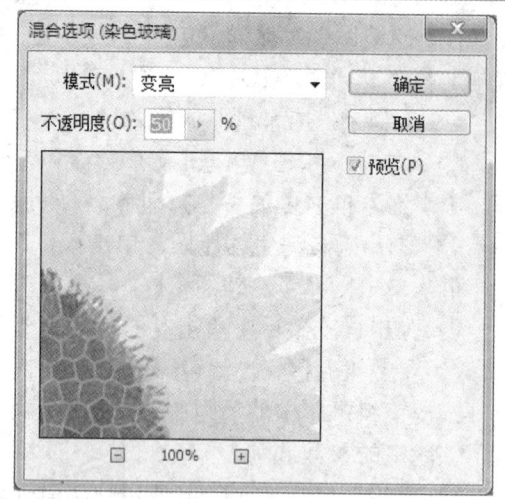

STEP 11 应用混合选项后的效果

单击"确定"按钮，即可应用对滤镜混合选项的编辑，效果如下图所示。

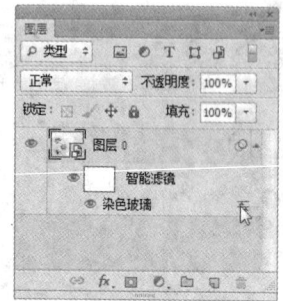

STEP 10 设置选项参数

弹出"混合选项（染色玻璃）"对话框，设置"模式"为"变亮"、"不透明度"为50%，如下图所示。

> **专家指点**
>
> 滤镜的使用具有如下规律：
> ✦ 最后一次使用的滤镜显示在"滤镜"菜单顶部，再次单击该命令或按【Ctrl+F】组合键，可以相同的参数应用上一次的滤镜，按【Ctrl+Alt+F】组合键，可打开相应的滤镜对话框。
> ✦ 滤镜可应用于当前选择范围、当前图层或通道，若需要将滤镜应用于整个图层，则不要选择任何图像区域或图层。
> ✦ 部分滤镜只对RGB颜色模式图像起作用，而不能将该滤镜应用于位图模式或索引模式图像，也有部分滤镜不能应用于CMYK颜色模式图像。
> ✦ 部分滤镜是在内存中进行处理的，因此，在处理高分辨率或尺寸较大的图像时非常消耗内存，甚至会出现内存不足的提示信息。使用Photoshop CS6处理较大的图像时，尽量减少后台运行程序，以释放更多的内存空间。

7.1.3 停用或启用智能滤镜

停用或启用智能滤镜可分为两种操作：一种是对所有的智能滤镜进行操作；另一种是单独对某个智能滤镜进行操作。通过停用与启用智能滤镜，用户能对滤镜使用前后的效果进行对比。

第 7 章 完美特效：制作精彩滤镜特效

素材文件　第 7 章\梦幻.psd　　　效果文件　第 7 章\梦幻.psd

STEP 01 打开素材

按【Ctrl + O】组合键，打开一幅素材图像，如下图所示。

STEP 02 隐藏单个智能滤镜

展开"图层"面板，单击"镜头光晕"智能滤镜左侧的"切换单个智能滤镜可见性"图标，如下图所示。

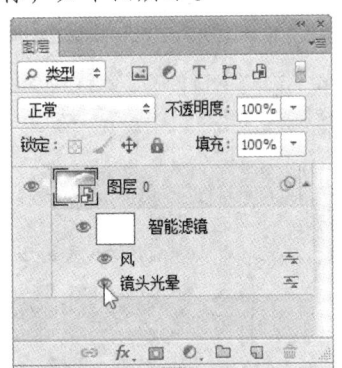

执行操作后，眼睛图标消失，即可停用"镜头光晕"智能滤镜，效果如下图所示。

STEP 03 显示单个智能滤镜

在"图层"面板中，单击"镜头光晕"智能滤镜左侧的"切换单个智能滤镜可见性"图标，如下图所示。

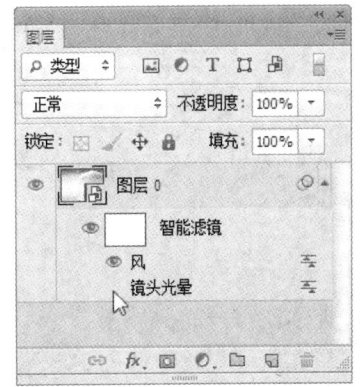

执行操作后，眼睛图标出现，即可启用"镜头光晕"智能滤镜，效果如下图所示。

STEP 04 隐藏所有智能滤镜

展开"图层"面板，在所属的智能对象图层最右侧的"指示滤镜效果"按钮上单击鼠标右键，在弹出的快捷菜单中选择"停用智能滤镜"选项，此时眼睛图标消失，即停用所有智能滤镜，效果如下图所示。

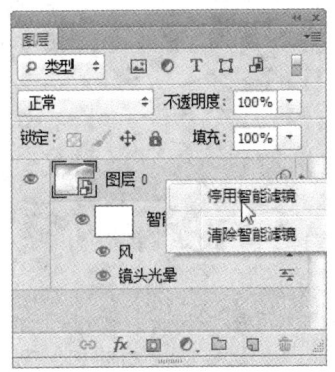

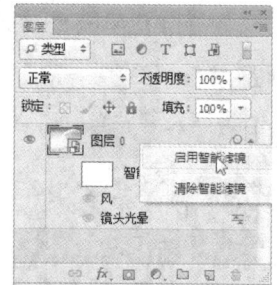

STEP 05 显示所有智能滤镜

在"图层"面板中,在所属的智能对象图层最右侧的"指示滤镜效果"按钮 上单击右键,在弹出的快捷菜单中选择"启用智能滤镜"选项,此时眼睛图标出现,即可启用所有智能滤镜,效果如下图所示。

7.1.4 删除智能滤镜

如果要删除一个智能滤镜,可直接在该滤镜名称上单击鼠标右键,在弹出的快捷菜单中选择"删除智能滤镜"选项,或者直接将要删除的滤镜拖曳至"图层"面板底部的"删除图层"按钮上即可。

| 素材文件 | 第 7 章\风车.psd | 效果文件 | 第 7 章\风车.psd |

STEP 01 打开素材

按【Ctrl + O】组合键,打开一幅素材图像,如下图所示。

STEP 02 清除单个智能滤镜

展开"图层"面板,按住"马赛克"智能滤镜并将其拖曳至"删除图层"按钮上,即可删除"马赛克"智能滤镜,如下图所示。

第 7 章　完美特效：制作精彩滤镜特效

> **专家指点**
> 在"图层"面板中，在"马赛克"智能滤镜上单击鼠标右键，在弹出的快捷菜单中选择"删除智能滤镜"选项，即可删除该智能滤镜。

STEP 03 清除所有智能滤镜

按【Ctrl + Z】组合键，即可还原删除操作，展开"图层"面板，在"智能滤镜"上单击鼠标右键,在弹出的快捷菜单中选择"清除智能滤镜"选项，如下图所示。

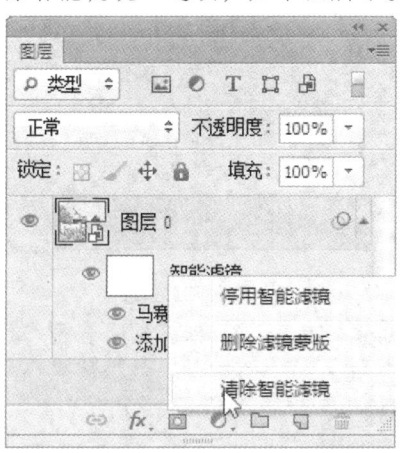

执行操作后，即可删除所有智能滤镜，效果如下图所示。

> **专家指点**
> 删除智能滤镜还有以下方法。
> ✿ 在"图层"面板中，在"智能滤镜"上按住鼠标左键并将其拖曳至"删除图层"按钮 上，即可删除所有智能滤镜。
> ✿ 在所属的智能对象图层最右侧的"指示滤镜效果"按钮 上单击鼠标右键，在弹出的快捷菜单中选择"清除智能滤镜"选项。
> ✿ 在菜单栏中单击"图层" | "滤镜" | "智能滤镜" | "清除智能滤镜"命令。

7.2　应用特殊滤镜

特殊滤镜包括"自适应广角"、"镜头校正"、"液化"、"油画"和"消失点"5 个命令，由于其功能强大、使用频繁，加之在"滤镜"菜单中位置特殊，因此被称为特殊滤镜。

特殊滤镜中各滤镜的作用如下：

✿ 自适应广角：使用该滤镜可以校正广角镜头畸变，还可以找回由于拍摄时相机倾斜或仰俯丢失的平面。

✿ 镜头校正：使用该滤镜可以对失真或倾斜的图像进行校正，还可以对图像调整扭曲、色差、晕影和变换效果，使图像恢复至正常状态。

✿ 液化：使用该滤镜可以对图像进行任意扭曲，还可以定义扭曲的范围和强度。另外，还可以将调整好的变形效果存储起来或载入以前存储的变形效果。

✿ 油画：在 Photoshop CS6 中使用"油画"滤镜可为图像创建经典绘画的效果。

✿ 消失点：使用该滤镜可以在图像中指定平面，然后应用诸如绘画、仿制、拷贝或粘贴以及变换等编辑操作，所有编辑操作都将采用用户所处理平面的透视，使用户得以立体方式在图像中的透视平面上工作。

7.2.1　"液化"滤镜

"液化"滤镜可以用于推、拉、旋转、反射、折叠和膨胀图像的任意区域，对图像进行任意扭曲操作。但是该滤镜不能在索引模式、位图模式和多通道色彩模式的图像中使用。

| 素材文件 | 第 7 章\纤瘦美女.jpg | 效果文件 | 第 7 章\纤瘦美女.jpg |

STEP 01 打开素材

按【Ctrl+O】组合键，打开一幅素材图像，如下图所示。

STEP 02 弹出"液化"对话框

单击菜单栏中的"滤镜"|"液化"命令，弹出液化对话框，如下图所示。

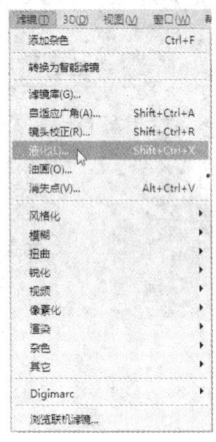

STEP 03 调整对象

单击"向前变形工具"按钮，在缩略图人物腰部处按住鼠标左键并向内拖曳，重复操作，如下图所示。

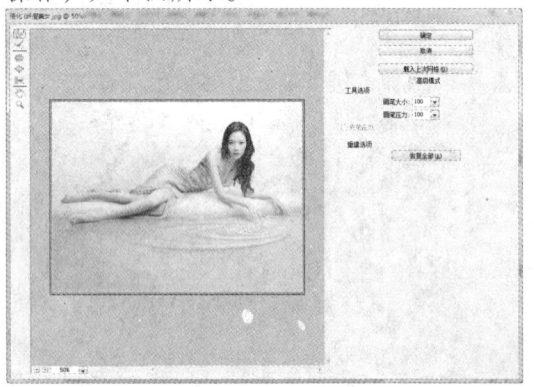

STEP 04 应用"液化"滤镜

单击"确定"按钮，即可应用"液化"滤镜，效果如下图所示。

在"液化"对话框中，各主要选项的含义如下：

◎ 向前变形工具：可以向前推动像素位移。

◎ 重建工具：用来恢复图像。在变形的区域中单击或拖动涂抹，可以使变形区域的图像恢复为原来的效果。

◎ 顺时针旋转扭曲工具：在图像中单击或拖动鼠标，可顺时针旋转扭曲像素；按住【Alt】键的同时，单击或拖动鼠标，可逆时针旋转扭曲像素。

◎ 褶皱工具：可以使像素向画笔区域的中心移动，使用后图像会产生向内收缩的效果。

◎ 膨胀工具：可以使像素向画笔区域中心以外的方向移动，使用后图像会产生向外膨胀的效果。

◎ 左推工具：垂直向上拖动鼠标时，像素向左移动；向下拖动时，像素向右移动；

按住【Alt】键的同时垂直向上拖动时，像素向右移动；按住【Alt】键的同时向下拖动时，像素向左移动。

◎ 冻结蒙版工具：如果要对一些区域进行处理，而又不希望影响其他区域，可以使用该工具在图像上绘制出冻结区域，即要保护的区域。

◎ 解冻蒙版工具：使用该工具涂抹冻结区域，可以解除冻结。

◎ 抓手工具：用于移动图像。放大图像后，便于查看图像的各细节部分。

◎ 缩放工具：用于放大或者缩小图像。

◎ 工具选项：该选项区中有"画笔大小"、"画笔密度"、"画笔压力"、"画笔速率"、"湍流抖动"、"重建模式"和"光笔压力"等选项。

◎ 重建选项：在该选项区中，单击"模式"右侧的下拉按钮，在弹出的列表框中可以选择重建模式；单击"重建"按钮，可以应用重建效果；单击"恢复全部"按钮，可以取消所有扭曲效果，即使当前图像中有被冻结的区域也不例外。

◎ 蒙版选项：在该选项区中包括"替换选区"、"添加到选区"、"从选区中减去"、"在选区交叉"以及"反相选区"等图标；单击"无"按钮，可以解冻所有区域；单击"全部蒙住"按钮，可以使当前图像全部冻结；单击"全部反相"按钮，可以使冻结和解冻区域反相。

◎ 视图选项：在该选项区中有"显示图像"、"显示网格"、"显示蒙版"和"显示背景"等复选框。

> **专家指点**
>
> 使用滤镜时，用户可以使用如下快捷键。
> ◎ 按【Ctrl+Shift+A】组合键，可以打开"自适应广角"对话框。
> ◎ 按【Ctrl+Shift+R】组合键，可以打开"镜头校正"对话框。
> ◎ 按【Ctrl+Shift+X】组合键，可以打开"液化"对话框。
> ◎ 按【Ctrl+Alt+V】组合键，可以打开"消失点"对话框。
> ◎ 按【Esc】键，可以取消当前正在执行的滤镜操作。
> ◎ 按【Ctrl+Z】组合键，可以还原图像到执行滤镜操作前的效果。
> ◎ 按【Ctrl+F】组合键，可以再次应用滤镜。
> ◎ 按【Ctrl+Alt+F】组合键，可以弹出上一次使用的滤镜对话框。

7.2.2 "消失点"滤镜

在 Photoshop 中，使用"消失点"滤镜可以自定义透视参考框，然后将图像复制、转换或移动到透视结构上。用户可以根据需要，在图像中指定编辑位置，并进行绘画、仿制、拷贝、粘贴以及变换等编辑操作，将平面图像制作出富有立体感的效果。

| 素材文件 | 第7章\手机.jpg、远眺.jpg | 效果文件 | 第7章\手机.jpg |

STEP 01 打开素材

按【Ctrl+O】组合键，打开两幅素材图像，如下图所示。

STEP 02 复制图像

切换至"远眺"图像编辑窗口，按【Ctrl+A】组合键，全选图像，按【Ctrl+C】组合键，复制图像，如下图所示。

STEP 03 弹出"消失点"对话框

切换至"手机"图像编辑窗口，单击菜单栏中的"滤镜"|"消失点"命令，弹出"消失点"对话框，如下图所示。

STEP 05 粘贴图像

按【Ctrl + V】组合键，粘贴图像到预览框中，效果如下图所示。

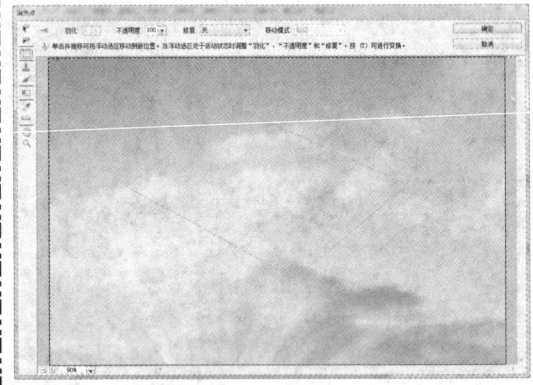

STEP 06 调整大小

单击"变换工具"按钮，调出变换控制框，将鼠标指针移至上方中间的控制柄上，按住鼠标左键并拖曳，将图像缩小至合适大小，如下图所示。

STEP 04 创建透视矩形框

单击"创建平面工具"按钮，在手机屏幕的4个角上双击鼠标左键，创建一个透视矩形框，如下图所示。

STEP 07 平铺至矩形平面

在图像上按住鼠标左键并拖曳至透视矩形框内，图像自动平铺在透视矩形平面中，如下图所示。

STEP 08 调整图像

在透视矩形平面上调整图像的控制柄，将图像调整到合适的大小与方向，效果如下图所示。

STEP 09 应用效果

调整完毕后，单击"确定"按钮，即可应用"消失点"滤镜，效果如下图所示。

> **专家指点**
>
> 在"消失点"对话框中，"变换工具"的使用方法与"自由变换"工具类似。按住【Shift】键的同时，按住鼠标左键并拖曳，可等比例缩放图像；按住【Alt+Shift】组合键的同时，按住鼠标左键并拖曳，可以中心比例缩放图像。

在"消失点"对话框中，各主要选项的含义如下：

- 编辑平面工具：用来选择、编辑、移动平面的节点以及调整平面的大小。
- 创建平面工具：用来定义透视平面的 4 个角节点。创建 4 个角节点后，可以移动、缩放平面或重新确定其形状；按住【Ctrl】键拖动平面的边节点可以拉出一个垂直平面，再定义透视平面。在定义透视平面的节点时，如果节点的位置不正确，可按【Backspace】键将该节点删除。
- 选框工具：在平面上按住鼠标左键并拖动鼠标可以选择平面上的图像。选择图像后，将光标放在选区内，按住【Alt】键拖动可以复制图像；按住【Ctrl】键拖动选区，则可以用源图像填充该区域。按【Ctrl+T】组合键，可以调出变换控制框。
- 图章工具：使用该工具时，按住【Alt】键的同时在图像中单击可以为仿制设置取样点；在其他区域拖动鼠标可复制图像；按住【Shift】键的同时单击可以将描边扩展到上一次单击处。
- 画笔工具：可在图像上绘制选定的颜色。
- 变换工具：使用该工具时，可以通过移动定界框的控制柄来缩放、旋转和移动选区，相当于在矩形选区上使用"自由变换"命令。
- 吸管工具：可拾取图像中的颜色作为画笔工具的绘画颜色。
- 测量工具：可在透视平面中测量项目的距离和角度。

> **专家指点**
>
> 滤镜的功能非常强大，掌握以下使用技巧可以提高工作效率。
> ● 在图像的部分区域应用滤镜时，可创建选区，并对选区设置羽化值，再使用滤镜，以使选区图像与源图像更好地融合。
> ● 可以对单独的某一图层中的图像使用滤镜，通过色彩混合合成图像。
> ● 可以对单一色彩通道或 Alpha 通道使用滤镜，然后合成图像，或者将 Alpha 通道中的滤镜效果应用到主图像中。
> ● 可以将多个滤镜组合使用，从而制作出更多绚丽的效果。

7.3 应用常用滤镜

在 Photoshop CS6 中有很多常用的滤镜，这些常用滤镜在"滤镜"菜单下被分为"风格化"、"模糊"、"扭曲"、"锐化"、"视频"、"像素化"、"渲染"、"杂色"和"其他"9 组，本节主要介绍几种常用滤镜的使用方法。

常用滤镜的主要作用和功能如下：

● 风格化："风格化"滤镜是通过置换像素和通过查找并增加图像的对比度，在选区中生成绘画或印象派等特殊风格的效果。它是完全模拟真实艺术手法进行创作的。在使用"查找边缘"和"等高线"等突出显示边缘的滤镜后，可应用"反相"命令用彩色线条勾勒彩色图像的边缘或用白色线条勾勒灰度图像的边缘。

● 模糊："模糊"滤镜可以使图像中过于清晰或对比度过于强烈的区域，产生模糊效果。它通过平衡图像中已定义的线条和遮蔽区域的清晰边缘旁边的像素，使变化显得柔和。

● 扭曲："扭曲"滤镜可以用几何学的原理将图像变形、扭曲，以创造出波纹、球面化、波浪等三维或其他的整形效果，适用于制作水面波纹或破坏图像形状。

● 锐化："锐化"滤镜可以通过增加图像相邻像素之间的对比度，使图像变得清晰。该滤镜可以用于处理因摄影或扫描等原因造成模糊的图像。

● 视频："视频"滤镜属于 Photoshop 的外部接口程序，用来从摄像机输入图像或将图像输出到录像带上。

● 像素化："像素化"滤镜将图像分成一定的区域，再为各区域平均分配色度，将这些区域转变为相应的色块，再由色块构成图像，从而使图像产生点状、马赛克及碎片等色块构成的效果。

● 渲染："渲染"滤镜可以在图像中创建云彩图案、折射图案和模拟光的反射，也可在 3D 空间中操纵对象，创建 3D 形状，并从灰度文件创建纹理填充以产生类似 3D 的光照效果和夜景效果等。

● 杂色："杂色"滤镜可以添加或移去图像中的杂色及带有随机分布色阶的像素，适用于去除图像中的杂点和划痕等操作。

● 其他：除了以上 8 组滤镜外，还有高反差保留、位移、自定、最大值和最小值 5 种滤镜。

7.3.1 应用"扭曲"滤镜

在"扭曲"滤镜组中，用户可以设置"波浪"、"波纹"、"极坐标"、"挤压"、"切变"、"球面化"、"水波"、"旋转扭曲"和"置换"9 种不同的扭曲效果。

第7章 完美特效：制作精彩滤镜特效

另外，Photoshop 还在滤镜库中提供了"玻璃"、"海洋波纹"和"扩散亮光"3 种扭曲效果。下面以"水波"滤镜为例，介绍为图像添加"扭曲"滤镜的操作方法。

| 素材文件 | 第7章\船只.jpg | 效果文件 | 第7章\船只.jpg |

STEP 01 打开素材

按【Ctrl + O】组合键，打开一幅素材图像，如下图所示。

STEP 04 单击"滤镜"|"扭曲"|"水波"命令，弹出"水波"对话框，设置各选项，如下图所示。

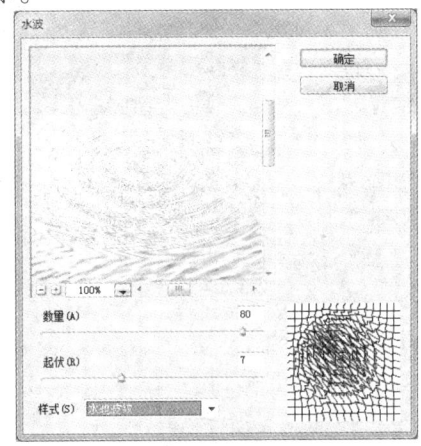

STEP 02 创建选区

选取工具箱中的椭圆选框工具，在图像编辑窗口中绘制一个大小合适的椭圆选区，并设置其羽化值为 10 像素，如下图所示。

STEP 04 应用效果

单击"确定"按钮，应用"水波"滤镜，按【Ctrl + D】组合键取消选区，效果如下图所示。

STEP 03 弹出"水波"对话框

7.3.2 应用"像素化"滤镜

在"像素化"滤镜组中，用户可以设置"彩块化"、"彩色半调"、"点状化"、"晶格化"、"马赛克"、"碎片"和"铜版雕刻"7 种不同的色块效果。下面以"点状化"滤镜为例，介绍为图像添加"像素化"滤镜的操作方法。

| 素材文件 | 第7章\彩蛋.jpg | 效果文件 | 第7章\彩蛋.jpg |

STEP 01 打开素材

按【Ctrl + O】组合键，打开一幅素材图像，如下图所示。

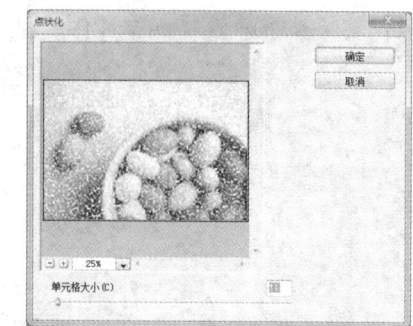

STEP 02 弹出"点状化"对话框

单击菜单栏中的"滤镜"|"像素化"|"点状化"命令,弹出"点状化"对话框,设置"单元格大小"为 11,如下图所示。

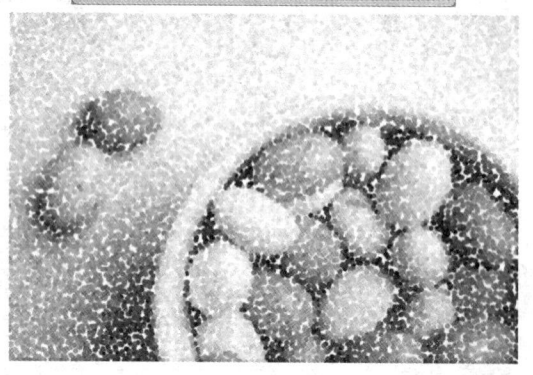

STEP 03 应用效果

单击"确定"按钮,即可为图像添加点状化效果,如下图所示。

7.3.3 应用"杂色"滤镜

在"杂色"滤镜组中,用户可以设置"减少杂色"、"蒙尘与划痕"、"去斑"、"添加杂色"、"中间值"等 5 种不同的杂色效果。下面以"减少杂色"滤镜为例,介绍为图像添加"杂色"滤镜的操作方法。

| 素材文件 | 第 7 章\戒指.jpg | 效果文件 | 第 7 章\戒指.jpg |

STEP 01 打开素材

按【Ctrl+O】组合键,打开一幅素材图像,如下图所示。

STEP 02 创建选区

选取工具箱中的魔棒工具,在工具属性栏中,单击"添加到选区"按钮,设置"容差"为 5,在戒指外部的空白部分创建一个选区,如下图所示。

STEP 03 反向选择选区

单击菜单栏中的"选择"|"反向"命令,反向选择选区,如下图所示。

第 7 章　完美特效：制作精彩滤镜特效

STEP 04 设置各选项

单击菜单栏中的"滤镜"|"杂色"|"减少杂色"命令，弹出"减少杂色"对话框，设置"强度"为 10、"保留细节"为 0%、"减少杂色"为 100%、"锐化细节"为 31%，如下图所示。

STEP 05 应用"减少杂色"滤镜

单击"确定"按钮，按【Ctrl+D】组合键取消选区，即可为图像应用"减少杂色"滤镜，如下图所示。

7.3.4　应用"模糊"滤镜

在"模糊"滤镜组中，用户可以设置"场景模糊"、"光圈模糊"、"倾斜偏移"、"表面模糊"、"动感模糊"、"方框模糊"、"高斯模糊"、"进一步模糊"、"径向模糊"、"镜头模糊"、"模糊"、"平均"、"特殊模糊"和"形状模糊"14 种不同的模糊效果。下面以"径向模糊"滤镜为例，介绍为图像添加"模糊"滤镜的操作方法。

| 素材文件 | 第 7 章\梦幻美女.jpg | 效果文件 | 第 7 章\梦幻美女.jpg |

STEP 01 打开素材

按【Ctrl+O】组合键，打开一幅素材图像，如下图所示。

STEP 02 羽化选区

选取椭圆选框工具，在图像编辑窗口中绘制一个椭圆选区，单击菜单栏中的"选择"|"修改"|"羽化"命令，弹出"羽化选区"对话框，在对话框中设置"羽化半径"为 30，单击"确定"按钮，即可羽化选区，如下图所示。

STEP 03 反向选择选区

单击菜单栏中的"选择"|"反向"命令，反向选择选区，如下图所示。

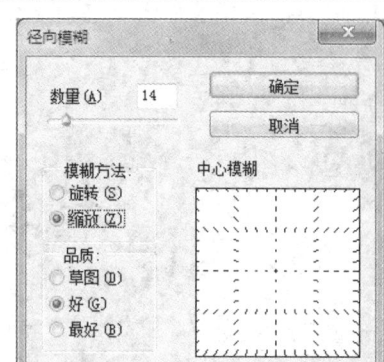

STEP 05 应用效果

单击"确定"按钮,并取消选区,即可径向模糊图像,如下图所示。

STEP 04 设置各选项

单击菜单栏中的"滤镜"|"模糊"|"径向模糊"命令,弹出"径向模糊"对话框,设置各选项,如下图所示。

在"径向模糊"对话框中,各主要选项的含义如下:

❀ "数量"文本框:用来设置模糊的强度,该值越高,模糊效果越强烈。

❀ "模糊方法"选项区:用来设置不同的模糊方法。选中"旋转"单选按钮,则沿同心圆环线进行模糊;选中"缩放"单选按钮,则沿径向线进行模糊,类似于放大或缩小图像的效果。

❀ "品质"选项区:用来设置应用模糊效果后图像的显示品质。选中"草图"单选按钮,处理的速度最快,但会产生颗粒状效果;选中"好"和"最好"单选按钮都可以产生较为平滑的效果,但除非在较大的图像上,否则看不出这两种品质的区别。

7.3.5 应用"素描"滤镜

打开"滤镜库"对话框,用户可以在"素描"滤镜组中设置"半调图案"、"便条纸"、"粉笔和炭笔"、"铬黄渐变"、"绘图笔"、"基底凸现"、"石膏效果"、"水彩画纸"、"撕边"、"炭笔"、"炭精笔"、"图章"、"网状"和"影印"14种不同的素描效果。

需要注意的是,除了"水彩画纸"滤镜是以色彩为标准外,其他滤镜都是用黑、白、灰来替换图像中的色彩,从而产生多种绘画效果。下面以"绘图笔"滤镜为例,介绍为图像添加"素描"滤镜的操作方法。

| 素材文件 | 第7章\都市.jpg | 效果文件 | 第7章\都市.jpg |

第 7 章　完美特效：制作精彩滤镜特效

STEP 01 打开素材

按【Ctrl+O】组合键，打开一幅素材图像，如下图所示。

STEP 02 弹出"滤镜库"对话框

单击工具箱底部的"默认前景色和背景色"按钮，设置前景色和背景色为默认颜色，单击菜单栏中的"滤镜"|"滤镜库"命令，弹出"滤镜库"对话框，如下图所示。

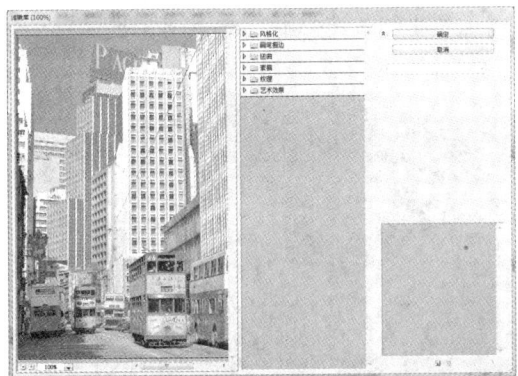

STEP 03 设置滤镜

单击"素描"滤镜组左边的下三角按钮，在展开的列表框中选择"绘图笔"选项，设置"描边长度"为 15、"明/暗平衡"为 35、"描边方向"为"右对角线"，如下图所示。

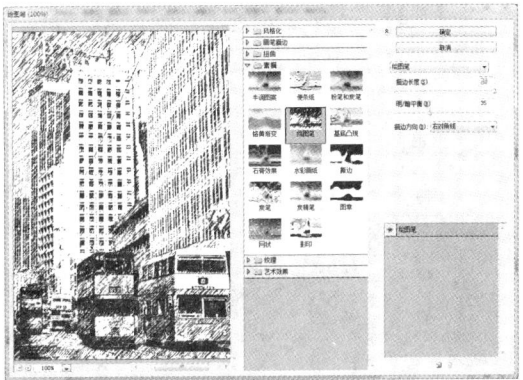

STEP 04 应用效果

单击"确定"按钮，即可制作出素描效果，如下图所示。

> **专家指点**
>
> 用户在选择"素描"滤镜之前，必须先设置好前景色与背景色，因为"素描"滤镜使用的颜色来自"拾色器"，当设置的前景色与背景色为其他颜色时，"素描"滤镜会将这两种颜色替代为黑色与白色，制作出双色素描效果。

7.3.6　应用"风格化"滤镜

在"风格化"滤镜组中，用户可以设置"查找边缘"、"等高线"、"风"、"浮雕效果"、"扩散"、"拼贴"、"曝光过度"和"凸出"8 种不同的风格化效果。另外，Photoshop 还在滤镜库中提供了"照亮边缘"效果。下面以"凸出"滤镜为例，介绍为图像添加"风格化"滤镜的操作方法。

新手学 Photoshop 从入门到精通

| 素材文件 | 第 7 章\新视角眼镜.psd | 效果文件 | 第 7 章\新视角眼镜.psd |

STEP 01 打开素材

按【Ctrl+O】组合键，打开一幅素材图像，如下图所示。

STEP 02 选择编辑对象

展开"图层"面板，选择"背景"图层，如下图所示。

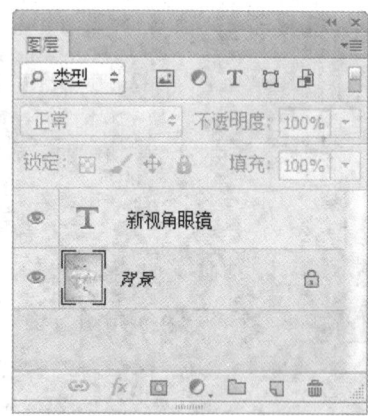

STEP 03 创建选区

选取工具箱中的磁性套索工具，在图像编辑窗口中的合适区域创建选区，单击"选择"|"反向"命令，对选区进行反向，如下图所示。

STEP 04 设置羽化半径

单击菜单栏中的"选择"|"修改"|"羽化"命令，在弹出的"羽化选区"对话框中设置"羽化半径"为 50，如下图所示。

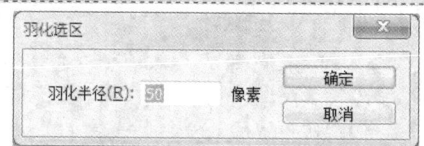

STEP 05 羽化选区

单击"确定"按钮，即可羽化选区，如下图所示。

STEP 06 弹出"凸出"对话框

单击菜单栏中的"滤镜"|"风格化"|"凸出"命令，弹出"凸出"对话框，设置

第 7 章 完美特效：制作精彩滤镜特效

"大小"为 30、"深度"为 20，选中"块"和"随机"单选按钮，选中"立方体正面"复选框，如下图所示。

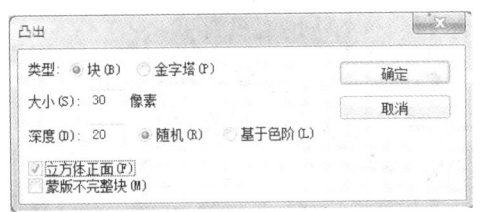

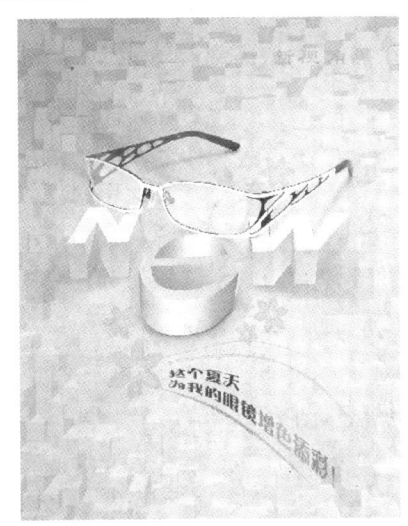

STEP 07 应用效果

单击"确定"按钮，即可应用"凸出"滤镜，按【Ctrl+D】组合键，取消选区，效果如下图所示。

7.3.7 应用"锐化"滤镜

在"锐化"滤镜组中，用户可以为图像设置"USM 锐化"、"进一步锐化"、"锐化"、"锐化边缘"和"智能锐化"5 种不同的锐化效果。下面以"USM 锐化"滤镜为例，介绍为图像添加"锐化"滤镜的操作方法。

素材文件	第 7 章\字母.jpg	效果文件	第 7 章\字母.jpg

STEP 01 打开素材

按【Ctrl+O】组合键，打开一幅素材图像，如下图所示。

STEP 02 弹出"USM 锐化"对话框

单击菜单栏中的"滤镜"|"锐化"|"USM 锐化"命令，弹出"USM 锐化"对话框，设置"数量"为 200%、"半径"为 5、"阈值"为 5，如下图所示。

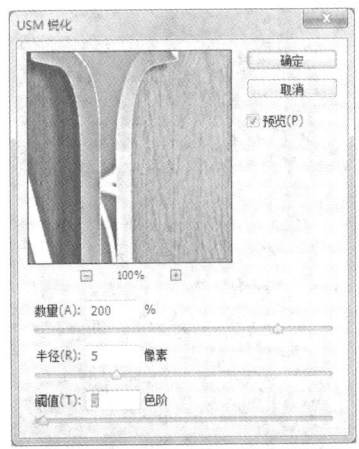

STEP 03 应用效果

单击"确定"按钮，即可应用"USM 锐化"滤镜，如下图所示。

7.3.8 应用"纹理"滤镜

应用"纹理"滤镜可以为图像添加各式各样的纹理图案,并通过设置各个选项的参数值,制作出深度或材质不同的纹理效果。

打开"滤镜库"对话框,用户可以在"纹理"滤镜组中设置"龟裂缝"、"颗粒"、"马赛克拼贴"、"拼缀图"、"染色玻璃"和"纹理化"6种不同的纹理效果。

下面以"龟裂缝"滤镜为例,介绍为图像添加"纹理"滤镜的操作方法。

素材文件	第 7 章\蔬菜.jpg	效果文件	第 7 章\蔬菜.jpg

STEP 01 打开素材

按【Ctrl+O】组合键,打开一幅素材图像,如下图所示。

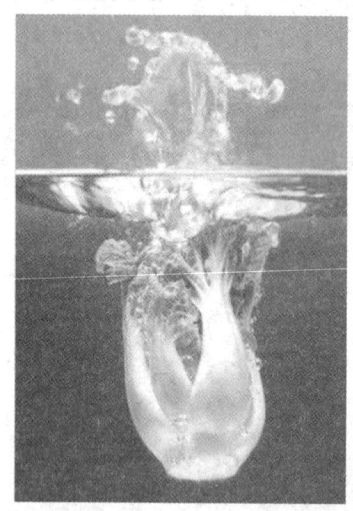

STEP 02 创建选区

选取工具箱中的魔棒工具,设置"容差"为 50,将鼠标指针移至图像编辑窗口中,在白菜周围创建一个选区,如下图所示。

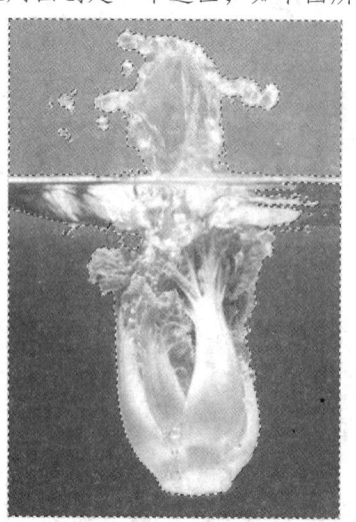

STEP 03 弹出"滤镜库"对话框

单击菜单栏中的"滤镜"|"滤镜库"命令,弹出"滤镜库"对话框,展开"纹理"滤镜组,选择"龟裂缝"滤镜,设置"裂缝间距"为 15、"裂缝深度"为 5、"裂缝亮度"为 8,如下图所示。

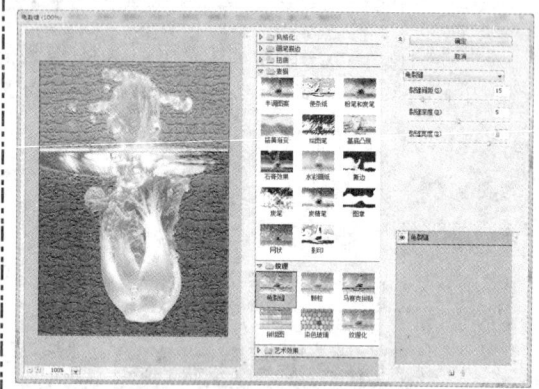

STEP 04 应用滤镜后的效果

单击"确定"按钮,并取消选区,即可应用"龟裂缝"滤镜,效果如下图所示。

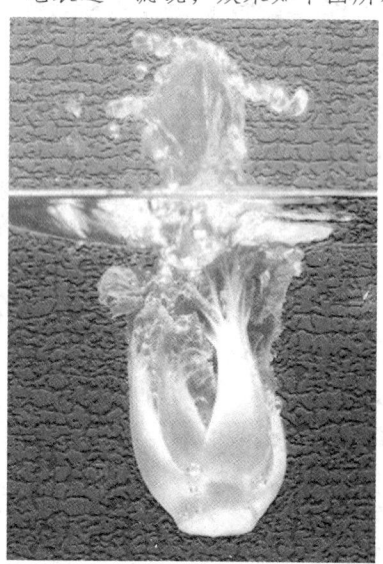

第 7 章　完美特效：制作精彩滤镜特效

7.3.9　应用"渲染"滤镜

在"渲染"滤镜组中，用户可以设置"分层云彩"、"光照效果"、"镜头光晕"、"纤维"和"云彩"5 种不同的渲染效果。

下面以"镜头光晕"滤镜为倒，介绍为图像添加"渲染"滤镜的操作方法。

| 素材文件 | 第 7 章\天空之门.jpg | 效果文件 | 第 7 章\天空之门.jpg |

STEP 01 打开素材

按【Ctrl+O】组合键，打开一幅素材图像，如下图所示。

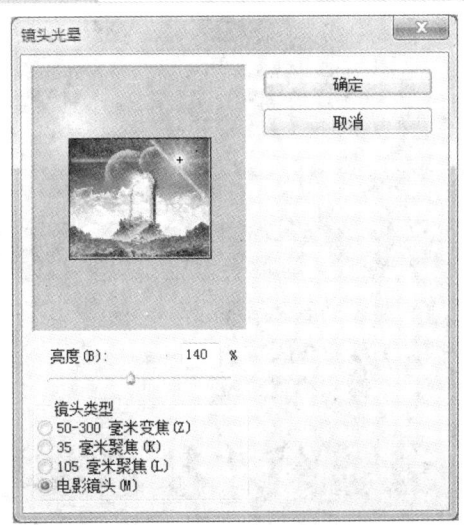

STEP 02 设置各选项

单击菜单栏中的"滤镜"|"渲染"|"镜头光晕"命令，弹出"镜头光晕"对话框，在图像缩略图中，鼠标左键单击十字线并将其拖曳至合适位置，设置"亮度"为 140、"镜头类型"为"电影镜头"，如下图所示。

STEP 03 应用滤镜后的效果

单击"确定"按钮，即可应用"镜头光晕"滤镜，效果如下图所示。

在"镜头光晕"对话框中，各主要选项的含义如下：

- 光晕中心区域：图像缩略图上的十字线为光晕的中心。
- 亮度：用来控制光晕的亮度。
- 镜头类型：用来选择产生光晕的镜头类型。

Chapter 08

章前知识导读

Photoshop CS6是一个以位图设计为主的软件,同时它也包含了较强的矢量绘图功能,并提供了多种矢量线条形状的绘制工具,利用这些工具可以绘制出各种图像路径,制作出精确的选择区域,并可以添加描边和填充效果。

如虎添翼：运用路径绘制图像

重点知识索引

- 路径的基本操作
- 创建自由路径
- 选择和编辑路径
- 使用锚点编辑路径
- 使用形状工具创建路径

效果图片赏析

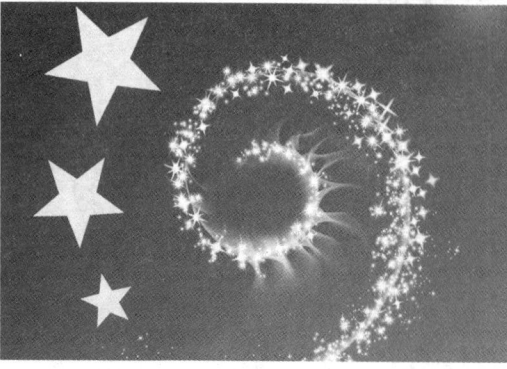

第8章 如虎添翼：运用路径绘制图像

8.1 路径基本操作

路径是 Photoshop CS6 中的强大功能之一，它是基于"贝塞尔"曲线建立的矢量图形，所有使用矢量绘图软件或矢量绘图工具制作的线条，原则上都可以称为路径。路径是通过钢笔工具或形状工具创建出的直线和曲线，因此，无论路径缩小或放大都不会影响其分辨率，并保持原样。

路径多用锚点来标记路线的端点或调整点，当创建的路径为曲线时，每个选中的锚点上将显示一条或两条方向线和一个或两个方向点，并附带相应的控制柄，方向线和方向点的位置决定了曲线段的大小和形状，通过调整控制柄，方向线或方向点随之改变，且路径的形状也会随之改变，如下图所示。

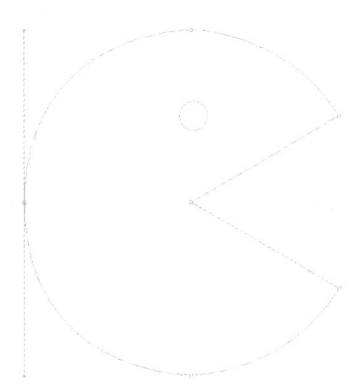

路径上的锚点

8.1.1 新建路径

运用钢笔工具 、自由钢笔工具 或其中任意一种绘制路径的工具在图像文件中绘制，Photoshop CS6 就会自动创建一条"工作路径"。

对路径控制和编辑的操作集中在"路径"面板中，在此可以对路径进行保存、转换选区、填充以及描边等操作，"路径"面板（如右图所示）中各主要选项的含义如下。

"路径"面板

● 工作路径：显示了当前文件中包含的路径、临时路径和矢量蒙版。

● 用前景色填充路径 ：可以用当前设置的前景色，填充被路径包围的区域。

● 用画笔描边路径 ：可以按当前选择的绘画工具和前景色沿路径进行描边。

● 将路径作为选区载入 ：可以将创建的路径作为选区载入。

● 从选区生成工作路径 ：可以将当前创建的选区生成为工作路径。

● 添加图层蒙版 ：可以为当前图层创建一个图层蒙版。

● 创建新路径 ：可以创建出一个新的路径层。

● 删除当前路径 ：可以删除当前选择的工作路径。

8.1.2 删除路径

删除路径的操作方法有以下几种。

❀ 在"路径"面板中选择要删除的路径，然后按【Delete】或【Backspace】键，即可快速删除路径。

❀ 在"路径"面板中选择要删除的路径，然后单击面板右下角的"删除"按钮 ，即可删除路径，如下图所示。

❀ 在"路径"面板中选择要删除的路径，将其拖曳至"删除"按钮 上，然后释放鼠标左键，即可删除路径，如下图所示。

 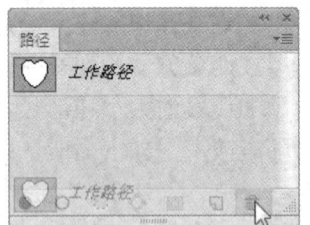

　　单击"删除"按钮　　　　　　　　将要删除的路径拖曳到"删除"按钮上

❀ 在"路径"面板中要删除的路径上单击鼠标右键，弹出快捷菜单，选择"删除路径"选项，即可删除路径，如下图所示。

❀ 选取钢笔工具，在图像编辑窗口的路径上单击鼠标右键，弹出快捷菜单，选择"删除路径"选项，即可删除路径，如下图所示。

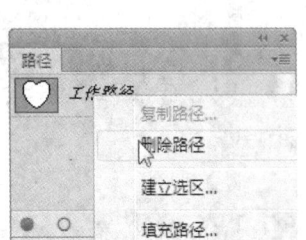 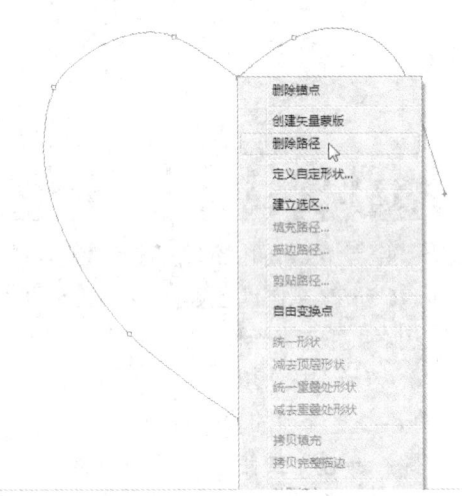

　　选择"删除路径"按钮　　　　　利用右键快捷菜单删除路径

8.1.3 重命名路径

在操作过程中，可能会建立多条路径，系统将新创建的路径自动命名为"路径1"、"路径2"、"路径3"等，用户可以通过重命名路径名称来区分各条路径。重命名路径有以下两种方法。

❀ 在"路径"面板中选择要重命名的路径，双击路径的名称，使其名称变为可编辑状态，在文本框中重新输入路径名称，并按【Enter】键确定，即可修改路径的名称，如下图所示。

❀ 在路径未被保存的情况下，双击"工作路径"，弹出"存储路径"对话框，在"名称"文本框中重新设置路径名称，即可重命名路径，如下图所示。

第 8 章　如虎添翼：运用路径绘制图像

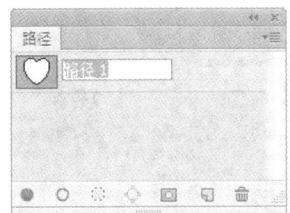  

通过双击重命名路径　　　　　　　　　　　　"存储路径"对话框

8.1.4　保存工作路径

在操作过程中，为了避免造成不必要的损失，建议用户养成随时保存路径的好习惯，以免原有的路径被新建的路径替换。

在没有保存路径的情况下，绘制的新路径会替换原来的旧路径，这也是许多用户在绘制路径之后发现原来路径不存在的原因。

在 Photoshop CS6 中，任何一个文件中都只能存在一条工作路径，如果原来的工作路径没有保存，就继续绘制新路径，那么原来的工作路径就会被新路径取代。

初次绘制路径得到的是"工作路径"，在"工作路径"上双击对其重命名，或按住鼠标左键将其拖曳至"路径"面板下方的"创建新路径"按钮，即可将其保存为"路径 1"，如下图所示。

8.1.5　复制工作路径

在 Photoshop CS6 中，用户可以根据需要，对所创建的路径进行复制操作。

将路径保存之后，如果要对路径进行复制，可以直接将其拖曳至"创建新路径"按钮上，释放鼠标左键，即可复制路径，复制的路径命名为"路径 1 副本"，如下图所示。

保存工作路径　　　　　　　　　　　　　　　　复制工作路径

8.2　创建自由路径

Photoshop 提供了两种用于创建路径的工具，它们分别是钢笔工具和自由钢笔工具，另外形状工具组中的工具也属于路径绘制工具。下面介绍使用钢笔工具和自由钢笔工具创建自由路径的操作方法。

8.2.1　使用钢笔工具

钢笔工具是最常用的路径绘制工具，可以创建直线和平滑流畅的曲线，通过编辑路径的锚点，可以很方便地改变路径的形状。

素材文件　第 8 章\叶子.jpg　　　　　效果文件　第 8 章\叶子.jpg

STEP 01 打开素材

按【Ctrl+O】组合键,打开一幅素材图像,如下图所示。

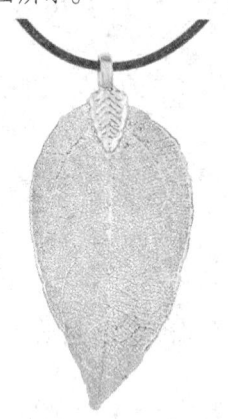

STEP 02 选取钢笔工具

在工具箱中,选取钢笔工具 ,如下图所示。

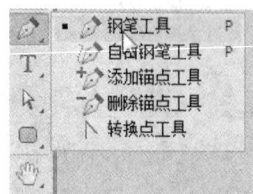

STEP 03 开始绘制

单击鼠标左键,确认路径的第1点,将鼠标指针移至另一位置,单击鼠标左键,创建路径的第2点,如下图所示。

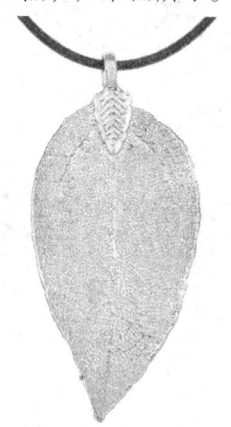

STEP 04 绘制曲线

再次将鼠标指针移至合适位置,单击鼠标左键并拖曳,创建第3点,然后调整其弧度,效果如下图所示。

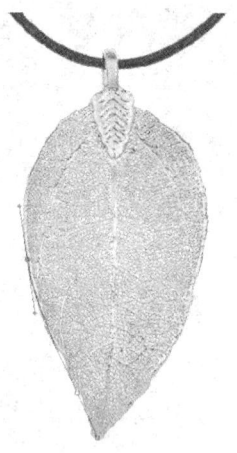

STEP 05 创建闭合路径

用与上述相同的方法,依次单击鼠标左键,创建闭合路径,如下图所示。

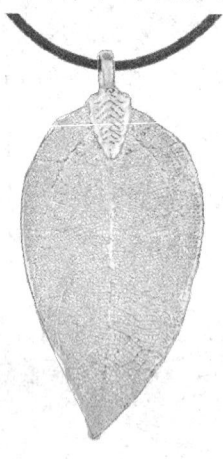

STEP 06 将路径转换为选区

按【Ctrl+Enter】组合键,即可将路径转换为选区,如下图所示。

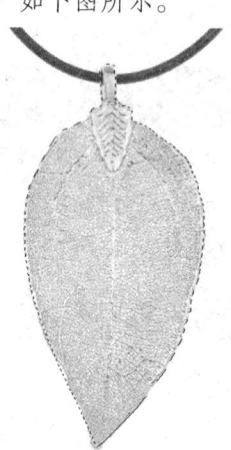

第 8 章　如虎添翼：运用路径绘制图像

STEP 07 调整选区图像

单击菜单栏中的"图像"|"调整"|"亮度/对比度"命令，弹出"亮度/对比度"对话框，设置各选项，如下图所示。

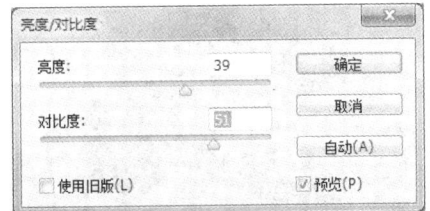

STEP 08 应用效果

单击"确定"按钮，即可调整选区图像，按【Ctrl+D】组合键取消选区，效果如下图所示。

在钢笔工具属性栏（如下图所示）中，各主要选项的含义如下：

钢笔工具属性栏

- 路径：该下拉列表框中包括"图形"、"路径"和"像素"3 个选项。
- 建立：该选项区中包括"选区"、"蒙版"和"形状"3 个按钮，单击相应的按钮可以创建选区、蒙版和形状。
- "路径操作"按钮：单击该按钮，在弹出的下拉列表框中有"新建图层"、"合并形状"、"减去顶层形状"、"与形状区域相交"、"排除重叠形状"以及"合并形状组件"6 种路径操作选项，用户可以选择相应的选项，对路径进行操作。
- "路径对齐方式"按钮：单击该按钮，在弹出的下拉列表框中有"左边"、"水平居中"、"右边"、"顶边"、"垂直居中"、"底边"、"按宽度均匀分布"、"按高度均匀分布"、"对齐到选区"以及"对齐到画布"10 种路径对齐方式，用户可以选择相应的选项，对齐路径。
- "路径排列方式"按钮：单击该按钮，在弹出的下拉列表框中有"将形状置为顶层"、"将形状前移一层"、"将形状后移一层"以及"将形状置为底层"4 种路径排列方式。
- 自动添加/删除：选中该复选框后，可以智能增加和删除锚点。

> **专家指点**
> 用户使用钢笔工具绘制路径时，还可以在闭合路径前按【Esc】键，取消继续绘制，从而创建开放路径。

8.2.2　使用自由钢笔工具

用户使用自由钢笔工具可以任意绘图，不需要像使用钢笔工具那样通过创建锚点来绘制路径。

自由钢笔工具属性栏与钢笔工具属性栏中的选项基本一致，只是将"自动添加/删除"复选框变为"磁性的"复选框，选中该复选框，在创建路径时，可以仿照磁性套索工具的用法设置平滑的路径曲线，对创建具有轮廓的图像路径很有帮助。

| 素材文件 | 第 8 章\礼盒.jpg | 效果文件 | 第 8 章\礼盒.jpg |

STEP 01 打开素材

按【Ctrl+O】组合键，打开一幅素材图像，如下图所示。

STEP 02 选取自由钢笔工具

选取工具箱中的自由钢笔工具 ，如下图所示。

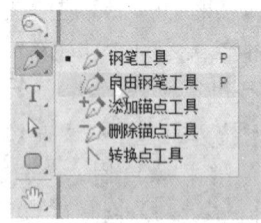

STEP 03 设置工具属性

在工具属性栏中选中"磁性的"复选框，如下图所示。

STEP 04 确定起始位置

移动鼠标指针至图像编辑窗口中，单击鼠标左键，在礼盒的边缘处确定起始位置，如下图所示。

STEP 05 创建闭合路径

释放鼠标左键后，沿礼盒的边缘移动鼠标指针，拖曳至起始点位置后，单击鼠标左键，创建一条闭合路径，如下图所示。

STEP 06 将路径转换为选区

按【Ctrl+Enter】组合键，将路径转换为选区，如下图所示。

第 8 章 如虎添翼：运用路径绘制图像

STEP 07 设置各选项

单击"图像"|"调整"|"色相/饱和度"命令，弹出"色相/饱和度"对话框，设置各选项，如下图所示。

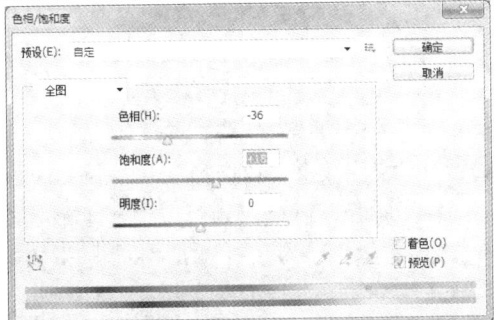

STEP 08 调整图像色相

单击"确定"按钮，即可调整选区中的颜色，取消选区，效果如下图所示。

8.3 选择和编辑路径

在 Photoshop CS6 中，对路径进行编辑时，首先需要选择路径，才能移动路径、编辑路径或调整路径锚点。选择路径的常用工具有路径选择工具和直接选择工具，下面介绍运用路径选择工具和直接选择工具编辑路径的操作方法。

8.3.1 使用路径选择工具

在 Photoshop CS6 中，路径选择工具 用来直接选择整条路径，将整条路径作为一个对象进行编辑。

素材文件	第 8 章\wedding.psd	效果文件	第 8 章\wedding.psd

STEP 01 打开素材

按【Ctrl+O】组合键，打开一幅素材图像，如下图所示。

STEP 02 选取路径选择工具

选取工具箱中的路径选择工具，如下图所示。

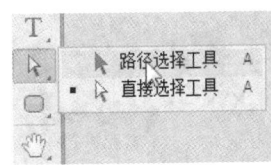

STEP 03 选择路径

移动鼠标指针至图像编辑窗口中，在路径上单击鼠标左键，即可选择该闭合路径，如下图所示。

STEP 04 移动路径

在路径上按住鼠标左键并拖曳，至合适位置后释放鼠标左键，即可对路径进行移动，如下图所示。

STEP 05 复制路径

选择路径，按住【Alt】键的同时，按住鼠标左键并拖曳至合适位置，释放鼠标左键，即可复制路径，如下图所示。

与在"路径"面板中复制工作路径不同，

按住【Alt】键复制路径时，复制的闭合路径不会创建新路径，而是与原图放在一条路径中，如下图所示。

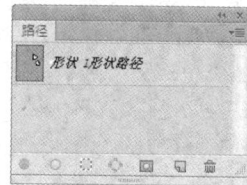

STEP 06 调出变换控制框

在"路径"面板中选择"形状 1 形状路径"，按【Ctrl+T】组合键，即可调出变换控制框，如下图所示。

STEP 07 变换路径后的效果

按住鼠标左键并拖曳控制柄上的控制点，将心形调整到合适的大小和位置后，按【Enter】键确认操作，即可变换路径，效果如下图所示。

第 8 章 如虎添翼：运用路径绘制图像

> **专家指点**
>
> 对路径进行变换时，使用不同的选择路径方法，变换的对象也会不同。
>
> ❀ 在"路径"面板中选择"形状 1 形状路径"后，按【Ctrl+T】组合键，对形状路径中的所有路径调出变换控制框，变换操作将会针对该形状路径中的所有路径。
>
> ❀ 在图像编辑窗口中，使用路径选择工具选择其中一条闭合路径时，按【Ctrl+T】组合键，调出变换控制框，变换操作将只针对当前选择的闭合路径。
>
> ❀ 在图像编辑窗口中，使用直接选择工具选择闭合路径中的某一段时，按【Ctrl+T】组合键，调出变换控制框，变换操作将只针对当前选择的线段。

8.3.2 使用直接选择工具

如果需要修改路径的外形，用户需要将路径中需要修改的部分线段选中，然后从每条线段修改路径外形。

修改路径的某一段时，用户可以选取工具箱中的直接选择工具，单击需要选择的路径线段，显示出线段的锚点以及控制柄，用户只要单击锚点并拖曳，调整这条线段的锚点位置，执行操作后，即可调整该路径的形状。

素材文件	第 8 章\角落.jpg	效果文件	第 8 章\角落.jpg

STEP 01 打开素材

按【Ctrl+O】组合键，打开一幅素材图像，如下图所示。

STEP 02 选取直接选择工具

选取工具箱中的直接选择工具，如下图所示。

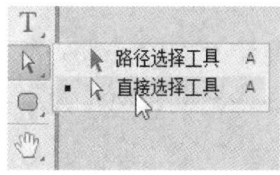

STEP 03 选择路径

单击菜单栏中的"窗口"|"路径"命令，展开"路径"面板，在面板中选择"路径 1"，如下图所示。

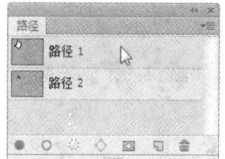

STEP 04 显示锚点及其方向点

执行操作后，图像编辑窗口中显示"路径 1"，将鼠标指针移至"路径 1"，在路径中需要修改的线段上单击鼠标左键，即可显示路径的锚点及其方向点，如下图所示。

STEP 05 调整路径

在锚点上按住鼠标左键并拖曳，即可调整锚点位置，在方向点上按住鼠标左键并拖曳，即可调整线条的弯曲方向，在线段上按住鼠标左键并拖曳，即可调整线条的长度，效果如下图所示。

STEP 06 设置画笔

选取工具箱中的画笔工具，在图像编辑窗口中单击鼠标右键，展开"画笔"面板，设置其中各项参数，如下图所示。

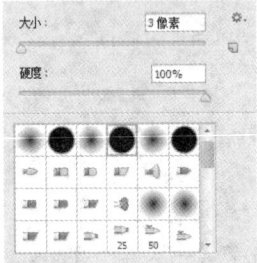

STEP 07 设置颜色

单击前景色色块，弹出"拾色器（前景色）"对话框，设置前景色为浅绿色（其RGB参数值分别为135、181、49），如下图所示。

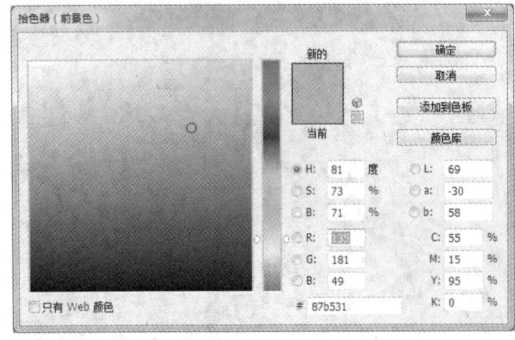

STEP 08 设置描边

选取工具箱中的直接选择工具，展开"路径"面板，选择"路径1"，在图像编辑窗口中单击鼠标右键，在弹出的快捷菜单中选择"描边路径"选项，弹出"描边路径"对话框，设置"工具"为"画笔"，如下图所示。

STEP 09 描边路径

单击"确定"按钮，即可描边路径，并隐藏路径，效果如下图所示。

STEP 10 设置颜色

将鼠标指针移至工具箱底部，单击前景色色块，在弹出的"拾色器（前景色）"对话框中，设置前景色为浅白色（RGB参数值分别为248、245、236），如下图所示。

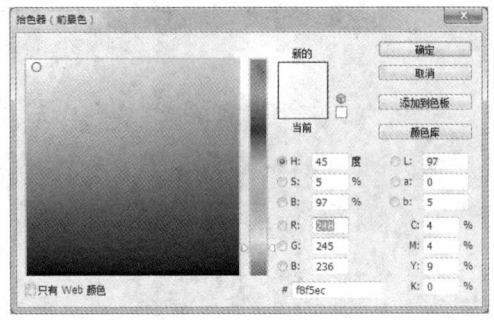

STEP 11 设置填充

展开"路径"面板，选择"路径1"，在图像编辑窗口中单击鼠标右键，在弹出的快捷菜单中选择"填充路径"选项，执行操作后，弹出"填充路径"对话框，设置各选项，如下图所示。

第 8 章　如虎添翼：运用路径绘制图像

> **专家指点**
>
> 在执行"描边"命令之前，用户需要提前设置好画笔工具的类型、大小、硬度和流量等属性，这样用户执行"描边"命令时，才能得到理想的效果。画笔的类型决定描边的形状，画笔的大小决定描边的粗细程度，画笔的硬度决定描边线边缘是否模糊，画笔的流量决定描边颜色的深浅。

STEP 12 填充路径

单击"确定"按钮，即可填充路径，并隐藏路径，效果如下图所示。

使用同样的方法，设置前景色为黄色（RGB 参数值分别为 244、235、45），展开"路径"面板，选择"路径2"，填充路径后隐藏路径，效果如下图所示。

STEP 13 最终效果

> **专家指点**
>
> 除了运用以上方法填充或描边路径外，用户还可以使用以下 3 种操作方法。
>
> ◉ 按钮：在图像编辑窗口中选择需要填充的路径，单击"路径"面板底部的"用前景色填充路径"按钮●或"用画笔描边路径"按钮○。
>
> ◉ 单击面板右上方的下三角形按钮，在弹出的面板菜单中，选择"填充路径"或"描边路径"选项。
>
> ◉ 路径选择工具与直接选择工具的右键菜单是相同的，同样可以打开路径选择工具的右键菜单，在其中选择"填充路径"或"描边路径"选项。

8.4　使用锚点编辑路径

使用锚点编辑路径的工具有添加锚点工具、删除锚点工具和转换点工具 3 种，合理地使用这些工具，可以添加/删除锚点、平滑锚点、尖突锚点，让用户得到更完整的路径。

8.4.1　添加锚点工具

在路径被选中的情况下，使用添加锚点工具 直接单击要增加锚点的位置，即可增加一个锚点。

| 素材文件 | 第 8 章\金蛋.jpg | 效果文件 | 第 8 章\金蛋.jpg |

STEP 01 打开素材

按【Ctrl+O】组合键，打开一幅素材图像，如下图所示。

STEP 02 创建路径

选取工具箱中的钢笔工具，将鼠标指针移至图像编辑窗口中的适当位置，按住鼠标左键并拖曳，创建路径，如下图所示。

STEP 03 选取添加锚点工具

选取工具箱中的添加锚点工具，如下图所示。

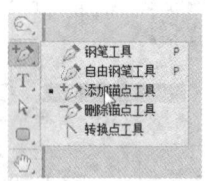

STEP 04 添加锚点

移动鼠标指针至路径上，当鼠标指针呈带加号的钢笔形状时，单击鼠标左键，即可添加一个锚点，如下图所示。

8.4.2 删除锚点工具

在路径被选中的情况下，运用删除锚点工具，选择需要删除的锚点，单击鼠标左键即可删除此锚点。

| 素材文件 | 第 8 章\金蛋 2.jpg | 效果文件 | 第 8 章\金蛋 2.jpg |

STEP 01 打开素材

按【Ctrl+O】组合键，打开一幅素材图像，如下图所示。

STEP 02 选择路径

展开"路径"面板，选择"工作路径"，图像编辑窗口中显示出"工作路径"，如下图所示。

STEP 03 选取删除锚点工具

选取工具箱中的删除锚点工具，如下图所示。

第 8 章 如虎添翼：运用路径绘制图像

STEP 05 删除锚点

移动鼠标指针至路径中间的锚点上，单击鼠标左键，即可删除该锚点，如下图所示。

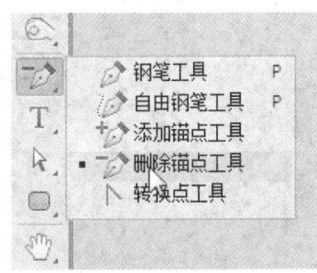

STEP 04 显示锚点

将鼠标指针移至图像编辑窗口中，在路径上单击鼠标左键，即可显示路径的锚点及其方向点，如下图所示。

> **专家指点**
> 使用直接选择工具 选中锚点后，按【Delete】键，可删除选中的锚点，此时路径会断开，需要运用钢笔工具，才可以将断开的路径重新闭合。

STEP 06 最终效果

重复删除锚点，可以删除路径中不需要的锚点，让路径更简洁，效果如下图所示。

> **专家指点**
> 使用钢笔工具 时，若移动鼠标指针至路径上的非锚点位置，则鼠标指针呈添加锚点形状 ；若移动鼠标至路径锚点上，则鼠标指针呈删除锚点形状 。

8.4.3 转换点工具

用户在对锚点进行编辑时，经常会遇到将一个两侧没有控制柄的直线型锚点转换为一个两侧具有控制柄的圆滑型锚点的情况，此时就需要使用转换点工具。

| 素材文件 | 第 8 章\咖啡.jpg | 效果文件 | 第 8 章\咖啡.jpg |

STEP 01 打开素材

按【Ctrl+O】组合键,打开一幅素材图像,如下图所示。

STEP 02 选择路径

展开"路径"面板,选择"工作路径",即可显示路径,效果如下图所示。

STEP 03 选取转换点工具

选取工具箱中的转换点工具,如下图所示。

STEP 04 平滑锚点

移动鼠标指针至图像编辑窗口中的路径上,单击鼠标左键显示锚点,在茶杯下方尖角处的路径上按住鼠标左键并拖曳,即可平滑锚点,如下图所示。

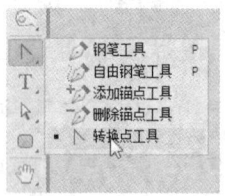

STEP 05 尖突锚点

拖曳鼠标指针至茶杯下方尖角处的路径上,按住【Alt】键的同时在锚点上单击鼠标左键并向下方拖曳,移动控制柄,即可尖突锚点,如下图所示。

8.5 使用形状工具

在 Photoshop CS6 中,用户不仅可以使用钢笔工具绘制路径,还可以使用工具箱中的矢量图形工具绘制不同形状的路径。

Photoshop CS6 中的形状工具包括矩形工具、圆角矩形工具、椭圆工具、多边形工具、

第 8 章 如虎添翼：运用路径绘制图像

直线工具和自定形状工具 6 种。在使用这些工具绘制路径时，首先需要在工具属性栏中选择一种绘图方式。

8.5.1 使用矩形工具

矩形工具 主要用于创建矩形或正方形，用户还可以在工具属性栏上进行相应选项的设置，也可以设置矩形的尺寸、固定宽和高比例等。

| 素材文件 | 第 8 章\Love.psd | 效果文件 | 第 8 章\Love.psd |

STEP 01 打开素材

按【Ctrl+O】组合键，打开一幅素材图像，如下图所示。

STEP 02 选取矩形工具

选取工具箱中的矩形工具 ，如下图所示。

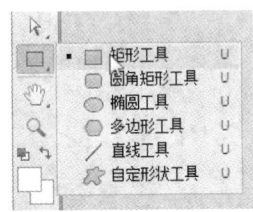

STEP 03 设置工具设置

在工具属性栏中，单击"选择工具模式"按钮，在弹出的列表框中选择"形状"选项，单击"设置形状填充类型"按钮，在弹出的列表框中，单击"拾色器"图标，弹出"拾色器（填充颜色）"对话框，设置填充颜色为红色（RGB 参数值分别为 255、0、0），如下图所示。

STEP 04 创建矩形路径

将鼠标指针移至图像编辑窗口中，在画布的一角按住鼠标左键并拖曳，到对角点后释放鼠标左键，即可创建画布大小的矩形路径，如下图所示。

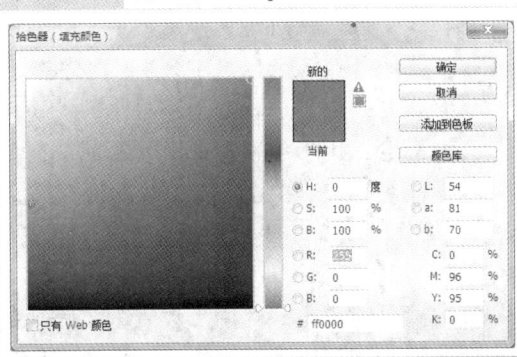

STEP 05 调整图层顺序

展开"图层"面板，选择"矩形 1"图层，将该图层拖曳至"图层 1"图层的下方，此时的图像效果如下图所示。

在矩形工具属性栏（如下图所示）中，各主要选项的含义如下：

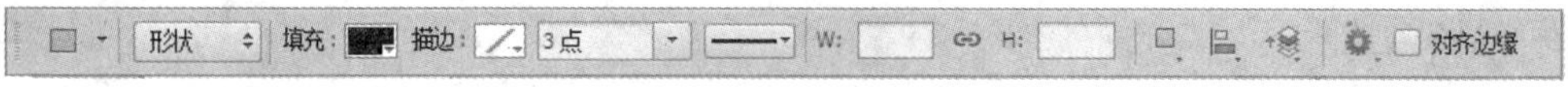

矩形工具属性栏

❀ 模式：单击该按钮，在弹出的下拉面板中，可以定义工具预设。

❀ 形状：该下拉列表框中包括"图形"、"路径"和"像素"3个选项，用户在绘制路径或形状前，必须先选择一种绘图方式。

❀ 填充：单击该按钮，在弹出的下拉面板中，可以设置填充"颜色"、"渐变"或者"图案"。

❀ 描边：在该选项区中，可以设置创建的路径形状的边缘颜色和宽度等。

❀ 宽度：用于设置矩形路径形状的宽度。

❀ 高度：用于设置矩形路径形状的高度。

❀ 路径操作：单击该按钮，在弹出的下拉面板中，可以定义多条路径之间的运算方式，包括"新建图层"、"合并形状"、"减去顶层形状"、"与形状区域相交"和"排除重叠形状"5种方式。

❀ 路径对齐方式：用于设置多条路径的对齐方式。

❀ 路径排列方式：用于设置多条路径的排列方式。

❀ 设置：用于设置创建矩形路径的具体形式，包括"不受约束"、"方形"、"固定大小"和"比例"4个选项，选中"从中心"复选框后，绘图方式改为以起点为中心开始绘制矩形。

> **专家指点**
>
> "路径操作"下拉面板中5个选项的含义如下：
> ❀ "新建图层"：将创建的形状路径放在新建图层中。
> ❀ "合并形状"：在原路径区域的基础上合并新的路径区域。
> ❀ "减去顶层形状"：在原路径区域的基础上减去新的路径区域。
> ❀ "与形状区域相交"：新路径区域与原路径区域交叉的区域为最终路径区域。
> ❀ "排除重叠形状"：原路径区域与新路径区域不相交的区域为最终路径区域。

8.5.2 使用圆角矩形工具

圆角矩形工具 用来绘制圆角矩形，选取工具箱中的圆角矩形工具后，在工具属性栏的"半径"文本框中可以设置圆角的半径。下面详细介绍运用圆角矩形工具绘制路径形状的操作方法。

| 素材文件 | 第8章\梦幻国度.jpg | 效果文件 | 第8章\梦幻国度.psd |

STEP 01 打开素材

按【Ctrl+O】组合键，打开一幅素材图像，如下图所示。

STEP 02 选取圆角矩形工具

选取工具箱中的圆角矩形工具，如下图所示。

STEP 03 设置工具属性

在工具属性栏中设置"工具模式"为"形状"、"填充"为"无颜色"、"描边"为"无颜色"、"半径"为40像素，并选中"对齐边缘"复选框，如下图所示。

第 8 章 如虎添翼：运用路径绘制图像

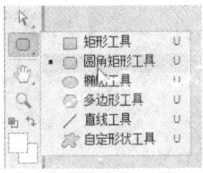

STEP 04 创建圆角矩形路径

在图像编辑窗口中创建圆角矩形路径，如下图所示。

STEP 05 将路径转换为选区

展开"路径"面板，在面板下方单击"将路径作为选区载入"按钮，将路径转换成选区，如下图所示。

STEP 06 反向选区

单击菜单栏中的"选择"｜"反向"命令，将选区反向，如下图所示。

STEP 07 设置背景色

单击"设置背景色"色块，设置背景色为白色，如下图所示。

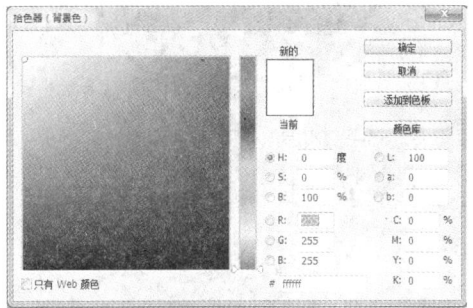

STEP 08 选择图层

展开"图层"面板，选择"背景"图层，如下图所示。

STEP 09 最终效果

单击"编辑"｜"清除"命令，清除选区内的图像，再取消选区，效果如下图所示。

8.5.3 使用椭圆工具

使用椭圆工具 ◯ 可以绘制椭圆或圆形形状的图形，其使用方法与矩形工具的使用方法相同，只是绘制的形状不同。下面介绍运用椭圆工具的操作方法。

| 素材文件 | 第 8 章\圆形花纹.psd | 效果文件 | 第 8 章\圆形花纹.psd |

STEP 01 打开素材

按【Ctrl + O】组合键，打开一幅素材图像，如下图所示。

STEP 02 选取椭圆工具

用鼠标选取工具箱中的椭圆工具，如下图所示。

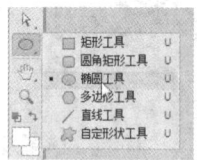

STEP 03 设置工具属性

在工具属性栏中，设置"选择工具模式"为"形状"、"填充"为"无颜色"、"描边"为"无颜色"，如下图所示。

STEP 04 设置工具属性

单击工具属性栏中的设置图标，在弹出的列表框中选中"从中心"复选框，如下图所示。

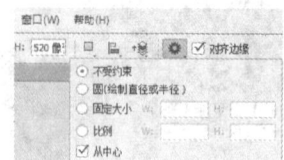

STEP 05 选择"Web 样式"选项

单击菜单栏中的"窗口"|"样式"命令，展开"样式"面板，单击面板右上角的黑色小三角按钮，在弹出的面板菜单中选择"Web 样式"选项，如下图所示。

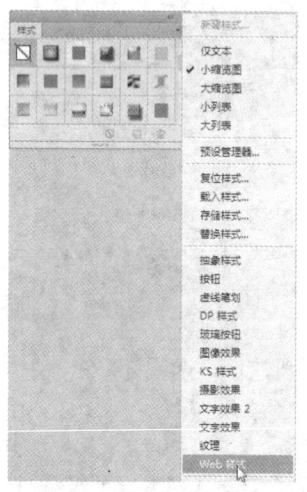

STEP 06 单击"追加"按钮

弹出提示信息框（如下图所示），单击"追加"按钮，即可将"Web 样式"追加到"样式"面板中。

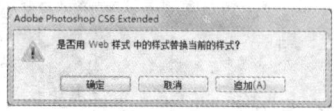

STEP 07 创建圆形路径

将鼠标指针移至图像编辑窗口中，按住【Shift】键，在剪纸的中心位置按住鼠标左键并拖曳，即可创建一条圆形路径，按住【Ctrl】键的同时，按住鼠标左键并拖曳，调整形状的位置，效果如下图所示。

第 8 章 如虎添翼：运用路径绘制图像

STEP 08 应用"蓝色回环"效果

在"样式"面板中选择"蓝色回环"选项，即可为圆形路径创建蓝色回环效果，效果如下图所示。

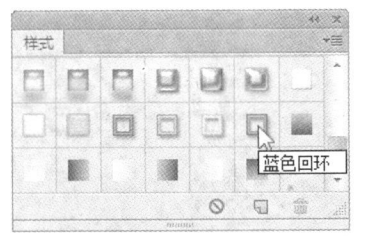

8.5.4 使用多边形工具

使用多边形工具，可以创建任意边数的等边形（如等边三角形、正方形、正五边形等）和任意角数的星形（如四角星形、五角星形等），在其属性栏进行相应的设置后，还可以对多边形的拐角进行平滑，创建圆角多边形或者圆角星形。

| 素材文件 | 第 8 章\星空.jpg | 效果文件 | 第 8 章\星空.psd |

STEP 01 打开素材

按【Ctrl+O】组合键，打开一幅素材图像，如下图所示。

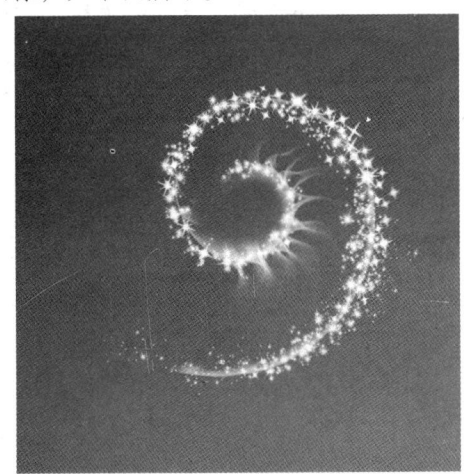

STEP 02 选取多边形工具

将鼠标指针移至工具箱中，选取多边形工具，如下图所示。

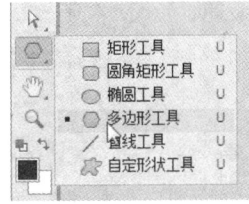

STEP 03 设置工具属性

在工具属性栏中单击设置图标，在弹出的下拉面板中选中"星形"复选框，并设置"边"为 5，如下图所示。

STEP 04 创建星形路径

将鼠标指针移至图像编辑窗口中，按住鼠标左键并拖曳，创建一条星形路径，如下图所示。

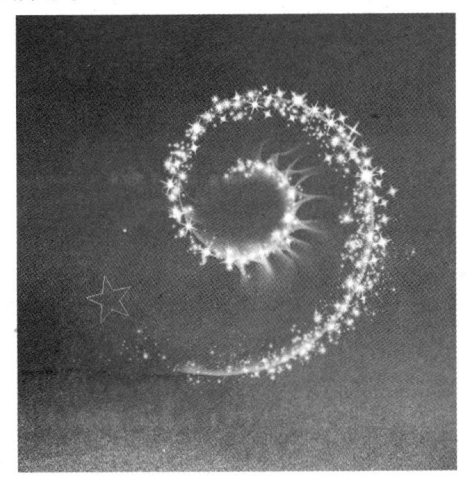

STEP 05 创建多个星形路径

在工具属性栏中单击"路径操作"按钮，在弹出的下拉面板中选中"合并形状"复选框，用与上述相同的方法，在图像编辑窗口中绘制多条星形路径，如下图所示。

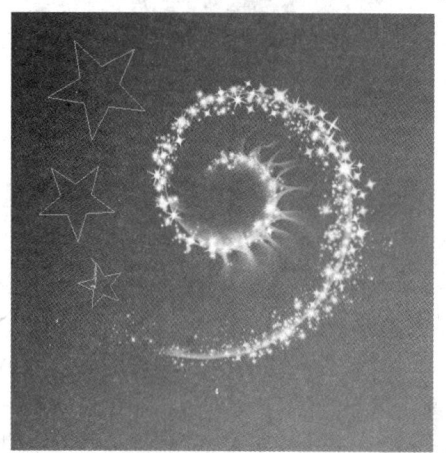

STEP 06 将路径转换为选区

按【Ctrl + Enter】组合键，将路径转换为选区，如下图所示。

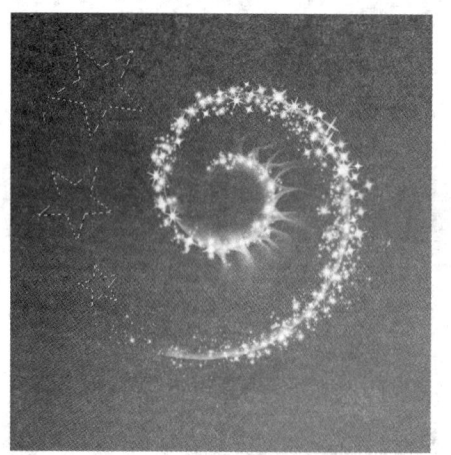

STEP 07 设置前景色

单击工具箱底部的前景色色块，在弹出的"拾色器（前景色）"对话框中，设置前景色为黄色（RGB 参数值分别为 255、252、0），如下图所示。

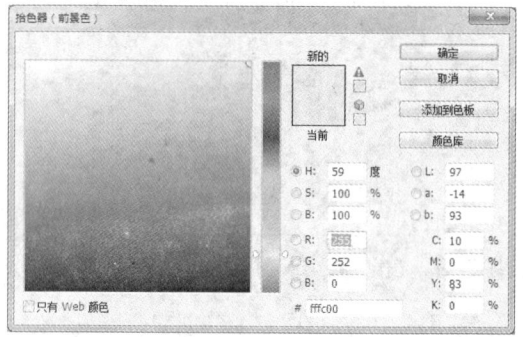

STEP 08 填充前景色

确认颜色设置后，在"图层"面板中选择"背景"图层，按【Alt + Delete】组合键，填充前景色至选区，按【Ctrl + D】组合键，取消选区，效果如下图所示。

在多边形工具的设置面板中，各主要选项的含义如下：

● 半径：该文本框用于设置多边形或星形的半径长度，绘制图形时将创建指定半径值的多边形或星形。

● 平滑拐角：选中该复选框，可以创建具有平滑拐角的多边形或星形。

● 星形：选中该复选框，可以创建星形。在"缩进边依据"文本框中可以设置星形边缘向中心缩进的数量，该值越高，缩进量越大。选中"平滑缩进"复选框，可以使星形的边平滑地向中心缩进。

8.5.5 使用自定形状工具

在 Photoshop CS6 中，使用自定形状工具可以通过设置不同的形状来绘制形状路径或图形,在"自定形状"面板中有大量的特殊形状可供选择。

| 素材文件 | 第 8 章\圣诞夜.jpg | 效果文件 | 第 8 章\圣诞夜.psd |

STEP 01 打开素材

按【Ctrl + O】组合键,打开一幅素材图像,如下图所示。

STEP 02 选取自定形状工具

选取工具箱中的自定形状工具,如下图所示。

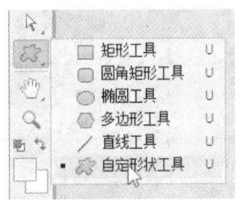

STEP 03 弹出"自定形状"面板

在工具属性栏中单击"点按可打开'自定形状'拾色器"按钮,弹出"自定形状"面板,如下图所示。

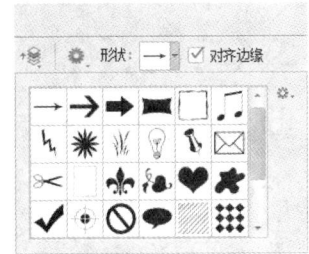

STEP 04 选择"自然"选项

单击"自定形状"面板右上角的黑色小齿轮按钮，在弹出的面板菜单中选择"自然"选项,如下图所示。

STEP 05 选择"雪花 1"选项

弹出提示信息框,单击"追加"按钮加载形状,然后在"自定形状"的"形状"面板中选择"雪花 1"选项,如下图所示。

STEP 06 设置"填充"

单击"填充"右侧的"设置形状填充类型"按钮,在弹出的颜色面板中单击"拾色器"图标,然后在弹出的"拾色器(填充颜色)"对话框中,设置填充颜色为蓝白色(其RGB 参数值分别为 227、244、255),如下图所示。

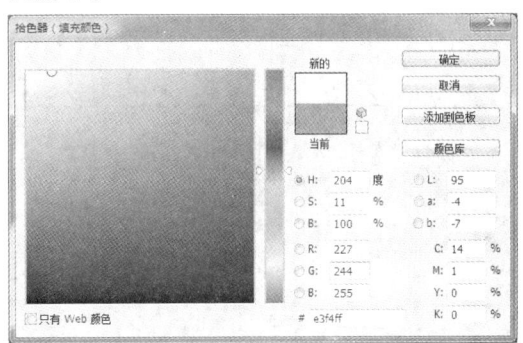

STEP 07 绘制雪花形状

确认颜色设置后,将鼠标指针移至图像编辑窗口中的合适位置,按住鼠标左键并拖曳至合适位置后释放鼠标左键,即可绘制一个雪花形状,如下图所示。

中绘制多个大小不同的雪花图形，按【Esc】键，取消选择形状路径，效果如下图所示。

STEP 08 绘制效果

用与上述相同的方法，在图像编辑窗口

● 读书笔记

Chapter 09

章前知识导读

蒙版可以理解为望远镜的镜筒,镜筒可以屏蔽外部世界的一部分,使观察者仅观察到出现在镜头中的那一部分,使用蒙版可以帮助用户快速、方便地进行图像的合成。通道是选区的一个载体,它将选区转换为可见的黑白图像,从而用户更易于对其进行编辑。

锦上添花:运用蒙版通道处理图像

重点知识索引

- 创建图层蒙版
- 通道的基本操作
- 管理通道
- 通道应用与计算

效果图片赏析

9.1 创建图层蒙版

在 Photoshop 中，图像合成是 Photoshop CS6 标志性的应用领域，无论是平面广告设计、效果图修饰、数码相片后期处理还是视觉艺术创意，都无法脱离图像合成的操作，在利用 Photoshop 进行图像合成时，可以使用多种方法，但使用得最多的还是蒙版技术。有些初学者容易混淆选区与蒙版，认为两者都起到了限制作用，但实际上两者之间有本质的区别。选区是用于限制操作者的操作范围，使操作仅发生在选择区域的内部；蒙版则是控制图层的显示或隐藏区域，可以在不破坏图像的情况下反复编辑图像，直至得到所需要的效果，使修改图像和创建复杂选区变得更加方便，因此，图层蒙版是进行图像合成最常用的手段。

9.1.1 创建剪贴蒙版

剪贴蒙版可以用一个图层中包含像素的区域来限制它上层图像的显示范围。它的最大优点是可以通过一个图层来控制多个图层的可见内容，而图层蒙版和矢量蒙版则都只能控制一个图层。下面介绍创建剪贴蒙版的操作方法。

素材文件	第 9 章\礼物.psd、绿色草地.psd	效果文件	第 9 章\绿色草地.psd

STEP 01 打开素材

按【Ctrl+O】组合键，打开两幅素材图像，如下图所示。

STEP 02 选择图层

切换至"礼物"图像编辑窗口中，展开"图层"面板，选择"图层 1"图层，如下图所示。

STEP 03 复制图像

按【Ctrl+A】组合键全选图像，按【Ctrl+C】组合键复制图像，如下图所示。

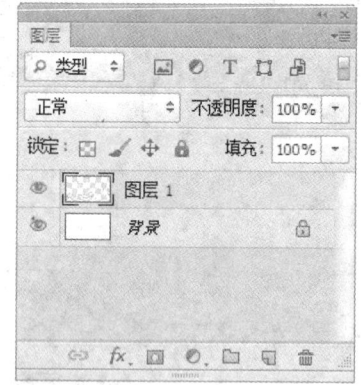

STEP 04 粘贴图像

切换至"绿色草地"图像编辑窗口，按【Ctrl+V】组合键粘贴图像，如下图所示。

第 9 章　锦上添花：运用蒙版通道处理图像

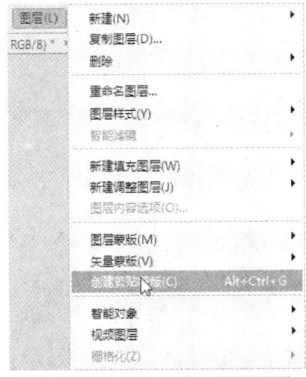

执行操作后，"绿色草地"图像的"图层"面板如下图所示。

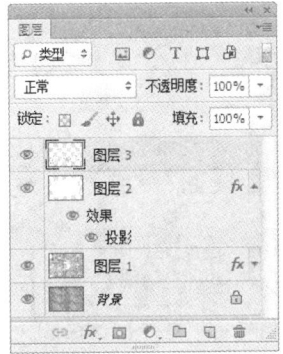

STEP 05 创建剪贴蒙版

单击菜单栏中的"图层"|"创建剪贴蒙版"命令，如下图所示。

STEP 06 创建剪贴蒙版

执行操作后，即可将粘贴的"图层 3"图层创建为剪贴蒙版，此时图像编辑窗口中的图像效果如下图所示。

9.1.2　创建快速蒙版

快速蒙版是一种手动创建选区的方法，其特点是与绘图工具结合起来创建选区，适用于对选择要求不是很高的情况。快速创建蒙版模式可以将任意选择区域作为蒙版进行编辑。

| 素材文件 | 第 9 章\饰物.jpg | 效果文件 | 第 9 章\饰物.jpg |

STEP 01 打开素材

按【Ctrl + O】组合键，打开一幅素材图像，如下图所示。

STEP 02 单击"以快速蒙版模式编辑"按钮

单击工具箱底部的"以快速蒙版模式编辑"按钮，如下图所示。

STEP 03 涂抹图像

执行操作后，即可进入快速蒙版编辑模式，在工具箱中选取画笔工具，设置前景色为黑色，在饰物上进行涂抹，如下图所示。

STEP 04 蒙版转换为选区

单击工具箱底部的"以标准模式编辑"按钮,即可将涂抹区域以外部分转换为选区,如下图所示。

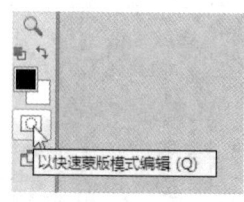

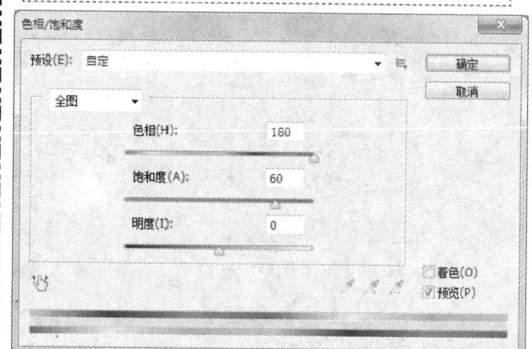

STEP 05 调整"色相/饱和度"

按【Ctrl+U】组合键,弹出"色相/饱和度"对话框,设置"色相"为180、"饱和度"为60,如下图所示。

STEP 06 调整效果

单击"确定"按钮,并取消选区,效果如下图所示。

> **专家指点**
>
> 在使用快速蒙版编辑模式时,如果涂抹到错误的地方,可以采取以下两种方法撤销编辑。
> ❖ 将背景色设置为白色,涂抹错误时,按【X】键将背景色切换为前景色,再对该处涂抹,即可取消不需要的涂抹效果。
> ❖ 按【E】键快速选取橡皮擦工具,清除涂抹错误的地方,即可取消不需要的涂抹效果。

第 9 章 锦上添花：运用蒙版通道处理图像

9.1.3 创建矢量蒙版

矢量蒙版是由钢笔、自定形状等矢量工具创建的蒙版（图层蒙版和剪贴蒙版都是基于像素的蒙版）。

矢量蒙版与分辨率无关，常用来制作 Logo、按钮或其他 Web 设计元素。无论图像自身的分辨率是多少，只要使用了该蒙版，都可以得到平滑的轮廓。下面介绍创建矢量蒙版的操作方法。

| 素材文件 | 第 9 章\枫叶.psd | 效果文件 | 第 9 章\枫叶.psd |

STEP 01 打开素材

按【Ctrl+O】组合键，打开一幅素材图像，如下图所示。

STEP 02 选取自定形状工具

选取工具箱中的自定形状工具，如下图所示。

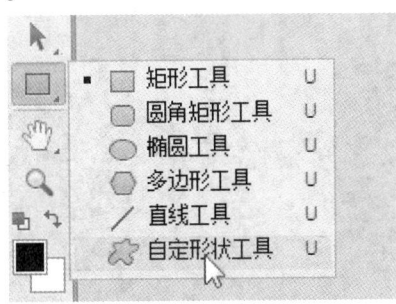

STEP 03 设置工具属性栏中的各选项

单击工具属性栏中的"选择工具模式"按钮，在弹出的列表框中，选择"路径"选项，单击"点按可打开'自定形状'拾色器"按钮，在弹出的"自定形状"面板中选择"网格"选项，如下图所示。

STEP 04 绘制网格路径

在图像编辑窗口中的合适位置绘制一个网格路径，如下图所示。

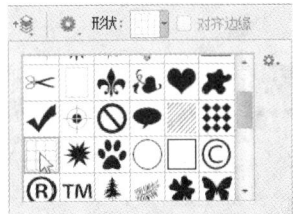

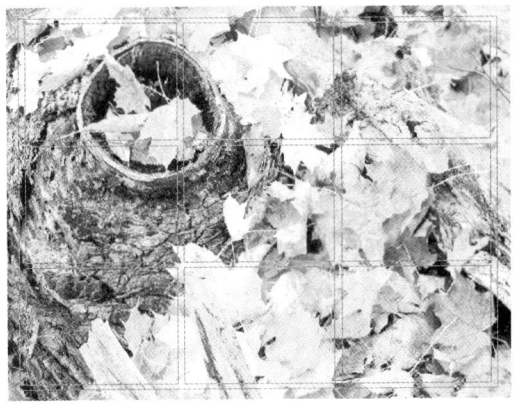

STEP 05 创建矢量蒙版

单击菜单栏中的"图层"|"矢量蒙版"|"当前路径"命令，如下图所示。

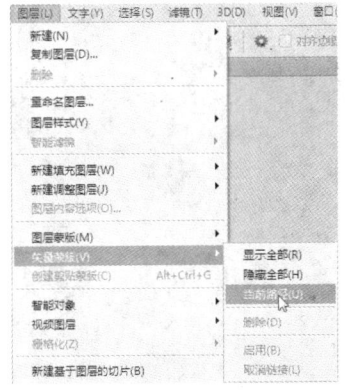

STEP 06 矢量蒙版效果

执行上述操作后，即可创建矢量蒙版，在"图层"面板中，即可查看到基于当前路径创建的矢量蒙版，如下图所示。

新手学 Photoshop 从入门到精通

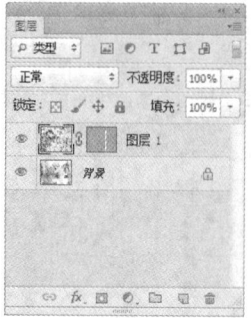

隐藏路径后,"枫叶"图像的效果如下图所示。

> **专家指点**
> 矢量蒙版也是一种控制图层中图像显示与隐藏的方法,不同的是,矢量蒙版是依靠路径来限制图像的显示与隐藏方式,因此它所创建的都是具有规则边缘的蒙版;图层蒙版则是依靠像素来限制图像的显示与隐藏方式,它所创建的蒙版可以是任意的形状。

9.1.4 创建图层蒙版

图层蒙版是使用得最为频繁的一类蒙版,绝大多数图像合成作品都需要使用图层蒙版。

图层蒙版依靠蒙版中像素的亮度,使图层显示出被屏蔽的效果,亮度越高,图层蒙版的屏蔽作用越小;反之,图层蒙版中像素的亮度越低,则屏蔽效果越明显。

| 素材文件 | 第 9 章\思念.jpg、落叶.jpg | 效果文件 | 第 9 章\思念.psd |

STEP 01 打开素材

按【Ctrl+O】组合键,打开两幅素材图像,如下图所示。

STEP 02 复制图像

切换至"思念"图像编辑窗口,按【Ctrl+A】组合键,全选图像,按【Ctrl+C】组合键,复制图像,如下图所示。

STEP 03 粘贴图像

切换至"落叶"图像编辑窗口,按【Ctrl+V】组合键,粘贴图像,如下图所示。

第 9 章 锦上添花：运用蒙版通道处理图像

STEP 04 缩放图像

按【Ctrl + T】组合键，调出变换控制框，将鼠标指针移至控制柄上，按住鼠标左键并拖曳，将图像缩放至合适大小，按【Enter】键，确认图像的缩放操作，如下图所示。

STEP 05 添加蒙版

展开"图层"面板，选择"图层1"图层，单击"图层"面板底部的"添加图层蒙版"按钮，为该图层添加蒙版，如下图所示。

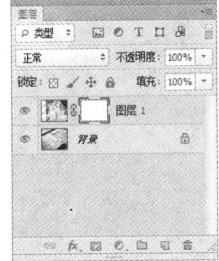

STEP 06 设置画笔工具

设置前景色为黑色，在工具箱中选取画笔工具，在画笔工具面板中设置各选项，如下图所示。

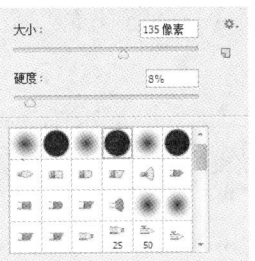

STEP 07 涂抹图像

在图像编辑窗口中的图像上涂抹，隐藏部分图像，效果如下图所示。

STEP 08 图层蒙版效果

用与上述相同的方法，涂抹图像中的其他部位，隐藏部分图像，效果如下图所示。

执行上述操作后，在"图层"面板中，即可查看到基于"图层1"图层创建的"图层蒙版"，如下图所示。

> **专家指点**
>
> 使用画笔工具编辑蒙版时,可以在英文输入模式下,按【[】与【]】键快速调整画笔大小,并及时调整画笔的"硬度"与"流量",以使图层蒙版的效果更佳。

9.2 通道的基本操作

在 Photoshop 中,通道被用来存放图像的颜色信息及自定义的选区,用户不仅可以使用通道得到非常特殊的选区,还可以通过改变通道中存放的颜色信息来调整图像的色调。通道分为原色通道、Alpha 通道和专色通道 3 种。

当一个图像文件被导入 Photoshop 后,Photoshop 就会为其创建图像文件固有的通道,即颜色通道或原色通道,原色通道的数目取决于图像的颜色模式。

当图像的色彩模式为 CMYK 模式时,面板中将有 4 个原色通道,即"青"通道、"洋红"通道、"黄"通道和"黑"通道,每个通道都包含着对应的颜色信息;当图像的色彩模式为 RGB 模式时,面板中将有 3 个原色通道,即"红"通道、"绿"通道、"蓝"通道和一个合成通道,即 RGB 通道。

由于不同的原色通道保存着图像的不同颜色信息,且这些信息包含着像素的存在和像素颜色的深浅度。正是由于原色通道的存在,所以当原色通道合成在一起时,形成了具有丰富色彩效果的图像,若缺少了其中某一原色通道,则图像将出现偏色现象。

9.2.1 新建 Alpha 通道

通道除了可以保存颜色信息外,还可以保存选区的信息,此类通道被称为 Alpha 通道。Alpha 通道主要用于创建和存储选区,创建并保存选区后,将以一个灰度图像保存在 Alpha 通道中,在需要的时候可以载入该选区。

| 素材文件 | 第 9 章\角亭.jpg | 效果文件 | 第 9 章\角亭.psd |

STEP 01 打开素材

按【Ctrl+O】组合键,打开一幅素材图像,如下图所示。

STEP 02 展开"通道"面板

单击菜单栏中的"窗口"|"通道"命令,展开"通道"面板,如下图所示。

STEP 03 弹出"新建通道"对话框

单击面板右上角的三角形按钮,在弹出的面板菜单中选择"新建通道"选项,弹出"新建通道"对话框,如下图所示。

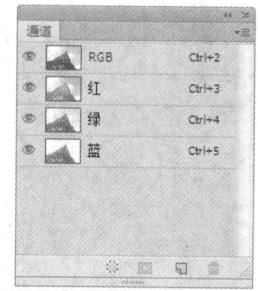

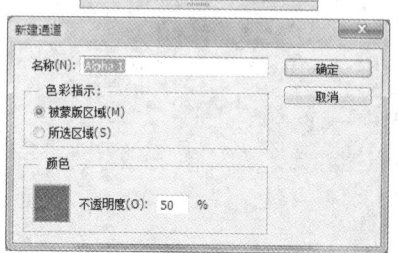

第 9 章 锦上添花：运用蒙版通道处理图像

STEP 04 显示所有通道

单击"确定"按钮，执行操作后，即可创建一个 Alpha 1 通道，单击 RGB 通道与 Alpha 1 通道左侧的"指示通道可见性"图标，显示出所有的通道，如下图所示。

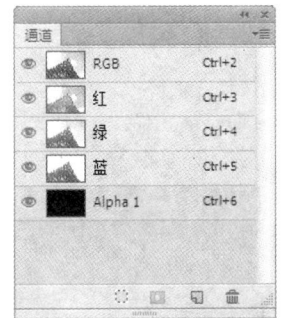

STEP 05 图像效果

执行操作后，即可显示 Alpha 1 通道，效果如下图所示。

"通道"面板中各主要选项的含义如下：

- 将通道作为选区载入：单击该按钮，可以调出当前通道所保存的选区。
- 将选区存储为通道：单击该按钮，可以将当前选区保存为 Alpha 通道。
- 创建新通道：单击该按钮，可以创建一个新的 Alpha 通道。
- 删除当前通道：单击该按钮，可以删除当前选择的通道。

> **专家指点**
>
> 创建 Alpha 通道还有以下方法。
> - 单击"通道"面板底部的"创建新通道"按钮，即可创建空白通道。
> - 按住【Alt】键的同时单击"通道"面板底部的"创建新通道"按钮，即可创建 Alpha 通道。

9.2.2 新建专色通道

专色通道用于印刷，在印刷时每种专色油墨都要求专用的印版，以便于单独输出，下面介绍创建专色通道的操作方法。

素材文件	第 9 章\展厅.jpg	效果文件	第 9 章\展厅.psd

STEP 01 打开素材

按【Ctrl + O】组合键，打开一幅素材图像，如下图所示。

STEP 02 创建选区

在工具箱中选取魔棒工具，创建一个选区，如下图所示。

STEP 03 选择"新建专色通道"选项

展开"通道"面板,单击面板右上角的三角形按钮,在弹出的面板菜单中选择"新建专色通道"选项,如下图所示。

单击"确定"按钮,在"通道"面板中自动生成一个专色通道,此时图像编辑窗口中的图像效果也随之改变,如下图所示。

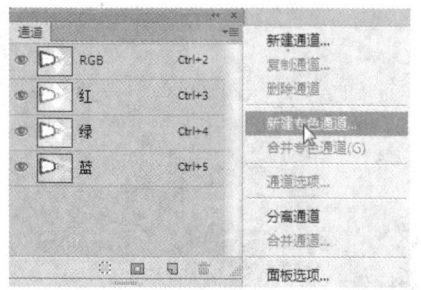

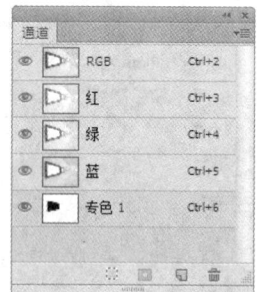

STEP 04 设置专色通道

弹出"新建专色通道"对话框,设置"颜色"为淡黄色(RGB参数值分别为255、254、213),如下图所示。

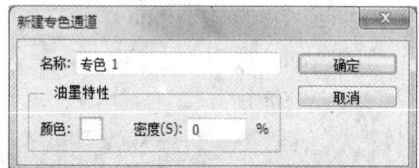

STEP 05 创建专色通道

> **专家指点**
>
> 专色通道设置只是用来在屏幕上显示模拟效果,对实际打印输出并无影响。此外,如果新建专色通道之前制作了选区,则新建通道后,将在选区内填充专色通道颜色。

9.2.3 复制通道

复制通道与复制图层的操作相似,通过复制通道操作,可以制作出不同的图像效果。下面介绍复制通道的操作方法。

素材文件	第9章\宫.jpg	效果文件	第9章\宫.psd

STEP 01 打开素材

按【Ctrl+O】组合键,打开一幅素材图像,如下图所示。

STEP 02 选择"蓝"通道

单击菜单栏中的"窗口"|"通道"命令,展开"通道"面板,选择"蓝"通道,如下图所示。

STEP 03 弹出"复制通道"对话框

在"蓝"通道上单击鼠标右键,在弹出的快捷菜单中选择"复制通道"选项,弹出"复制通道"对话框,如下图所示。

第 9 章 锦上添花：运用蒙版通道处理图像

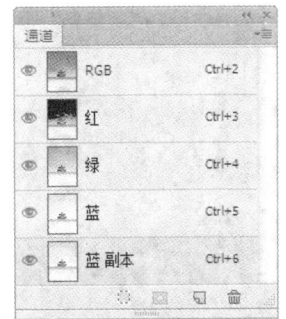

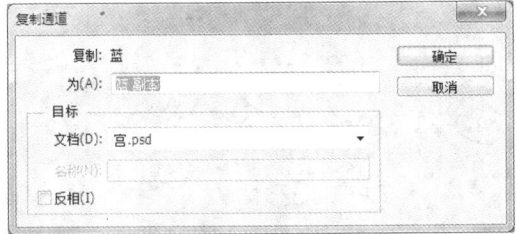

STEP 04 显示所有通道

单击"确定"按钮，即可复制"蓝"通道，单击"蓝 副本"通道和 RGB 通道左侧的"指示通道可见性"图标，显示所有通道，如下图所示。

STEP 05 图像效果

执行上述操作后，图像编辑窗口中的图像效果如下图所示。

9.2.4 编辑 Alpha 通道

创建 Alpha 通道后，可以通过编辑 Alpha 通道来进行抠图。

| 素材文件 | 第 9 章\小白兔.jpg、草地.jpg | 效果文件 | 第 9 章\小白兔.jpg |

STEP 01 打开素材

按【Ctrl + O】组合键，打开两幅素材图像，如下图所示。

STEP 02 创建 Alpha 通道

切换至"小白兔"图像编辑窗口，在"通道"面板中，单击面板底部的"创建新通道"按钮，创建一个 Alpha 1 通道，如下图所示。

STEP 03 显示所有通道

单击"通道"面板中 RGB 通道左侧的"指示通道可见性"图标，显示所有的通道，此时的图像效果如下图所示。

STEP 04 编辑 Alpha 通道

选取画笔工具，设置前景色为白色，移动鼠标指针至图像编辑窗口中，按住鼠标左键并拖曳，涂抹兔子，即可编辑 Alpha1 通道，如下图所示。

STEP 05 将通道作为选区载入

编辑 Alpha 1 通道后，在"通道"面板中选择 Alpha 1 通道，单击"通道"面板下方的"将通道作为选区载入"按钮，Alpha 1 通道将作为选区载入图像，如下图所示。

STEP 06 选择 RGB 通道

在"通道"面板中选择 RGB 通道，如下图所示。

第 9 章 锦上添花：运用蒙版通道处理图像

STEP 07 移动图像

选取移动工具，将鼠标指针移至图像编辑窗口中，在选区内按住鼠标左键并拖曳，将选区拖曳至"草地"图像编辑窗口中，如下图所示。

STEP 08 图像效果

按【Ctrl + T】组合键，调出变换控制框，调整图像至合适的大小和位置，按【Enter】键确认操作，效果如下图所示。

9.3 管理通道

在 Photoshop CS6 中，通过分离通道操作，可以将拼合图像的通道分离为单独的图像，分离后原文件被关闭，每一个通道均以灰度颜色模式成为一个独立的图像文件。

9.3.1 分离通道

为了便于图像的编辑处理，用户可以通过"分离通道"命令将图像文件中的通道分离出来，使其各自成为一个单独的文件。

| 素材文件 | 第 9 章\冰淇淋.jpg | 效果文件 | 第 9 章\冰淇淋（红）.jpg 等 |

STEP 01 打开素材

按【Ctrl + O】组合键，打开一幅素材图像，如下图所示。

STEP 02 选择"分离通道"选项

单击"窗口"|"通道"命令，展开"通道"面板，单击"通道"面板右上角的三角形按钮，在弹出的面板菜单中选择"分离通道"选项，如下图所示。

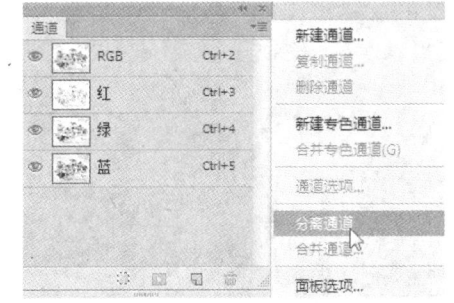

STEP 03 分离出 3 幅灰色图像

执行操作后，即可将 RGB 模式图像的通道分离为 3 幅灰色图像，其原图像则被关闭，分离后的 3 幅灰色图像如下图所示。

> **专家指点**
>
> 用户可以将一幅图像中的各个通道分离出来,使其各自作为一个单独的文件存在。分离后原文件被关闭,每一个通道均以灰度颜色模式成为一个独立的图像文件。只能分离拼合图像的通道。当需要在不能保留通道的文件格式中保留单个通道信息时,分离通道非常有用。

9.3.2 合并通道

使用"合并通道"命令可以将多个大小相同的灰度图像合并成一幅彩色图像。合并通道时,注意图像的大小和分辨率必须是相同的,否则无法合并。

| 素材文件 | 第9章\冰淇淋(红).jpg 等 | 效果文件 | 第9章\冰淇淋.jpg |

STEP 01 打开素材

按【Ctrl+O】组合键,打开3幅素材图像,如下图所示。

STEP 02 弹出"合并通道"对话框

展开"通道"面板,单击面板右上角的三角形按钮,在弹出的面板菜单中选择"合并通道"选项,弹出"合并通道"对话框,然后设置"模式"为"RGB 颜色",如下图所示。

单击"确定"按钮,即可完成通道的合并,3 幅灰色图像合成为 1 幅彩色图像,原文件则被关闭,合成出来的彩色图像如下图所示。

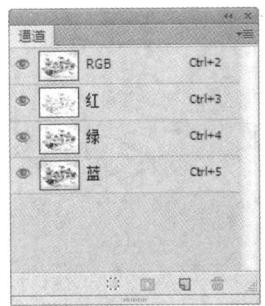

STEP 03 设置"合并 RGB 通道"选项

单击"确定"按钮,弹出"合并 RGB 通道"对话框,设置各通道使用的图像文件,如下图所示。

STEP 04 合并通道

9.4 通道应用与计算

"通道"面板用于创建并管理通道,以及监视编辑效果,通道的许多操作都需要在"通道"面板中执行。本节主要介绍使用"应用图像"和"计算"命令的操作方法。

9.4.1 应用图像

运用"应用图像"命令可以将所选图像中的一个或多个图层、通道,与其他具有相同尺寸大小图像的图层和通道进行合成,以产生特殊的合成效果。

在 Photoshop CS6 中,由于"应用图像"命令是基于像素来处理通道的,所以只有图像的长和宽(以像素为单位)都分别相等时才能执行"应用图像"命令。使用"应用图像"命令可以对一个通道中的像素值与另一个通道中相应的像素值进行加、减和相乘等操作。

素材文件	第 9 章\蒲公英.jpg、风车.jpg	效果文件	第 9 章\蒲公英.jpg

STEP 01 打开素材

按【Ctrl+O】组合键,打开两幅素材图像,如下图所示。

STEP 02 设置"应用图像"选项

切换至"蒲公英"图像编辑窗口,单击"图像"|"应用图像"命令,弹出"应用图像"对话框,设置"源"为"风车.jpg"、"混合"为"变暗",如下图所示。

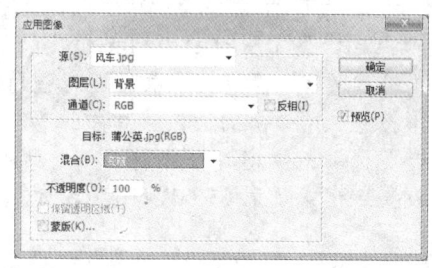

STEP 03 合成图像效果

单击"确定"按钮,即可使用"应用"命令合成图像,效果如下图所示。

"应用图像"对话框中主要选项的含义如下:

❖ 源:从中选择一幅源图像与当前活动图像相混合。下拉列表框中列出了Photoshop当前打开的图像,默认设置为当前的活动图像。

❖ 图层:用于选择源图像中的图层并参与计算。

❖ 通道:用于选择源图像中的通道并参与计算。选中"反相"复选框,则表示源图像反相后进行计算。

❖ 混合:用于设置图像的混合模式。

❖ 不透明度:用于设置合成图像时的不透明度。

❖ 保留透明区域:用于设置保留透明区域,选中后只对非透明区域合并。若在当前活动图像中选择了背景图层,则该选项不可用。

❖ 蒙版:选中该复选框,其下方的3个列表框和"反相"复选框为可用状态,从中可以选择一个"通道"和"图层"作用蒙版来混合图像。

9.4.2 通道计算

"计算"命令的工作原理与"应用图像"命令相同,它可以混合两个来自一个或多个源图像的单个通道。使用该命令可以创建新的通道和选区,也可以生成新的黑白图像。

| 素材文件 | 第9章\奔跑.jpg、阳光.jpg | 效果文件 | 第9章\奔跑.psd |

STEP 01 打开素材

按【Ctrl+O】组合键,打开两幅素材图像,如下图所示。

STEP 02 设置"计算"选项

切换至"奔跑"图像编辑窗口,单击菜单栏中的"图像"|"计算"命令,弹出"计

第 9 章 锦上添花：运用蒙版通道处理图像

算"对话框，设置"源 2"为"阳光.jpg"、"混合"为"正片叠底"，如下图所示。

STEP 03 合成图像效果

单击"确定"按钮，即可使用"计算"命令合成图像，效果如下图所示。

"计算"对话框中主要选项的含义如下：

- 源 1：用于选择要计算的第 1 个源图像。
- 图层：用于选择使用图像的图层。
- 通道：用于选择进行计算的通道名称。
- 源 2：用于选择要计算的第 2 个源图像。
- 混合：用于选择两个通道进行计算所运用的混合模式，并设置"不透明度"值。
- 蒙版：选中该复选框，可以通过蒙版应用混合效果。
- 结果：用于选择计算后通道的显示方式。若选择"新文档"选项，将生成一个仅有一个通道的多通道模式图像；若选择"新建通道"选项，将在当前图像文件中生成一个新通道；若选择"选区"选项，则生成一个选区。

Chapter 10

章前知识导读

用户在使用 Photoshop 处理图像的过程中，有时需要对多幅图像进行相同的处理，若是重复操作，将会浪费大量的时间，用户可以通过 Photoshop 提供的自动化功能，将编辑图像的许多步骤简化为一个动作，极大地提高了设计师的工作效率。

高效修图：运用动作自动化处理

重点知识索引

- 创建动作对象
- 编辑已记录的动作
- 使用自动化命令

效果图片赏析

第 10 章 高效修图：运用动作自动化处理

10.1 创建动作对象

动作是用于处理单个或一批文件的一系列命令。它是 Photoshop 中用于提高工作效率的专家。使用动作可以将需要重复执行的操作录制下来，然后再借助其他的自动化命令，可以极大地提高工作效率。Photoshop 提供了许多现成的动作，但在大多数情况下，操作人员仍然需要自己录制大量新的动作，以适应不同的工作情况。

简单来说，"动作"是一些命令的集合体，利用动作可以方便地将用户执行过的操作及应用过的命令记录下来，当需要再次执行同样的或类似的操作或命令时，只需要应用所录制的动作就可以了。动作常用于以下两种情况。

❀ 将常用操作录制为动作：用户可以将自己常用的操作利用动作记录下来，使设计工作更加方便。

❀ 与"批处理"命令结合使用：单独使用动作尚不足以充分显示动作的优势，如果将动作与"批处理"命令结合起来，就能够成倍放大动作的威力。

10.1.1 应用预设动作实战

Photoshop CS6 提供了大量预设动作，利用这些动作可以快速得到各种字体、纹理、边框等效果。下面介绍利用预设动作快速制作暴风雪效果的操作方法。

| 素材文件 | 第 10 章\企鹅.jpg | 效果文件 | 第 10 章\企鹅.psd |

STEP 01 打开素材

按【Ctrl+O】组合键，打开一幅素材图像，如下图所示。

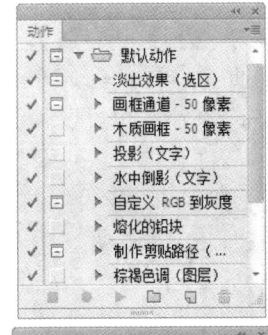

STEP 02 展开"动作"面板

单击菜单栏中的"窗口"|"动作"命令，展开"动作"面板，"动作"面板以标准模式和按钮模式存在，如下图所示。

STEP 03 增加"图像效果"动作组

用鼠标单击面板右上方的下三角形按钮，在弹出的面板菜单中选择"图像效果"选项，即可在"动作"面板中新增"图像效果"动作组，如下图所示。

STEP 05 制作效果

动作播放完成后，即可制作出暴风雪效果，如下图所示。

STEP 04 播放"暴风雪"动作

在"图像效果"动作组中选择"暴风雪"选项，并单击面板底部的"播放选定的动作"按钮，如下图所示。

专家指点

在默认的"动作"面板中，只有"默认动作"一组动作，用户可以打开面板菜单，在其中选择更多的预设动作组。

"动作"面板是建立、编辑和执行动作的主要场所，在该面板中用户可以记录、播放、编辑或删除单个动作，也可以存储和载入动作文件。

在"动作"面板中，各主要选项的含义如下：

● "切换对话开/关"图标：当动作前出现这个图标时，在执行该动作的过程中，执行到该步骤时将暂停，并弹出对话框让用户确认或设置相关选项。

● "切换项目开/关"图标：可设置允许/禁止执行动作组中的动作、选定的部分动作或动作中的命令。

● "播放选定的动作"按钮：单击该按钮，可以播放当前选择的动作。

● "开始记录"按钮：单击该按钮，可以开始录制动作。

● "停止播放/记录"按钮：该按钮只有在记录动作或播放动作时才可以使用，单击该按钮，可以停止进行当前的记录或播放操作。

● "展开/折叠"图标：在该图标上单击鼠标左键，可以展开/折叠动作组，以便存放新的动作；单击动作名称前的该图标，可以展开/折叠动作记录，查看动作的每一个步骤。

● "创建新组"按钮：单击该按钮，可以创建一个新的动作组。

● "创建新动作"按钮：单击该按钮，可以创建一个新的动作。

● "删除"按钮：单击该按钮，可以删除所选动作。

专家指点

如果要切换标准模式与按钮模式，用户只需将鼠标指针移至"动作"面板右上角的按钮上，单击鼠标左键，在弹出的"动作"面板菜单中选择"标准模式"或"按钮模式"选项即可。

第 10 章　高效修图：运用动作自动化处理

> **专家指点**
>
> 动作实际上是一组命令，其基本功能具体体现在以下两个方面：
>
> ● 将常用的两个或多个命令及其他操作组合为一个动作，在执行相同操作时，直接执行该动作即可。
>
> ● 对于 Photoshop CS6 中最精彩的滤镜，若对其使用动作功能，可以将多个滤镜操作录制成一个单独的动作，执行该动作，就像执行一个滤镜操作一样，可同时对图像快速执行多种滤镜的处理。

10.1.2 创建与播放动作

在 Photoshop 中，用户除了可以使用预设的动作之外，还可以自己创建新动作。下面介绍创建与播放动作的操作方法。

| 素材文件 | 第 10 章\极限滑雪.psd | 效果文件 | 第 10 章\极限滑雪.psd |

STEP 01 打开素材

按【Ctrl+O】组合键，打开一幅素材图像，如下图所示。

STEP 02 选择图层

展开"图层"面板，选择"背景"图层，如下图所示。

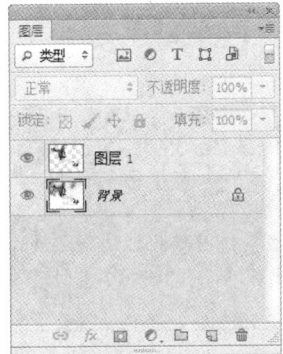

STEP 03 创建动作

展开"动作"面板，单击面板底部的"创建新动作"按钮，弹出"新建动作"对话框，设置"名称"为"自定义"、"组"为"默认动作"，如下图所示。

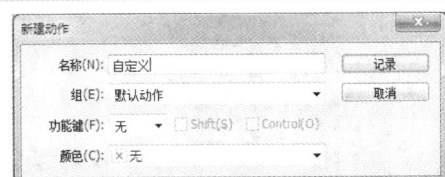

STEP 04 设置"径向模糊"滤镜

单击"开始记录"按钮，即可开始录制动作，单击"滤镜"|"模糊"|"径向模糊"命令，弹出"径向模糊"对话框，设置各选项，如下图所示。

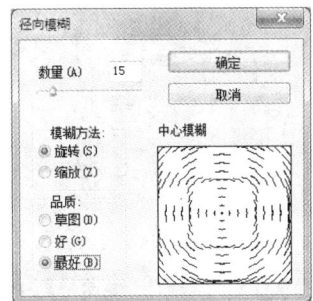

STEP 05 径向模糊图像

单击"确定"按钮，即可径向模糊图像，效果如下图所示。

STEP 06 完成录制

单击"动作"面板底部的"停止播放/记录"按钮■，即可完成新动作的录制，如下图所示。

> **专家指点**
>
> 在录制状态中应该尽量避免执行无用操作。例如，在执行某个命令后虽然可按【Ctrl+Z】组合键，撤销此命令，但在"动作"面板中仍然记录此命令。

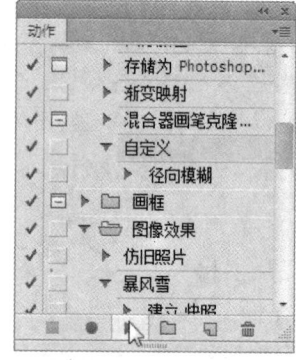

STEP 08 播放动作

展开"图层"面板,选择"背景"图层,在"默认动作"动作组中选择"自定义"选项,然后单击面板底部的"播放选定的动作"按钮▶,如下图所示。

STEP 09 动作效果

执行操作后,选定的"自定义"动作开始播放,播放结束后,即可制作出径向模糊效果,如下图所示。

STEP 07 撤销操作

展开"历史记录"面板,单击"打开"记录,撤销打开文件之后的所有操作,如下图所示。

专家指点

由于动作是一系列命令,因此单击"编辑"|"还原"命令只能还原动作中的最后一个命令,而"历史记录"面板只能记录最近的一部分操作,可能执行动作之前的历史记录已经被覆盖。若要还原整个动作系列,最好在播放动作前在"历史记录"面板中创建新快照,需要返回进行动作之前的操作时,只要单击快照,即可还原整个动作系列。

专家指点

单击"动作"面板右上角的黑色小三角按钮▼≡,在弹出的面板菜单中选择"复位动作"选项,软件将会用安装时的默认动作代替当前"动作"面板中的所有动作,创建的动作将会丢失。

10.1.3 存储与载入动作

当用户创建一个新动作后,可以将新动作保存为文件,以方便用户复制、备份创建的动作。载入动作可将在网上下载的或磁盘中所存储的动作文件添加到当前的动作列表中。

STEP 01 选择"存储动作"选项

展开"动作"面板,选择"图像效果"动作组,单击面板右上方的下三角按钮,在弹出的面板菜单中,选择"存储动作"选项,如下图所示。

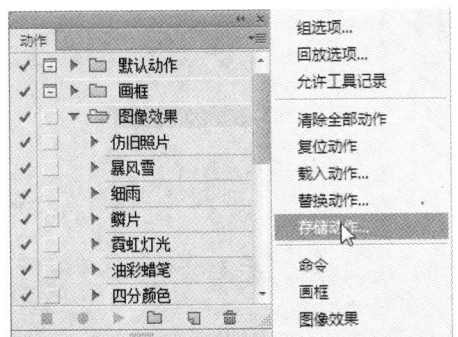
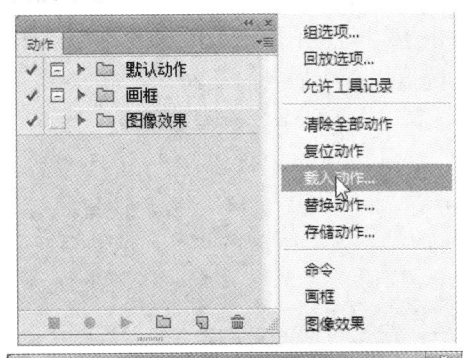

STEP 02 单击"保存"按钮

弹出"存储"对话框,设置相关选项,单击"保存"按钮,即可存储动作组,如下图所示。

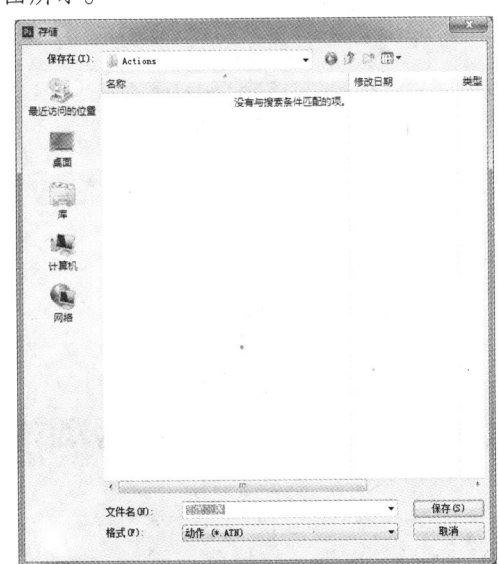
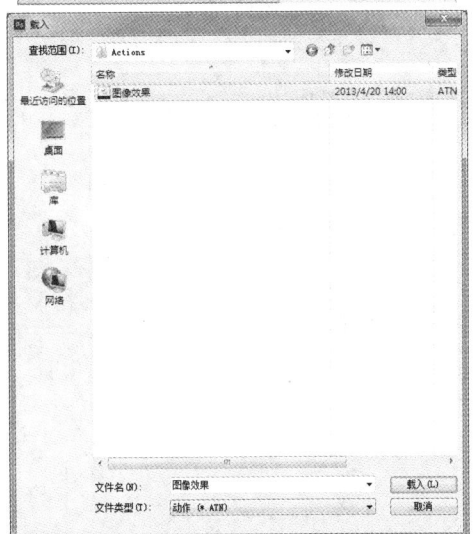

STEP 05 载入"图像效果"动作组

单击"载入"按钮,即可在"动作"面板中载入"图像效果"动作组,如下图所示。

STEP 03 选择"载入动作"选项

单击"动作"面板右上方的下三角按钮,在弹出的面板菜单中,选择"载入动作"选项,如下图所示。

STEP 04 选择需要载入的动作

在弹出的"载入"对话框中,选择需要载入的动作,如下图所示。

10.2 编辑已记录的动作

使用"动作"面板可以对动作进行记录,在记录完成之后,还可以对动作执行插入等编辑操作。本节主要介绍插入菜单项目、插入停止语句和设置播放动作的方式等操作方法。

10.2.1 插入菜单项目

由于动作并不能记录所有的命令操作，此时就需要用户插入菜单命令，以在播放动作时正确地执行所插入的动作。

STEP 01 选择"插入菜单项目"选项

在"动作"面板中选择"自定义"动作，单击面板右上角的黑色小三角按钮，在弹出的面板菜单中选择"插入菜单项目"选项，如下图所示。

STEP 03 单击"径向模糊"命令

单击菜单栏中的"滤镜"|"模糊"|"径向模糊"命令，即可插入"径向模糊"菜单项，如下图所示。

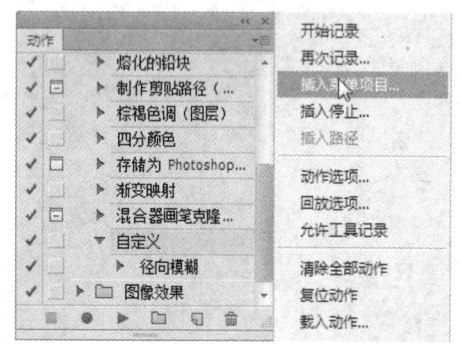

STEP 04 插入的菜单项

单击"确定"按钮，即可在面板中显示插入的"径向模糊"菜单项，如下图所示。

STEP 02 "插入菜单项目"对话框

执行操作后，弹出"插入菜单项目"对话框，如下图所示。

专家指点

插入的命令直到播放动作时才执行，因此插入命令时文件保持不变。命令的任何值都不记录在动作中。如果命令有对话框，在播放期间将弹出该对话框，并且暂停动作，直到用户单击"确定"或"取消"按钮为止。在记录动作时或动作记录完毕后，可以插入命令。

10.2.2 插入停止语句

在进行动作的录制过程中，并不能将所有操作都进行记录（如绘制类操作不能被记录在动作中），若某些操作无法被录制但需要执行，则可以在录制过程中插入一个"停止"提示，以提示有手动的操作步骤。

| 素材文件 | 第10章\宫殿.jpg | 效果文件 | 第10章\宫殿.psd |

STEP 01 打开素材

按【Ctrl+O】组合键，打开一幅素材图像，如下图所示。

STEP 02 选择"插入停止"选项

展开"动作"面板，选择"木制画框-50像素"动作，单击面板右上方的下三角按钮，在弹出的面板菜单中选择"插入停止"选项，如下图所示。

STEP 03 设置"记录停止"对话框

第 10 章　高效修图：运用动作自动化处理

执行操作后，弹出"记录停止"对话框，选中"允许继续"复选框，在"信息"文本区中输入合适的提示性文字，如下图所示。

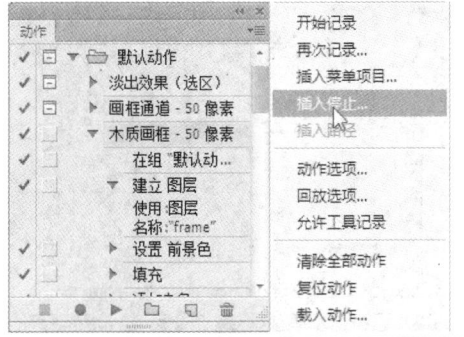

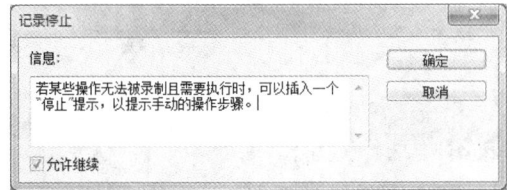

STEP 04 插入"停止"命令

单击"确定"按钮，即可在"动作"面板的"设置 选区"动作下方插入"停止"命令，如下图所示。

STEP 05 弹出提示信息框

选择"动作"面板中的"木质画框-50像素"动作，单击面板底部的"播放选定的动作"按钮，弹出提示信息框，如下图所示。

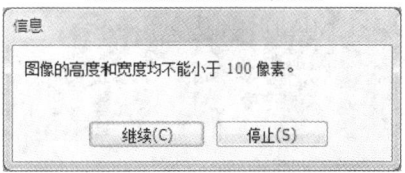

STEP 06 插入"停止"提示

单击"继续"按钮，继续播放动作，此时弹出提示信息框，如下图所示。

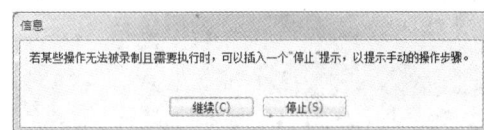

STEP 07 动作效果

单击"继续"按钮，继续播放动作，效果如下图所示。

> **专家指点**
>
> 插入停止语句是便于执行不能记录的任务（如使用绘画工具），用户也可以在动作停止时显示一条提示信息。

10.2.3　设置播放动作的方式

Photoshop CS6 提供了"回放选项"命令，在"回放选项"命令中提供了播放动作的 3

种速度，使用户可以根据需要设置不同的播放速度。

| 素材文件 | 第 10 章\桥.jpg | 效果文件 | 第 10 章\桥.psd |

STEP 01 打开素材

按【Ctrl + O】组合键，打开一幅素材图像，如下图所示。

STEP 02 绘制矩形选区

选取工具箱中的矩形选框工具，将鼠标指针移至图像编辑窗口的合适位置，按住鼠标左键并拖曳，绘制出一个矩形选区，如下图所示。

STEP 03 选择"回放选项"选项

展开"动作"面板，选择"淡出效果（选区）"动作，单击面板右上方的下三角按钮，在弹出的面板菜单中选择"回放选项"选项，如下图所示。

STEP 04 选中"逐步"单选按钮

执行操作后，弹出"回放选项"对话框，在对话框中选中"逐步"单选按钮，如下图所示。

STEP 05 设置"羽化半径"参数

单击"确定"按钮，即可设置"淡出效果（选区）"动作的播放方式，单击"动作"面板底部的"播放选定的动作"按钮，"淡出效果（选区）"动作开始逐步播放，然后弹出"羽化选区"对话框，设置"羽化半径"为 20 像素，如下图所示。

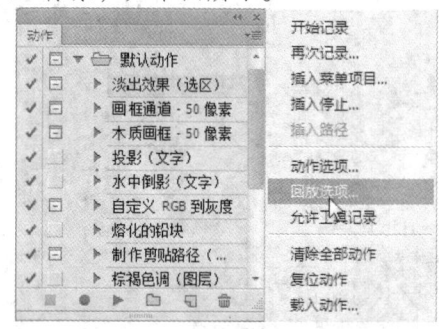

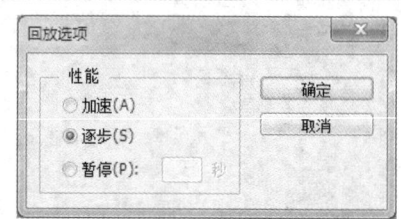

STEP 06 动作效果

单击"确定"按钮，继续播放动作，播放结束后，为图像执行"淡出效果（选区）"动作命令，效果如下图所示。

专家指点

用户在记录长而复杂的动作时，有时不能正常播放，而且在漫长的操作步骤中很难判断问题发生在何处。为了解决这个问题，Photoshop CS6 提供了"回放选项"命令，用户能调整动作的播放速度，以看清楚每一条命令的执行情况。

10.3 应用自动化命令

自动化功能是 Photoshop CS6 为用户提供的快速完成工作任务、大幅度提高工作效率的一种功能。自动化功能包括批处理、创建快捷批处理、裁剪并修齐照片、合并到 HDR Pro、Photomerge、镜头校正、条件模式更改和限制图像 8 个命令。

自动化命令与动作都能提高工作效率，不同之处在于，动作的灵活性更大，而自动化命令类似于由 Photoshop 录制完成的动作。

10.3.1 批处理图像素材

批处理就是将一个指定的动作，对位于某文件夹下的所有图像或当前打开的多个图像进行处理的智能化命令。使用"批处理"命令，可以对多个图像执行相同的动作，从而实现图像处理的自动化。不过在执行"批处理"操作之前，需要先确定以下原则：

- 需要进行批处理操作的图像必须保存在同一个文件夹中或全部打开。
- 执行的动作也需要提前载入至"动作"面板。

素材文件	第 10 章\美女 1.jpg、美女 2.jpg	效果文件	第 10 章\美女 1.psd、美女 2.psd

STEP 01 单击"批处理"命令

单击菜单栏中的"文件"|"自动"|"批处理"命令，如下图所示。

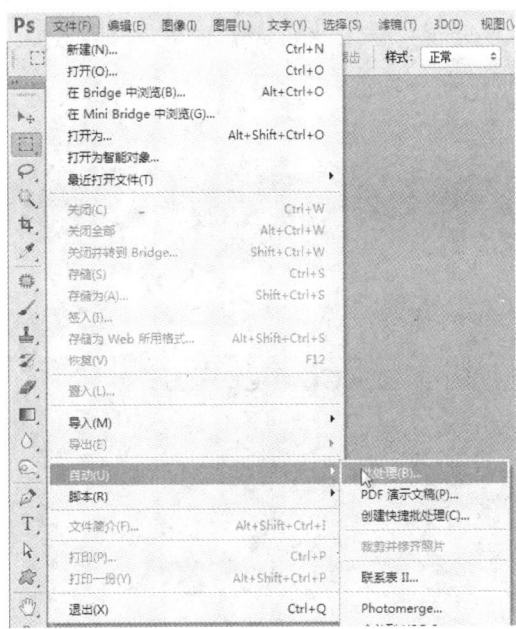

STEP 02 设置"批处理"选项

弹出"批处理"对话框，在"播放"选项区中设置"组"为"图像效果"、"动作"为"仿旧照片"，选择"源"为目标文件存放的文件夹，如下图所示。

STEP 03 批处理文件

单击"确定"按钮，即可将目标文件夹内的文件在 Photoshop 中打开并执行批处理，如下图所示。

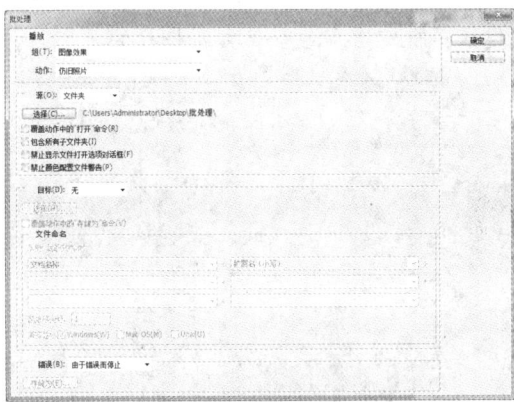

> **专家指点**
>
> 当需要进行批处理的图像存放在不同的文件夹下时，用户可以先将目标文件打开，然后在弹出的"批处理"对话框中，选择"源"为打开的文件即可。
>
> 批处理适用于大批量图像执行类似的操作。例如，要对成百上千张数码照片更改颜色、放大或缩小，此时使用批处理命令就能节省大量的时间。

10.3.2 创建快捷批处理

快捷批处理可以看作用来批处理动作的一个快捷方式。动作是创建快捷批处理的基础。在创建快捷批处理之前，必须在"动作"面板中创建所需要的动作。下面详细介绍创建快捷批处理的操作方法。

素材文件	第 10 章\蜡烛.jpg	效果文件	第 10 章\创建快捷批处理.exe

STEP 01 单击"创建快捷批处理"命令

单击菜单栏中的"文件"|"自动"|"创建快捷批处理"命令，如下图所示。

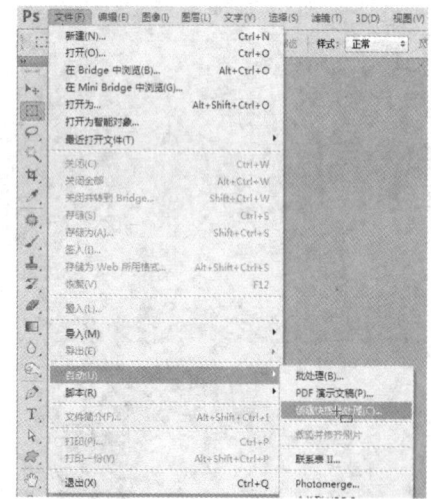

STEP 02 设置"创建快捷批处理"选项

执行操作后，即会弹出"创建快捷批处理"对话框，在"播放"选项区中设置"组"为"图像效果"、"动作"为"仿旧照片"，如下图所示。

STEP 03 设置"存储"选项

单击"选择"按钮，弹出"存储"对话框，在该对话框中设置快捷处理的存储位置与名称，如下图所示。

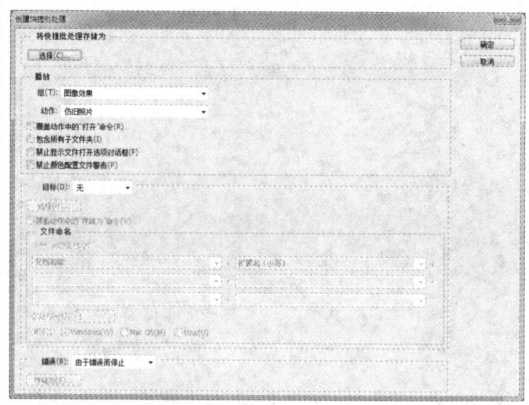

第 10 章　高效修图：运用动作自动化处理

STEP 04 返回"创建快捷批处理"对话框

单击"保存"按钮，返回"创建快捷批处理"对话框，在"选择"按钮右边显示将会创建"创建快捷批处理.exe"文件，如下图所示。

STEP 06 使用执行文件

选择准备批处理的文件或文件夹，直接拖曳至快捷批处理执行文件的图标上，如下图所示。

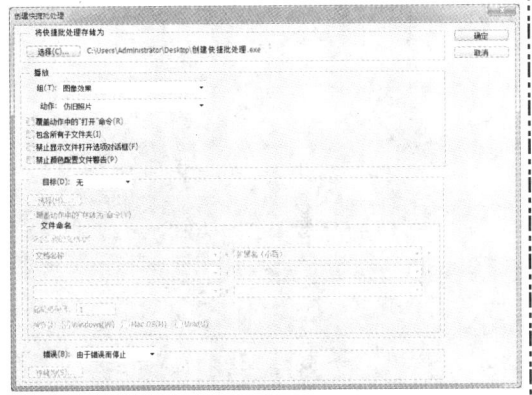

STEP 05 创建执行文件

单击"确定"按钮，即可在电脑中创建快捷批处理执行文件，如下图所示。

STEP 07 执行"批处理"操作

释放鼠标后，执行文件将会自动启动 Photoshop CS6 软件，打开所需要处理的图像文件，然后对其执行"批处理"操作，效果如下图所示。

专家指点

Photoshop CS6 所创建的"快捷批处理"执行文件不能直接双击打开，在文件图标上双击鼠标左键时，只会启动 Photoshop CS6 软件，并不能执行"批处理"操作。

10.3.3 裁剪并修齐照片

在扫描图片时，如果同时扫描了多张图像，用户可以通过使用"裁剪并修齐照片"命令将扫描的图片从大图像中分割出来，并生成单独的图像文件。如果扫描出了一张倾斜的图像，用户也可以通过使用"裁剪并修齐照片"命令将扫描的图像修齐。

| 素材文件 | 第 10 章\微笑.jpg | 效果文件 | 第 10 章\微笑.jpg |

STEP 01 打开素材

按【Ctrl+O】组合键，打开一幅素材图像，如下图所示。

STEP 02 自动裁剪并修齐图像

单击菜单栏中的"文件"|"自动"|"裁剪并修齐照片"命令，如下图所示。

STEP 03 自动裁剪并修齐图像

执行操作后，软件即可自动裁剪并修齐图像，效果如下图所示。

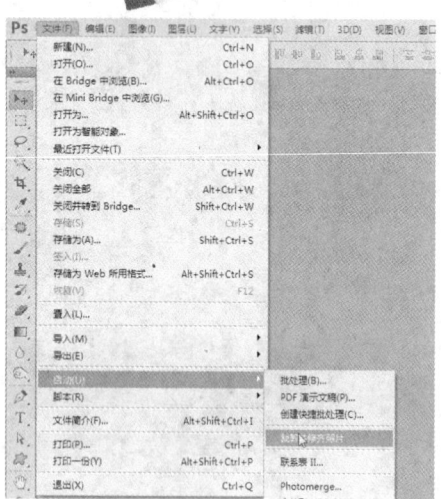

专家指点

使用"裁剪并修齐照片"命令可以将一次扫描的多个图像分成多个单独的图像文件，但应该注意以下两点：

✿ 扫描的多个图像之间应该保持1/8英寸的间距。

✿ 扫描背景应该是均匀的单色。

10.3.4 Photomerge

Photoshop 提供了一系列可以自动处理照片的命令，通过这些命令可以合并全景照片、裁剪照片、限制图像的尺寸和自动对齐图层等。

| 素材文件 | 第 10 章\风景 1.jpg、风景 2.jpg 等 | 效果文件 | 第 10 章\风景全景图.jpg |

STEP 01 打开素材

按【Ctrl+O】组合键，打开 3 幅素材图像，如下图所示。

STEP 02 单击 Photomerge 命令

单击菜单栏中的"文件"|"自动"|Photomerge 命令，如下图所示。

STEP 03 设置 Photomerge 选项

弹出 Photomerge 对话框，单击"添加打开的文件"按钮，将打开的 3 幅素材图像添加到 Photomerge 对话框中，选中"调整位置"单选按钮，如下图所示。

STEP 04 生成全景图像

单击"确定"按钮，即可生成全景图像，效果如下图所示。

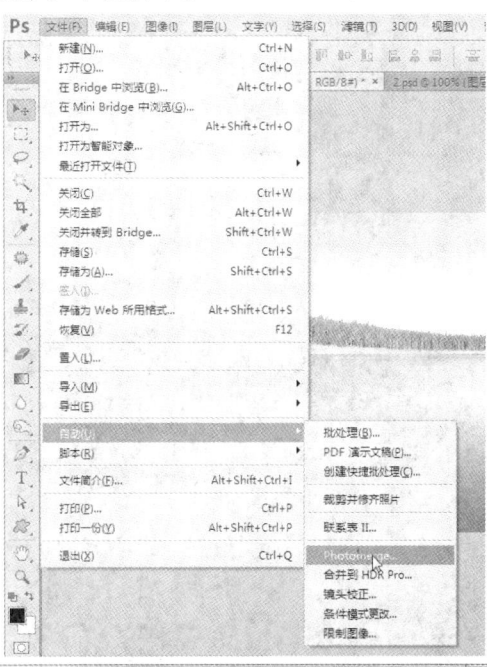

用于合成全景图的各张照片要有一定的重叠内容，Photoshop 需要识别这些重叠的部分才能拼接照片。一般来说，重叠处应该占照片的 10%～15%。

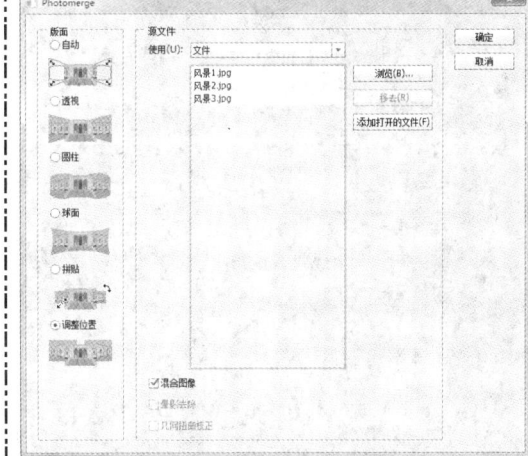

10.3.5 合并到 HDR

HDR 是 High Dynamic Range（高动态范围）的简称，是通过合成多幅以不同曝光度拍摄的同一场景或同一人物的照片而创建的高动态范围图片，主要用于影片、特殊效果、3D 作品及某些高端图片。

| 素材文件 | 第 10 章\a.jpg、b.jpg、c.jpg、d.jpg | 效果文件 | 第 10 章\HDR 合成.psd |

STEP 01 打开素材

按【Ctrl+O】组合键,打开4幅素材图像,如下图所示。

STEP 02 弹出"合并到 HDR Pro"对话框

单击菜单栏中的"文件"|"自动"|"合并到 HDR Pro"命令,弹出"合并到 HDR Pro"对话框,如下图所示。

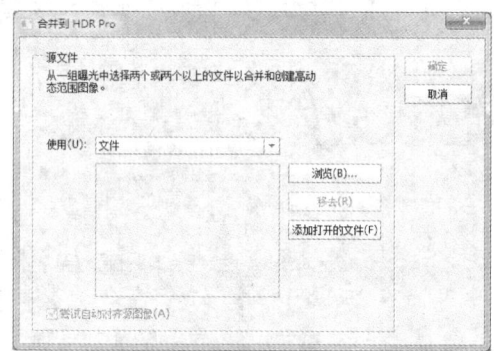

STEP 03 "手动设置曝光值"对话框

单击"添加打开的文件"按钮,将打开的4幅素材图像添加到对话框中,单击"确定"按钮,弹出"手动设置曝光值"对话框,如下图所示。

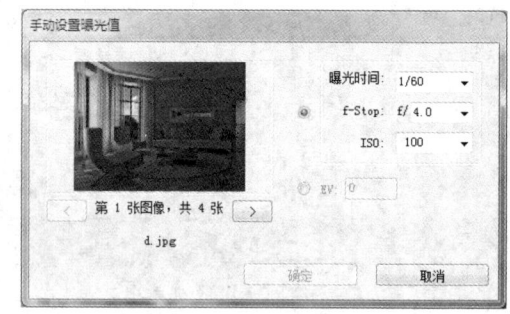

STEP 04 弹出"合并到 HDR Pro"对话框

分别单击<和>按钮切换图像,然后设置所有图像 ISO 为 100,并单击"确定"按钮,返回"合并到 HDR Pro"对话框,如下图所示。

第 10 章　高效修图：运用动作自动化处理

> **专家指点**
> HDR 图像在高光区域、阴影区域都能很好地显示出图像的细节和层次，清晰度也很高。一般 HDR 图像是采用 32 位/通道计算的，而 LDR（低动态范围）图像基本是采用 8 位/通道计算的。

STEP 05　合成图像

设置各选项参数，然后单击"确定"按钮，即可将 4 幅曝光不同的图像进行合成，效果如下图所示。

10.3.6　条件模式更改

运用"条件模式更改"命令可根据图像原来的模式将图像的颜色模式更改为用户指定的模式。下面介绍运用"条件模式更改"命令更改图像模式的操作方法。

| 素材文件 | 第 10 章\长城.jpg | 效果文件 | 第 10 章\长城.jpg |

STEP 01　打开素材

按【Ctrl＋O】组合键，打开一幅素材图像，如下图所示。

STEP 02　单击"条件模式更改"命令

单击菜单栏中的"文件"|"自动"|"条件模式更改"命令，如下图所示。

STEP 03　"条件模式更改"对话框

弹出"条件模式更改"对话框，设置各选项参数，如下图所示。

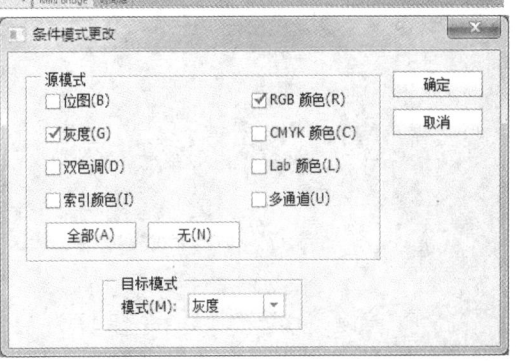

STEP 04　弹出提示信息框

单击"确定"按钮，弹出提示信息框，如下图所示。

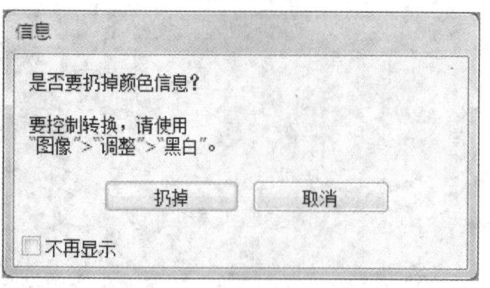

STEP 05 更改图像的条件模式

单击"扔掉"按钮，即可更改图像的条件模式，效果如下图所示。

10.3.7 限制图像

"限制图像"命令可以将图像调整在一定像素范围内，一般与"批处理"命令共同使用，用于将大量图片处理成一定大小。

| 素材文件 | 第 10 章\踢球.jpg、起跳.jpg | 效果文件 | 第 10 章\踢球.jpg、起跳.jpg |

STEP 01 打开素材

按【Ctrl+O】组合键，打开两幅素材图像，如下图所示。

STEP 02 查看图像大小

切换至"踢球"图像编辑窗口，单击"图像"|"图像大小"命令，弹出"图像大小"对话框，如下图所示。

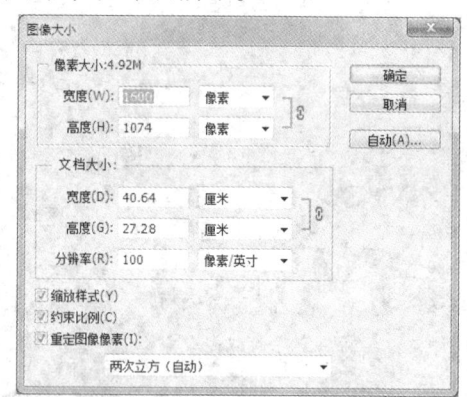

STEP 03 单击"限制图像"命令

单击"确定"按钮，单击菜单栏中的"文件"|"自动"|"限制图像"命令，如下图所示。

STEP 04 设置"限制图像"选项

弹出"限制图像"对话框，设置"宽度"与"高度"均为 1200 像素，如下图所示。

STEP 05 查看图像大小

单击"确定"按钮，即可限制图像大小，按【Ctrl+Alt+I】组合键，弹出"图像大

第 10 章　高效修图：运用动作自动化处理

小"对话框，从中可见素材图像的宽度被限制在设定值，如下图所示。

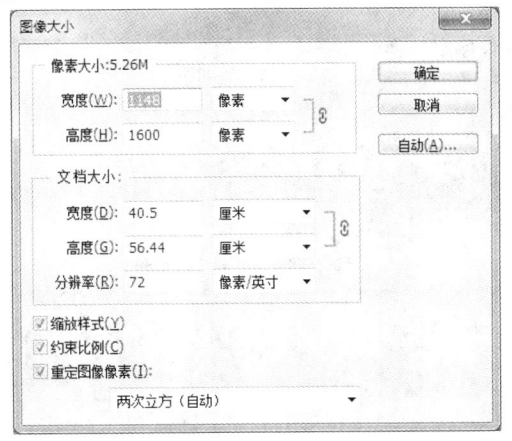

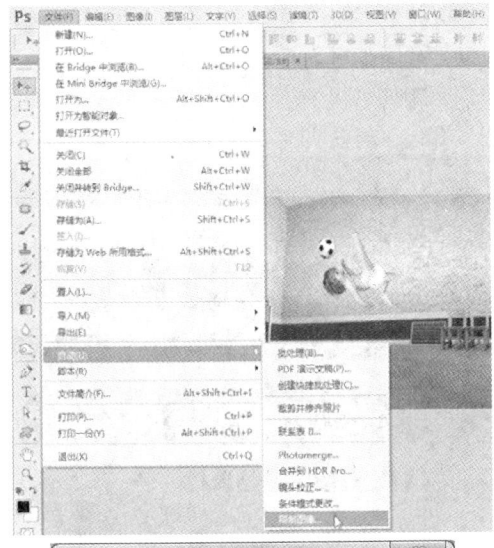

STEP 07　限制图像

单击菜单栏中的"文件"｜"自动"｜"限制图像"命令，弹出"限制图像"对话框，设置"宽度"与"高度"均为1200像素，如下图所示。

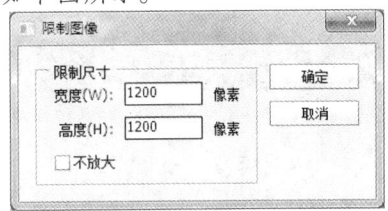

STEP 08　查看图像大小

单击"确定"按钮，即可限制图像大小，按【Ctrl + Alt + I】组合键，弹出"图像大小"对话框，从中可见素材图像的高度被限制在设定值，如下图所示。

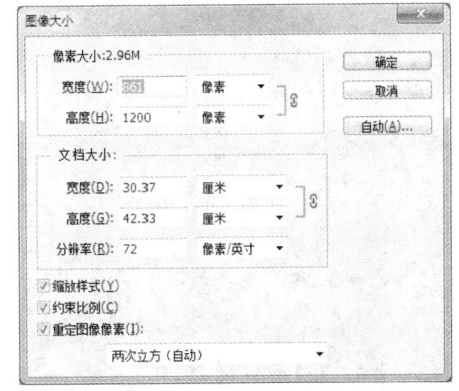

STEP 06　查看图像大小

单击"确定"按钮，切换至"起跳"图像编辑窗口，按【Ctrl + Alt + I】组合键，弹出"图像大小"对话框，如下图所示。

专家指点

由两幅图像的比较可知，与直接从"图像大小"对话框中调整图像大小相比，"限制图像"命令更有利于处理大量不同长宽比例的图像，方便用户进行批处理操作。

Chapter 11

章前知识导读

用户在制作完成图像效果之后，有时需要以印刷品的形式输出图像，这就需要将其打印输出。在对图像进行打印输出之前，用户可以根据需要设置不同的打印选项参数，以更加合适的方式打印输出图像。

后期处理：打印与输出图像文件

重点知识索引

▶ 优化图像选项　　　　　　　　▶ 设置图像输出属性
▶ 图像印前的准备工作

效果图片赏析

第 11 章 后期处理：打印与输出图像文件

11.1 优化图像选项

在针对 Web 和其他联机介质准备输出图像时，通常需要在图像显示品质和图像文件大小之间加以折中，所以就需要优化图像。

11.1.1 优化 GIF 和 PNG-8 格式

GIF 是用于压缩具有单调颜色和清晰细节的图像（如艺术线条、徽标或带文字的插图）的标准格式。

与 GIF 格式一样，PNG-8 格式也可以有效地压缩纯色区域，同时保留清晰的细节。

在"存储为 Web 所用格式"对话框右侧的列表框中选择 GIF 选项，即可显示它的优化选项，如下图所示。

在"存储为 Web 所用格式"对话框右侧的列表框中选择 PNG-8 选项，即可显示它的优化选项，如下图所示。

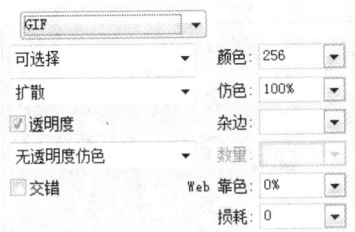　　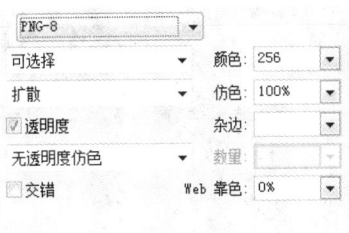

　　　选择 GIF 选项　　　　　　　　　　　选择 PNG-8 选项

在 GIF 与 PNG-8 选项面板中，各主要选项的含义如下：

- "颜色"下拉列表框：指定用于生成颜色查找表的方法，以及要在颜色查找表中使用的颜色数量。
- "仿色"下拉列表框：确定应用程序仿色的方法和数量。"仿色"是指模拟计算机的颜色显示系统中未提供的颜色的方法，较高的仿色百分比使图像中出现更多的颜色和更多的细节，但同时也会增大文件的大小。
- "透明度"复选框/"杂边"下拉列表框：确定如何优化图像中的透明像素。要使完全透明的像素透明并将部分透明的像素与一种颜色相混合，可选中"透明度"复选框，然后选择一种杂边颜色。
- "交错"复选框：当图像文件正在下载时，在浏览器中会先显示图像的低分辨率版本，使下载时间感觉更短，但也会增加文件大小。
- "Web 靠色"下拉列表框：指定将颜色转换为最接近的 Web 调板等效颜色的容差级别（并防止颜色在浏览器中进行仿色），该值越大，转换的颜色就越多。
- "损耗（仅限于 GIF）"下拉列表框：通过有选择地扔掉数据来减小文件大小。较高的"损耗"设置会导致更多数据被扔掉。"损耗"下拉列表框可将文件大小减小 5%～40%。

> **专家指点**
>
> 减少颜色数量通常可以减小图像的文件大小，同时保持图像品质。使用最多 256 种颜色，可以在颜色表中添加和删除颜色，将所选颜色转换为 Web 安全颜色，并锁定所选颜色以防止意外从调板中删除它们。

| 素材文件 | 第 11 章\蛋糕.jpg | 效果文件 | 第 11 章\蛋糕.gif、蛋糕.png |

STEP 01 打开素材

按【Ctrl + O】组合键，打开一幅素材图像，如下图所示。

STEP 02 "存储为 Web 所用格式"命令

单击菜单栏中的"文件"|"存储为 Web 所用格式"命令，如下图所示。

STEP 03 设置保存格式

执行操作后，在弹出的"存储为 Web 所用格式"对话框中，设置保存格式为 GIF，如下图所示。

STEP 04 设置存储选项

单击"存储"按钮，弹出"将优化结果存储为"对话框，设置各选项，如下图所示。

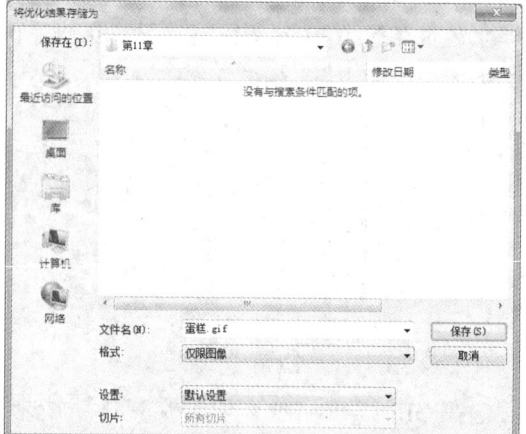

STEP 05 优化图像

单击"保存"按钮，弹出提示信息框（如下图所示），单击"确定"按钮，即可优化图像。

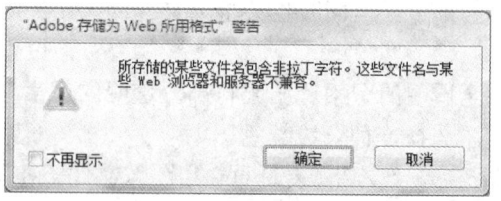

> **专家指点**
>
> PNG-8 和 GIF 文件支持 8 位颜色，因此它们可以显示多达 256 种颜色，确定使用哪些颜色的过程称为建立索引，因此 GIF 和 PNG-8 格式图像有时也称为索引颜色图像。为了将图像转换为索引颜色，要构建颜色查找表来保存图像中的颜色，并为这些颜色建立索引。如果原始图像中的某种颜色未出现在颜色查找表中，应用程序将在该表中选取最接近的颜色，或使用可用颜色的组合模拟该颜色。

第 11 章 后期处理：打印与输出图像文件

> **专家指点**
>
> Web 图形格式可以是位图（栅格）或者矢量图。
> ● 位图格式（GIF、JPEG、PNG 和 WBMP）与分辨率有关，这意味着位图图像的尺寸随显示器分辨率的不同而发生变化，图像品质也可能会发生变化
> ● 矢量图格式（SVG 和 SWF）与分辨率无关，用户可以对图像进行放大或缩小，而不会降低图像品质。矢量图格式也可以包含栅格数据，可以从"存储为 Web 所用格式"对话框中将图像导出为 SVG 和 SWF（仅限在 Adobe Illustrator 中）。

STEP 06 设置保存格式

单击菜单栏中的"文件"|"存储为 Web 所用格式"命令，在弹出的"存储为 Web 所用格式"对话框中，设置保存格式为 PNG-8，如下图所示。

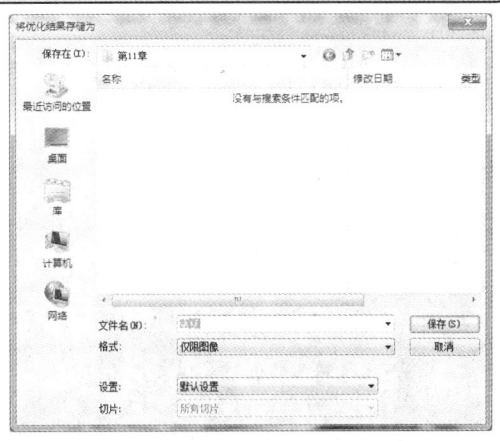

STEP 08 优化图像

单击"保存"按钮，弹出提示信息框，如下图所示，单击"确定"按钮，即可优化图像。

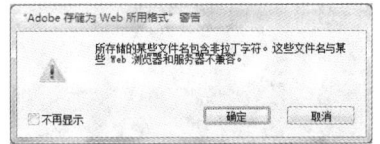

STEP 07 设置存储选项

单击"存储"按钮，弹出"将优化结果存储为"对话框，设置各选项，如下图所示。

> **专家指点**
>
> PNG 格式图片因其高保真性、透明性及文件体积较小等特性，被广泛应用于网页设计、平面设计中。与 PNG 格式相比较，GIF 格式文件虽然文件较小，但其颜色失色严重，不尽人意，所以 PNG 格式文件自诞生之日起就大行其道。

11.1.2 优化 JPEG 格式

JPEG 是用于压缩连续色调图像（如照片）的标准格式。将图像优化为 JPEG 格式的过程依赖于有损压缩，它会有选择性地扔掉部分数据。

在"存储为 Web 所用格式"对话框右侧的列表框中选择"JPEG 高"选项，即会显示它的优化选项，如右图所示。

在 JPEG 选项面板中，各主要选项的含义如下：

● "品质"下拉列表框：确定压缩程度，包括"低"、"中"、"高"、"非常高"和"最佳"5 种选项。"品质"设置越高，压缩算法保留的细节越多。但使用高"品质"设置比使用低"品质"设置生成的文件有更大的体积。

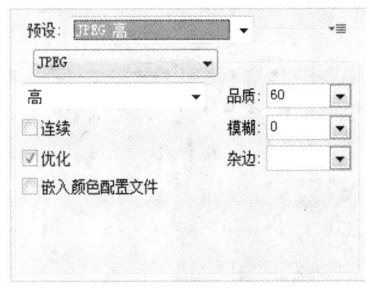

选择"JPEG 高"选项

◈ "连续"复选框：在 Web 浏览器中以渐进方式显示图像，图像将显示为叠加图形，从而使浏览者能够在图像完全下载前查看它的低分辨率版本。

◈ "优化"复选框：创建文件大小稍小的增强 JPEG，要最大限度地压缩文件，建议使用优化的 JPEG 格式（某些旧版浏览器不支持此功能）。

◈ "嵌入颜色配置文件"复选框：在优化文件中保存颜色配置文件，某些浏览器使用颜色配置文件进行颜色校正。

◈ "模糊"下拉列表框：指定应用于图像的模糊量。"模糊"选项应用与"高斯模糊"滤镜具有相同的效果，并允许进一步压缩文件以获得更小的文件（建议使用 0.1～0.5 之间的设置值）。

◈ "杂边"下拉列表框：JPEG 不支持透明像素，所以需要为在原始图像中透明的像素指定一个填充颜色。单击"杂边"色板以在拾色器中选择一种颜色，或者从"杂边"菜单中选择一个选项："吸管颜色"（使用吸管样本框中的颜色）、"前景色"、"背景色"、"白色"、"黑色"或"其他"（使用拾色器）。

> **专家指点**
>
> JPEG 是最常用的一种图像文件格式，它属于有损压缩格式，会造成图像数据的丢失。但是 JPEG 压缩技术十分先进，它用有损压缩方式去除冗余的图像数据，在获得极高的压缩率的同时能展现十分丰富生动的图像。而且 JPEG 格式压缩的主要是高频信息，对色彩的信息保留较好，适合应用于互联网，可减少图像的传输时间，可以支持 24bit 真彩色，也普遍应用于需要连续色调的图像。

| 素材文件 | 第 11 章\快乐.jpg | 效果文件 | 第 11 章\快乐.jpg |

STEP 01 打开素材

按【Ctrl+O】组合键，打开一幅素材图像，如下图所示。

STEP 02 设置保存格式

单击菜单栏中的"文件"|"存储为 Web 所用格式"命令，在弹出的"存储为 Web 所用格式"对话框中，设置保存格式为 JPEG，如下图所示。

STEP 03 设置"文件名"

单击"存储"按钮，弹出"将优化结果存储为"对话框，设置"文件名"为"快乐"，如下图所示。

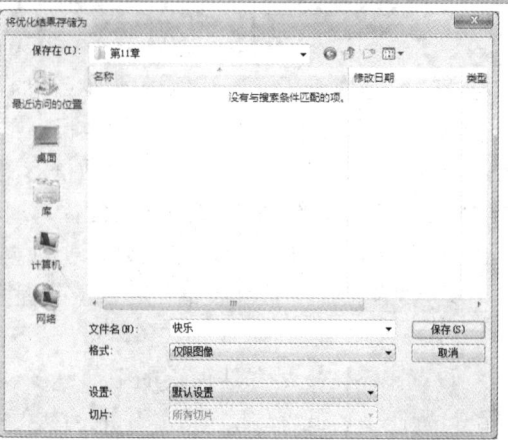

第 11 章　后期处理：打印与输出图像文件

STEP 04　优化图像

单击"保存"按钮，弹出信息提示框，如下图所示，单击"确定"按钮，即可优化图像。

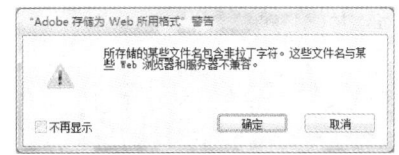

> **专家指点**
>
> 由于以 JPEG 格式存储文件时会丢失图像数据，因此，如果准备对文件进行进一步编辑或创建额外的 JPEG 版本，最好以原始格式（如 Photoshop.psd）存储源文件。

11.1.3　优化 PNG-24 格式

PNG-24 适合于压缩连续色调图像，优点在于可在图像中保留多达 256 个透明度级别，但它所生成的文件比 JPEG 格式生成的文件要大得多。

在"存储为 Web 所用格式"对话框右侧的列表框中选择 PNG-24 选项，即会显示它的优化选项，如右图所示。

在 PNG 选项面板中，各主要选项的含义如下：

- "透明度"复选框和"杂边"下拉列表框：确定如何优化图像中的透明像素。与优化 GIF 和 PNG-8 图像中的透明度同理，在优化图像的同时会给图像添加杂边。

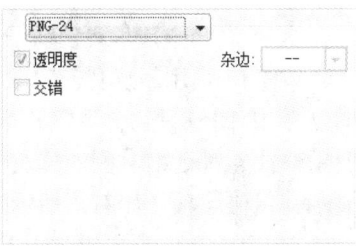

选择"PNG-24"选项

- "交错"复选框：当图像文件正在下载时，在浏览器中会先显示图像的低分辨率版本，使下载时间感觉很短，但也会增加文件大小。

| 素材文件 | 第 11 章\蔬果.jpg | 效果文件 | 第 11 章\蔬果.jpg |

STEP 01　打开素材

按【Ctrl+O】组合键，打开一幅素材图像，如下图所示。

如下图所示。

STEP 02　设置保存格式

单击菜单栏中的"文件"|"存储为 Web 所用格式"命令，弹出"存储为 Web 所用格式"对话框，设置保存格式为 PNG-24，如下图所示。

STEP 03　设置存储选项

执行操作后，单击"存储"按钮，弹出"将优化结果存储为"对话框，设置各选项，

STEP 04 优化图像

单击"保存"按钮,弹出提示信息框,如下图所示,单击"确定"按钮,即可优化图像。

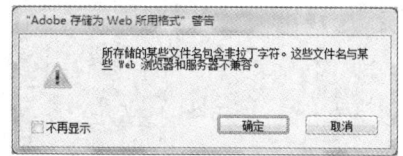

> **专家指点**
>
> PNG-8 与 PNG-24 的区别如下:
> ✿ PNG-8 有 1 位的布尔透明通道(要么完全透明,要么完全不透明),PNG-24 则有 8 位(256 阶)的布尔透明通道(所谓半透明)。
> ✿ PNG-8 的颜色模式是索引颜色,只支持像素级的纯透明,不支持 Alpha 透明。
> ✿ PNG-8 最高支持 256 色,PNG-24 支持 48 位真彩色。

11.1.4 优化 WBMP 格式

WBMP 是用于优化移动设备(如移动电话)图像的标准格式。WBMP 支持 1 位颜色,即 WBMP 图像只包含黑色和白色像素。在"存储为 Web 所用格式"对话框右侧的列表框中选择 WBMP 选项,即会显示其优化选项,如右图所示。

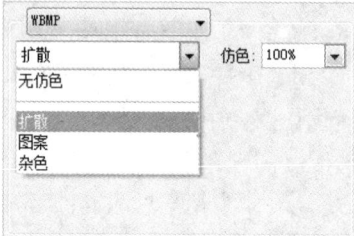

选择 WBMP 选项

在 WBMP 选项面板中,各主要选项的含义如下:

✿ "无仿色"选项:不应用仿色,同时用纯黑和纯白像素渲染图像。

✿ "扩散"选项:应用与"图案"仿色相比,通常不太明显的随机图案,仿色效果在相邻像素间扩散。

✿ "图案"选项:应用类似半调的方块图案来确定像素值。

✿ "杂色"选项:应用与"扩散"仿色相似的随机图案,但不在相邻像素间扩散图案,使用该算法时不会出现接缝。

素材文件	第 11 章\烛光.jpg	效果文件	第 11 章\烛光.wbm

STEP 01 打开素材

按【Ctrl + O】组合键,打开一幅素材图像,如下图所示。

STEP 02 设置保存格式

单击菜单栏中的"文件"|"存储为 Web 所用格式"命令,在弹出的"存储为 Web 所用格式"对话框中,设置保存格式为 WBMP,如下图所示。

STEP 03 设置存储选项

单击"存储"按钮,弹出"将优化结果存储为"对话框,设置各选项,如下图所示。

第 11 章　后期处理：打印与输出图像文件

STEP 04 优化图像

单击"保存"按钮，弹出信息提示框，如下图所示，单击"确定"按钮，即可优化图像。

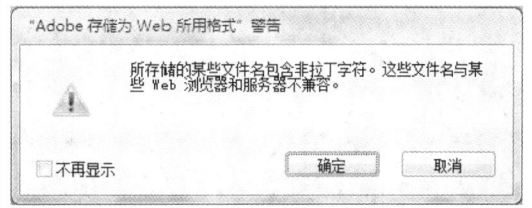

❓ 专家指点

图像转换为 WBMP 格式后，颜色只有黑白两色，且失真大，唯一的好处就是图片文件会变小很多，适合用于空间限制较大的移动设备。

11.2 图像印前的准备工作

在图像输出前，为了获得高质量、高水准的作品，除了进行精心设计与制作外，还应了解一些关于打印的基本知识，这样才能使打印工作更顺利地完成。本节主要介绍转换文件存储格式、转换图像色彩模式、检查图像的分辨率、安装打印机驱动以及添加打印机等内容。

11.2.1　转换文件存储格式

作品制作完成后，可以根据需要将图像存储为相应的格式。例如，用于观看的图像，可将其存储为 JPGE 格式；用于印刷的图像，则可将其存储为 TIFF 格式。

当用户需要转换文件存储格式时，可以使用"存储为"命令。

STEP 01 选择 TIFF 格式

单击"文件"|"存储为"命令，弹出"存储为"对话框，然后单击"格式"右侧的下拉按钮，在弹出的下拉列表中选择目标格式，如 TIFF 格式，如下图所示。

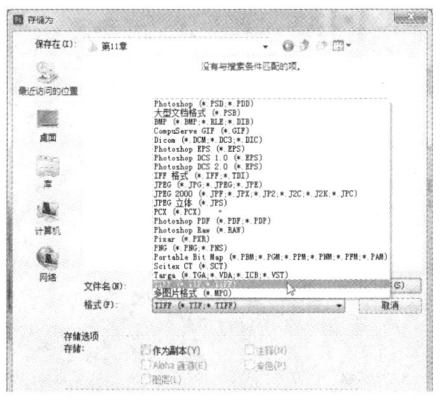

STEP 02 "TIFF 选项"对话框

单击"保存"按钮，即会弹出"TIFF 选项"对话框（如下图所示），设置所需参数后，单击"确定"按钮，即可将文件存储为 TIFF 格式。

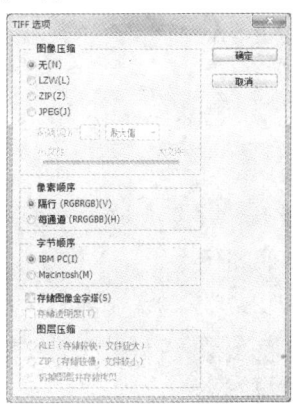

> **专家指点**
>
> TIFF 格式是印刷行业标准的图像格式，几乎所有的图像处理软件和排版软件都对该格式提供了很好的支持，因此，其广泛应用于程序和计算机平台之间进行图像数据交换。

11.2.2 转换图像色彩模式

用户在设计作品的过程中要考虑作品的用途和输出方式，不同的输出方式要求所设置的色彩模式也不同。例如，输出至电视设备中供观看的图像，必须经过"NTSC 颜色"滤镜等颜色较正工具进行校正后，才能在电视上正常显示。用户可以利用 Photoshop CS6 将图像转化为 CMYK 色彩模式以供印刷制版，具体操作方法如下：

| 素材文件 | 第 11 章\画笔.jpg | 效果文件 | 第 11 章\画笔.jpg |

STEP 01 打开素材

按【Ctrl+O】组合键，打开一幅素材图像，如下图所示。

STEP 02 弹出提示信息框

单击菜单栏中的"图像"|"模式"|"CMYK 颜色"命令，弹出提示信息框，如下图所示。

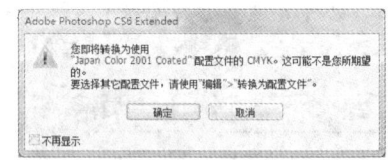

STEP 03 转换为 CMYK 模式

单击"确定"按钮，即可将 RGB 模式的图像转换成 CMYK 模式，如下图所示。

11.2.3 检查图像的分辨率

用户为确保印刷的图像清晰，在印刷图像之前，需检查图像的分辨率。

用户可以根据需要，单击菜单栏中的"图像"|"图像大小"命令，弹出"图像大小"对话框，即可查看"分辨率"参数，如果图像不清晰，则需要设置高分辨率参数，具体操作方法如下：

| 素材文件 | 第 11 章\雄狮.jpg | 效果文件 | 无 |

STEP 01 打开素材

按【Ctrl+O】组合键，打开一幅素材图像，如下图所示。

STEP 02 查看图像大小

单击"图像"|"图像大小"命令，弹出"图像大小"对话框，如下图所示。

STEP 03 调整图像分辨率

设置"分辨率"为印刷用的 300 像素/英寸，会使图像的印刷效果更佳，如下图所示。

第 11 章　后期处理：打印与输出图像文件

专家指点

图像分辨率并不是越高越好，应视其用途而定，屏幕显示的分辨率一般为 72dpi，打印的分辨率一般为 150dpi，印刷的分辨率一般为 300dpi。

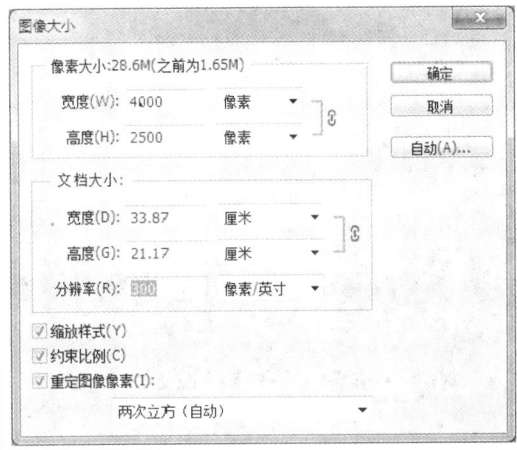

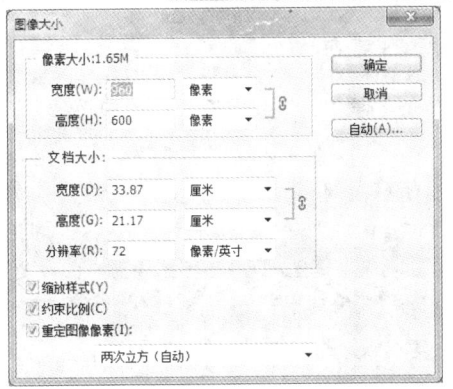

专家指点

色域范围是指颜色系统可以显示或打印的颜色范围。用户可以在将图像转换为 CMYK 模式之前，识别图像中的溢色或手动进行校正，使用"色域警告"命令来高亮显示溢色。

11.2.4　安装打印机驱动

在日常工作中，打印机是必不可少的办公设备。随着科技的进步，无纸化作业离用户越来越近，打印机的作用也随之日益凸显，打印机在计算机配合下，可以实现文档、图纸、照片、报表等多种图文内容的输出。

安装打印机驱动是使用打印机前必须执行的操作，无论用户使用的是网络打印机还是本地打印机，都需要安装打印机驱动程序。下面以 HP1020 打印机为例，介绍安装打印机驱动的操作方法。

STEP 01 启动驱动程序

打开"打印机驱动程序 HP1020"文件夹，找到 SETUP.EXE 图标 hp，单击鼠标右键，在弹出的快捷菜单中选择"打开"选项，如下图所示。

STEP 02 弹出"欢迎"对话框

弹出"欢迎"对话框，欢迎用户使用该打印机，单击"下一步"按钮，如下图所示。

STEP 03 显示"最终用户许可协议"

弹出"最终用户许可协议"对话框，请用户仔细阅读许可协议内容，单击"是"按钮，如下图所示。

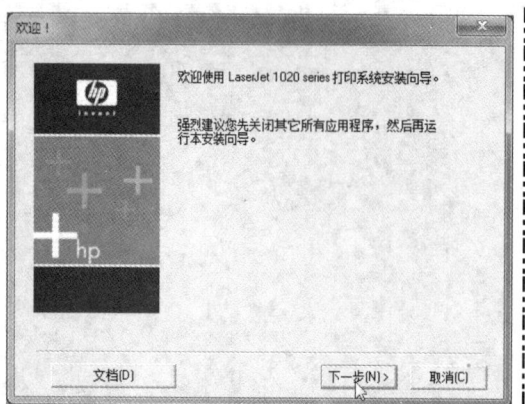

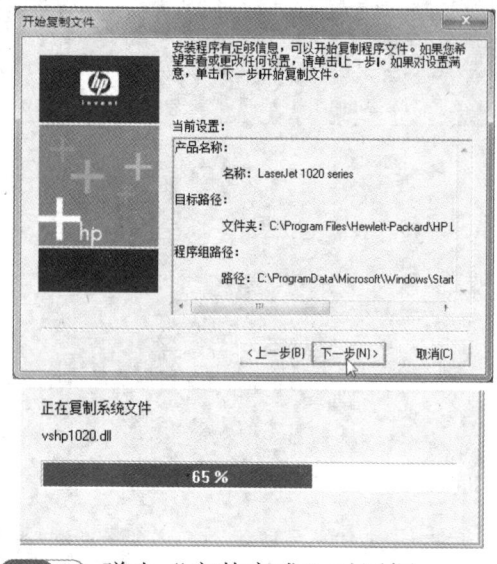

STEP 07 弹出"安装完成"对话框

稍等片刻,弹出"安装完成"对话框,选中相应复选框,单击"完成"按钮,如下图所示。

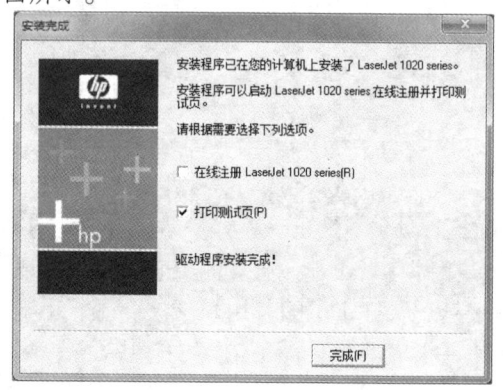

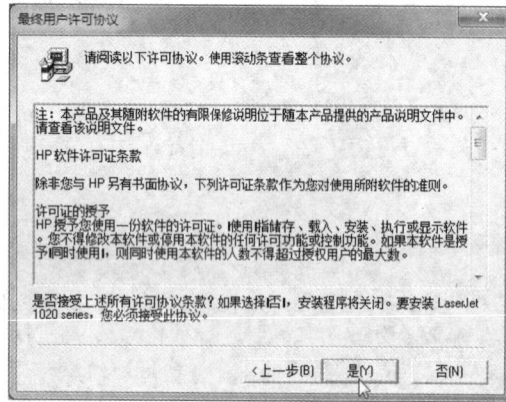

STEP 04 选择打印机的型号

弹出"型号"对话框,选择打印机的型号,单击"下一步"按钮,如下图所示。

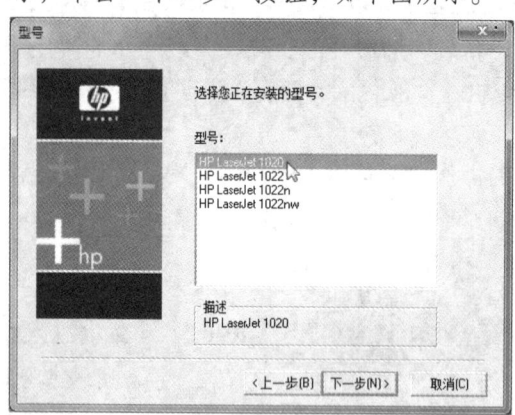

STEP 05 显示打印机设置

弹出"开始复制文件"对话框,在列表框中显示了当前打印机的相关设置,单击"下一步"按钮,如下图所示。

STEP 06 显示复制进度

开始复制系统文件,并显示复制进度,如下图所示。

STEP 08 完成安装

进入相应页面,其中显示了打印机的相关信息(如下图所示),单击"确定"按钮,完成打印机驱动程序的安装。

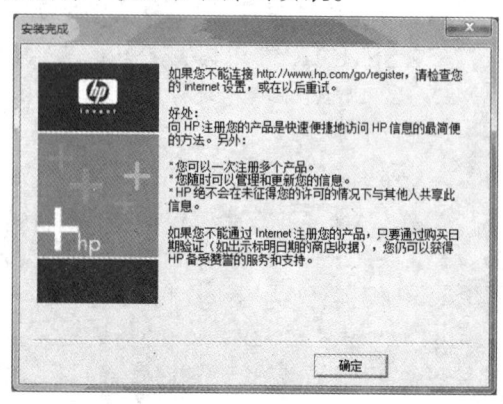

第 11 章 后期处理：打印与输出图像文件

11.2.5 添加打印机

个人用户可以通过安装和设置本地打印机来满足打印需要；而网络用户不但可以安装和设置本地打印机，而且还可以通过安装和设置网络打印机来完成打印。下面介绍添加打印机的操作方法。

STEP 01 "查看设备和打印机"超链接

单击"开始"|"控制面板"命令，打开"控制面板"窗口，在窗口中单击"查看设备和打印机"超链接，如下图所示。

STEP 02 单击"添加打印机"按钮

弹出"设备和打印机"窗口，单击"添加打印机"按钮，如下图所示。

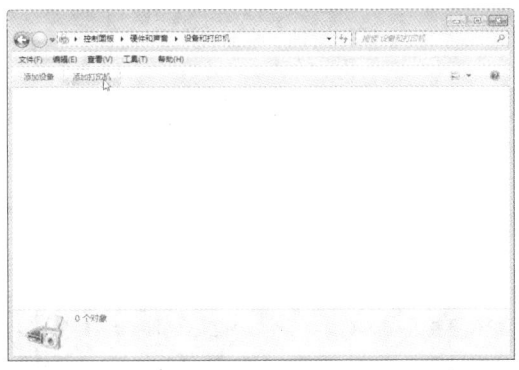

STEP 03 选择"添加本地打印机"选项

弹出"要安装什么类型的打印机"界面，选择"添加本地打印机"选项，如下图所示。

STEP 04 选择打印机端口

弹出"选择打印机端口"界面，选择相应选项，如下图所示。

STEP 05 设置打印机驱动选项

单击"下一步"按钮，弹出"安装打印机驱动程序"界面，在"厂商"列表框中选择 Microsoft 选项，在"打印机"列表框中选择相应选项，如下图所示。

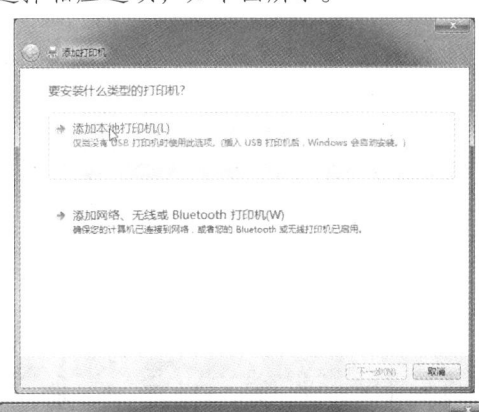

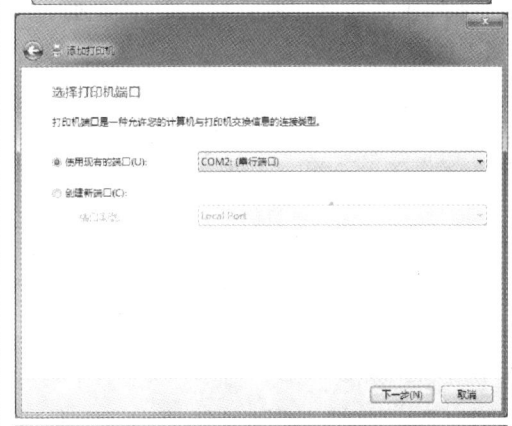

STEP 06 使用已安装的驱动程序

单击"下一步"按钮，弹出"选择要使用的驱动程序版本"界面，选中"使用当前已安装的驱动程序（推荐）"单选按钮，如下图所示。

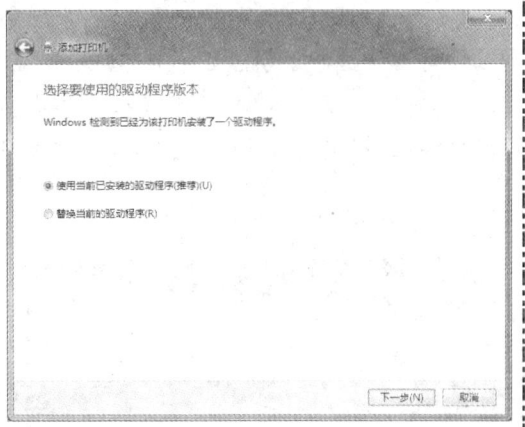

STEP 07 设置打印机名称

单击"下一步"按钮，在弹出的"键入打印机名称"界面中，设置为默认名称，如下图所示。

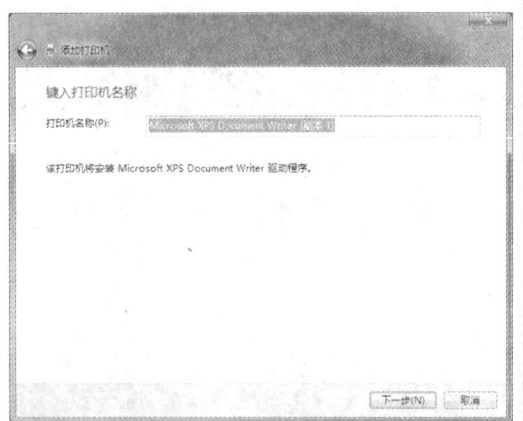

STEP 08 设置共享选项

单击"下一步"按钮，弹出"打印机共享"界面，如果用户不需要在其他电脑上使用该打印机，可以选中"不共享这台打印机"单选按钮，如下图所示。

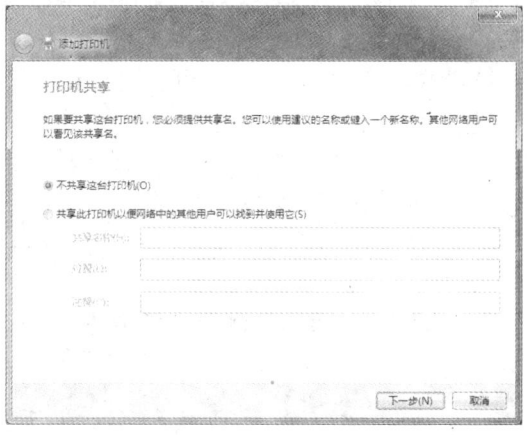

STEP 09 完成添加打印机操作

单击"下一步"按钮，弹出成功添加打印机的界面（如下图所示），单击"完成"按钮，即可完成添加打印机操作。

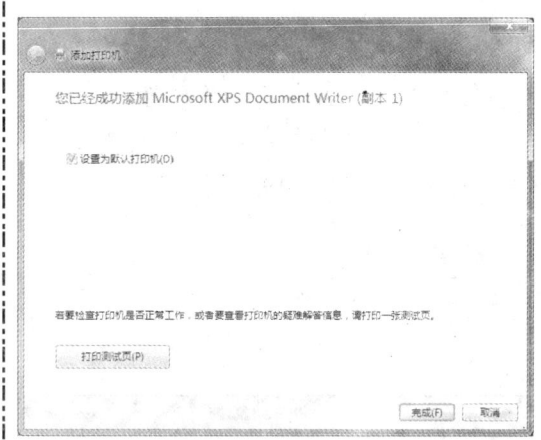

11.3 设置输出属性

在 Photoshop CS6 中，提供了专用的打印选项设置功能，用户可根据不同的工作需求进行合理的设置。

11.3.1 设置输出背景

通过设置输出背景选项，可以设置输出背景效果，其操作方法如下：

| 素材文件 | 第 11 章\玩偶.jpg | 效果文件 | 无 |

STEP 01 打开素材

按【Ctrl + O】组合键，打开一幅素材图像，如下图所示。

STEP 02 单击"背景"按钮

第 11 章　后期处理：打印与输出图像文件

单击菜单栏中的"文件"|"打印"命令，弹出"Photoshop 打印设置"对话框，在该对话框右侧的下拉列表中选择"位置和大小"选项，设置"缩放"为 400%，选择"函数"选项，单击"背景"按钮，如下图所示。

景色）"对话框，设置 RGB 参数值分别为 0、0、0，如下图所示。

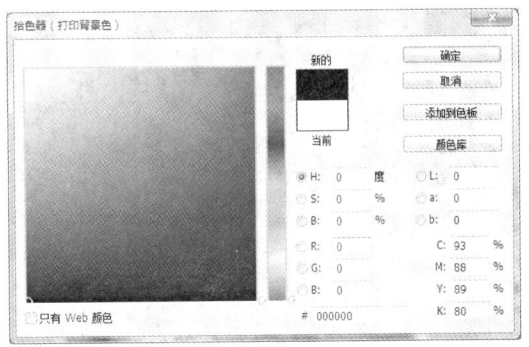

STEP 04　完成输出背景设置

单击"确定"按钮，即可设置输出背景色，如下图所示，单击"完成"按钮，确认操作。

STEP 03　设置打印背景色

执行此操作后，弹出"拾色器（打印背

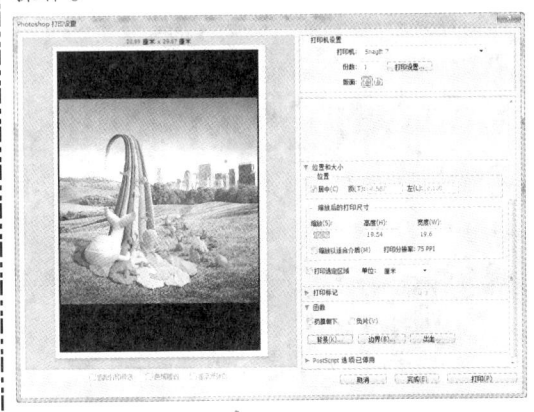

11.3.2　设置出血边

"出血"是指印刷后的作品在经过裁切成为成品的过程中，4 条边上都会被裁剪约 3mm，这个宽度即被称为"血边"。下面介绍设置出血边的操作方法。

| 素材文件 | 第 11 章\玫瑰.jpg | 效果文件 | 无 |

STEP 01　打开素材

按【Ctrl+O】组合键，打开一幅素材图像，如下图所示。

STEP 02　单击"出血"按钮

单击菜单栏中的"文件"|"打印"命令，弹出"Photoshop 打印设置"对话框，在该对话框右侧的下拉列表中选择"函数"选项，单击"出血"按钮，如下图所示。

STEP 03　设置出血边宽度

在弹出的"出血"对话框中，设置"宽度"为 3 毫米，如下图所示。

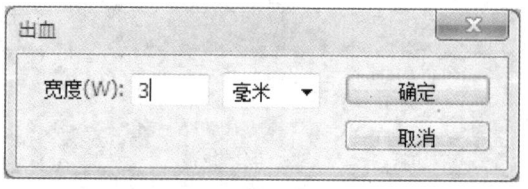

STEP 04 完成出血边设置

单击"确定"按钮,即可设置出血边,单击"完成"按钮,确认打印设置的相关操作,如下图所示。

11.3.3 设置图像边框

通过设置边界选项,打印出来的成品将添加黑色边框,下面介绍设置图像边框的操作方法。

| 素材文件 | 第 11 章\水果.jpg | 效果文件 | 无 |

STEP 01 打开素材

按【Ctrl+O】组合键,打开一幅素材图像,如下图所示。

STEP 02 单击"边界"按钮

单击菜单栏中的"文件"|"打印"命令,弹出"Photoshop 打印设置"对话框,在该对话框右侧的下拉列表中选择"函数"选项,单击"边界"按钮,如下图所示。

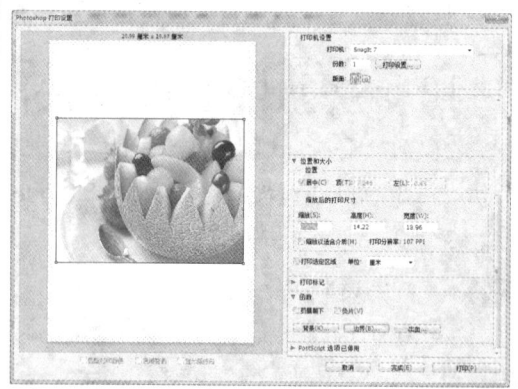

STEP 03 设置边界宽度

在弹出的"边界"对话框中,设置图像边界"宽度"为 3.5 毫米,如下图所示。

STEP 04 完成边界设置

第 11 章　后期处理：打印与输出图像文件

单击"确定"按钮，设置图像边框，单击"完成"按钮，确认操作，如下图所示。

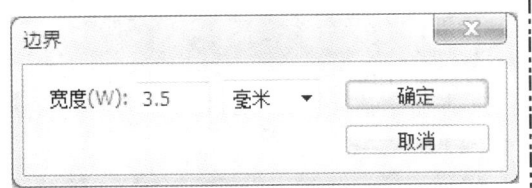

11.3.4　设置打印份数

在 Photoshop CS6 中打印图像时，可以对其设置打印的份数。下面介绍设置打印份数的操作方法。

| 素材文件 | 第 11 章\点心.jpg | 效果文件 | 无 |

STEP 01 打开素材

按【Ctrl+O】组合键，打开一幅素材图像，如下图所示。

STEP 02 "Photoshop 打印设置"对话框

单击菜单栏中的"文件"|"打印"命令，弹出"Photoshop 打印设置"对话框，如下图所示。

STEP 03 设置"份数"选项

在"Photoshop 打印设置"对话框的右侧，在"打印机设置"选项区中，设置"份数"为 2，如下图所示，单击"完成"按钮，即可确认操作。

11.3.5　设置双面打印

双面打印不仅可以节省纸张，还可以节约打印时间，因此双面打印是一种既方便又快捷的打印方法。下面介绍设置双面打印的操作方法。

| 素材文件 | 第 11 章\城堡.jpg | 效果文件 | 无 |

STEP 01 打开素材

按【Ctrl+O】组合键，打开一幅素材图像，如下图所示。

切换至"完成"选项卡，选中"双面打印"复选框，如下图所示。

STEP 02 单击"打印设置"按钮

单击菜单栏中的"文件"|"打印"命令，弹出"Photoshop 打印设置"对话框，单击"打印设置"按钮，如下图所示。

STEP 04 单击"完成"按钮

单击"确定"按钮，返回"Photoshop 打印设置"对话框，单击"完成"按钮，如下图所示，确认操作。

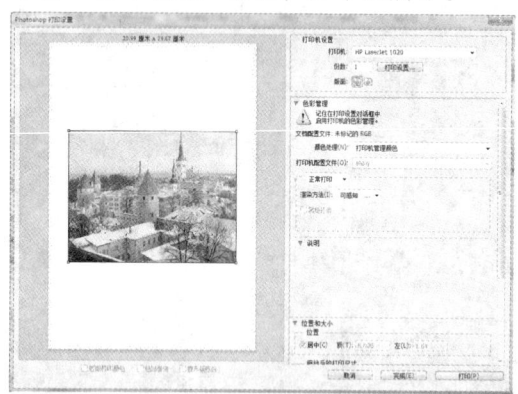

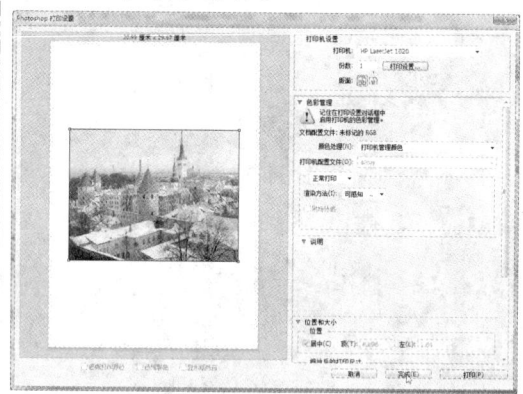

STEP 03 选中"双面打印"复选框

弹出"HP LaserJet 1020 属性"对话框，

11.3.6 预览打印效果

页面设置完成后，用户还需要预览打印效果，以查看图像在打印纸上的位置是否正确。

| 素材文件 | 第 11 章\彩虹路.jpg | 效果文件 | 无 |

STEP 01 打开素材

按【Ctrl+O】组合键，打开一幅素材图像，如下图所示。

STEP 02 预览打印效果

单击菜单栏中的"文件"|"打印"命令，弹出"Photoshop 打印设置"对话框，该对话框左侧是一个图像预览窗口，可以预览打印的效果，如下图所示。

第 11 章 后期处理：打印与输出图像文件

● 读书笔记

Chapter 12

章前知识导读

受拍摄者的技术水平、数码相机的品质以及一系列客观因素的影响，用数码相机拍出来的照片经常会存在一些问题。通过 Photoshop，可以将一张普通的照片处理得很完美，而且还能将其处理为具有艺术风格的照片，或者制作出美丽的奇幻效果。

图像处理：照片精修案例实战

重点知识索引

- 自然风光照片的处理
- 人像照片美容
- 婚纱影像照片处理

效果图片赏析

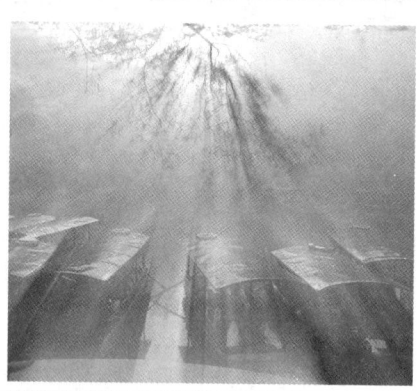

第 12 章　图像处理：照片精修案例实战

12.1　自然风光照片处理

本节主要介绍自然风景照片的处理，通过在 Photoshop CS6 中使用"径向模糊"滤镜，为照片制作光束效果的操作方法。

12.1.1　初步调整照片

在制作照片效果之前，需要先对照片进行初步调整。

| 素材文件 | 第 12 章\风景.jpg | 效果文件 | 第 12 章\风景效果.psd |

STEP 01　打开素材

按【Ctrl+O】组合键，打开一幅素材图像，如下图所示。

STEP 02　展开"图层"面板

单击菜单栏中的"窗口"|"图层"命令，展开"图层"面板，如下图所示。

STEP 03　复制"背景"图层

按【Ctrl+J】组合键，复制"背景"图层，得到"图层 1"图层，如下图所示。

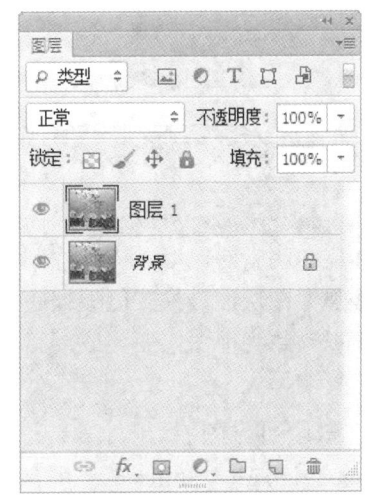

STEP 04　选择"色阶"选项

单击"图层"面板下方的"创建新的填充或调整图层"按钮，在弹出的列表框中选择"色阶"选项，如下图所示。

STEP 05　设置"色阶"参数

展开"属性"面板，设置各选项参数（输入色阶参数依次为 7、0.77、225），此时的图像效果如下图所示。

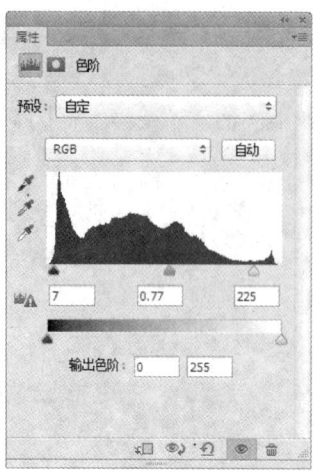

12.1.2 调整照片效果

初步调整照片后,可以利用"高斯模糊"滤镜与"叠加"图层混合模式,增加照片色彩的饱和度和明暗对比度,为照片制作出在光束照射下的景象效果。

"叠加"图层混合模式能根据底层的颜色,将当前图层的像素进行相乘或覆盖。使用该模式可以导致当前图层变亮或变暗。该模式对于中间色较为明显,对于高亮区域或者较暗区域则影响不大。

STEP 01 盖印可见图层

按【Ctrl + Alt + Shift + E】组合键,即可盖印可见图层,得到"图层 2"图层,如下图所示。

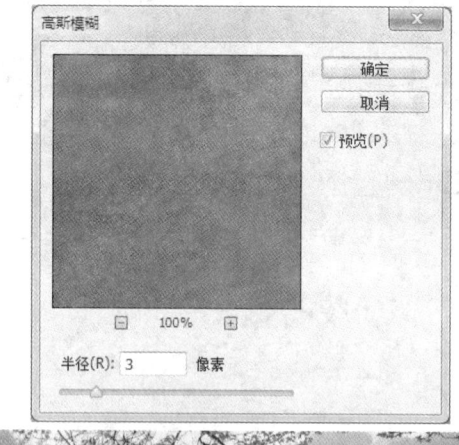

STEP 02 设置"高斯模糊"参数

单击菜单栏中的"滤镜"|"模糊"|"高斯模糊"命令,弹出"高斯模糊"对话框,设置"半径"为 3 像素,如下图所示。

STEP 03 添加模糊效果

单击"确定"按钮,即可添加模糊效果,如下图所示。

第 12 章 图像处理：照片精修案例实战

> **专家指点**
>
> 盖印的作用是将可见图层效果整合到一个新图层中。盖印可见图层与合并可见图层的区别如下：
> - 合并可见图层：该命令会把所有可见图层合并到一起变成新的效果图层，原图层就不存在了。
> - 盖印可见图层：该命令也会把所有可见图层合并到一起，变成新的效果图层，但原来进行操作的图层还存在。也就是说，合并可见图层是把几个图层变成一个图层，而盖印图层是在几个图层的基础上新建一个图层且不影响原来的图层。

STEP 04 设置混合模式

展开"图层"面板，设置"图层 2"的"混合模式"为"叠加"，效果如下图所示。

12.1.3 制作光束效果

完成以上操作后，用户可以使用"径向模糊"滤镜，为照片制作光束效果。

STEP 01 选择图层

展开"图层"面板，选择"图层 2"图层，如下图所示。

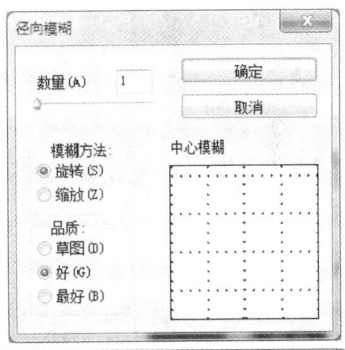

STEP 02 弹出"径向模糊"对话框

单击菜单栏中的"滤镜"|"模糊"|"径向模糊"命令，弹出"径向模糊"对话框，如下图所示。

STEP 03 设置"径向模糊"参数

在"径向模糊"对话框中，设置各选项参数，如下图所示。

STEP 04 添加径向模糊效果

单击"确定"按钮，即可添加径向模糊效果，如下图所示。

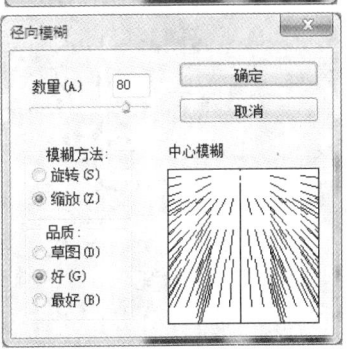

STEP 05 复制图层

展开"图层"面板,选择"图层 2"图层后,按【Ctrl+J】组合键,复制"图层 2"图层,得到"图层 2 副本"图层,效果如下图所示。

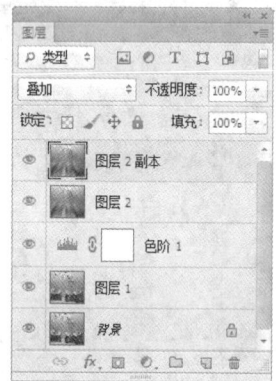

STEP 06 设置图层混合模式

设置"图层 2 副本"图层的"混合模式"为"滤色"、"不透明度"为72%,如下图所示。

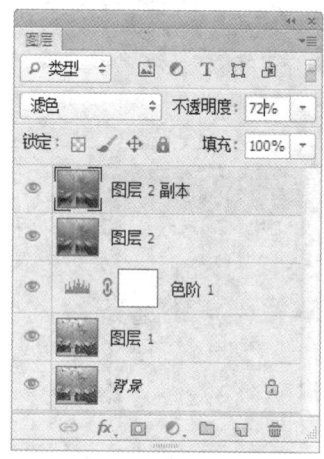

STEP 07 增加光束效果

执行以上操作后,即可为照片添加光束效果,如下图所示。

> **专家指点**
>
> 滤色模式的特点是可以使图像产生漂白的效果,该模式与正片叠底模式产生的效果相反。
> 滤色模式可以查看每个通道的颜色信息,并将混合色的互补色与基色复合,结果色总是较亮的颜色。用黑色过滤颜色保持不变,用白色过滤将产生白色。此效果类似于多个摄影幻灯片在彼此之上投影。

12.2 绚丽妆容照片处理

人们常说,细节决定成败。在人像照片处理过程中,细节往往是最容易被忽视的。对于细节的精巧修饰,往往可以起到画龙点睛的作用。

照片是一个平面的图像,人像数码照片中往往含有各种各样不尽如人意的瑕疵需要处理,Photoshop 在对图像处理上有着强大的修复功能,同时还可以对相片中的人物进行必要的美容与修饰,使人物以近乎完美的姿态展现出来。

第 12 章　图像处理：照片精修案例实战

12.2.1 修饰人物瑕疵

在使用 Photoshop 处理人像数码照片时，通常都是修复人物的各种瑕疵，制作皮肤美白效果，为进一步美化照片做准备。

| 素材文件 | 第 12 章\人物.jpg | 效果文件 | 第 12 章\人物效果.psd |

STEP 01 打开素材

按【Ctrl + O】组合键，打开一幅素材图像，如下图所示。

STEP 02 复制图层

按【Ctrl + J】组合键，复制"背景"图层，得到"图层 1"图层，如下图所示。

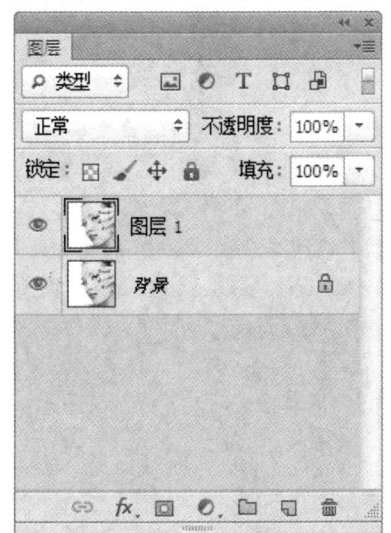

STEP 03 放大图像

选取缩放工具，将鼠标指针移至图像编辑窗口中的人物眼睛位置，单击鼠标左键，放大图像，如下图所示。

STEP 04 使用修复画笔工具取样

选取工具箱中的修复画笔工具，将鼠标指针移至图像编辑窗口中，按住【Alt】键的同时，在图像合适位置单击鼠标左键取样，如下图所示。

STEP 05 修复瑕疵

将鼠标指针移至人物眼睛周围，适当地进行涂抹，多次取样和涂抹后，即可修复人物眼部的瑕疵，效果如下图所示。

STEP 06 设置减淡工具参数

选取工具箱中的减淡工具，设置"范围"为"阴影"、"曝光度"为 27%，并取消选择"保护色调"复选框，如下图所示。

STEP 07 减少黑眼圈

将鼠标指针移至人物眼睛周围，适当地涂抹，减少人物的黑眼圈，效果如下图所示。

STEP 08 复制图层

执行上述操作后，按【Ctrl+J】组合键，复制"图层1"图层，得到"图层1副本"图层，如下图所示。

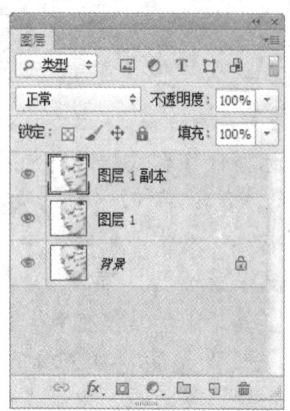

STEP 09 弹出"蒙尘与划痕"对话框

单击菜单栏中的"滤镜"|"杂色"|"蒙尘与划痕"命令，弹出"蒙尘与划痕"对话框，设置"半径"为4、"阈值"为2，如下图所示。

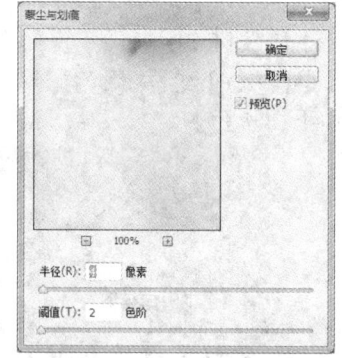

STEP 10 添加"蒙尘与划痕"滤镜

单击"确定"按钮，即可添加"蒙尘与划痕"滤镜，效果如下图所示。

STEP 11 添加图层蒙版

单击"图层"面板底部的"添加图层蒙版"按钮，添加图层蒙版，如下图所示。

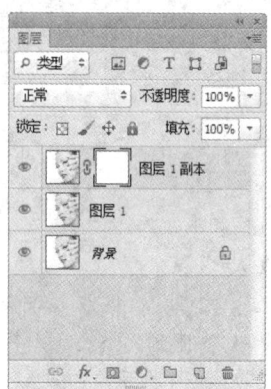

STEP 12 设置画笔工具参数

设置前景色为黑色,选取工具箱中的画笔工具,设置"大小"为 50 像素、"硬度"为 0%,如下图所示。

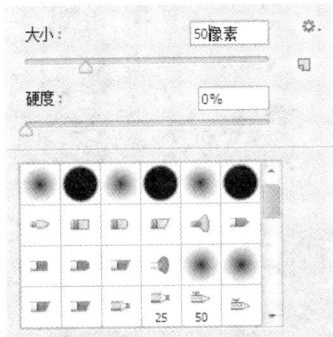

STEP 13 涂抹蒙版

将鼠标指针移至图像编辑窗口中,适当地涂抹人物面部以外的图像,如下图所示。

STEP 14 新建"色阶 1"调整图层

单击"图层"面板底部的"创建新的填充或调整图层"按钮,在弹出的下拉菜单中选择"色阶"选项,即可新建"色阶 1"调整图层,如下图所示。

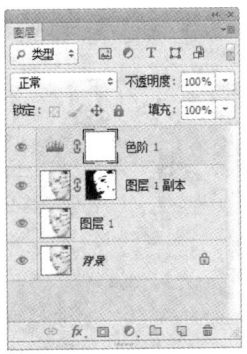

STEP 15 设置"色阶"参数

展开"属性"面板,设置各参数分别为 0、1.77、255,设置"色阶"参数后的效果如下图所示。

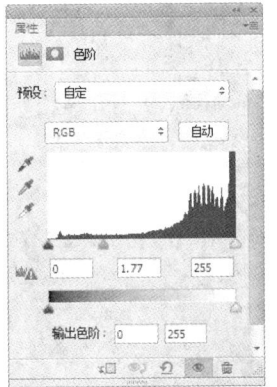

STEP 16 设置调整图层的混合模式

展开"图层"面板,设置"色阶 1"调整图层的"混合模式"为"浅色"、"不透明度"为 60%,如下图所示。

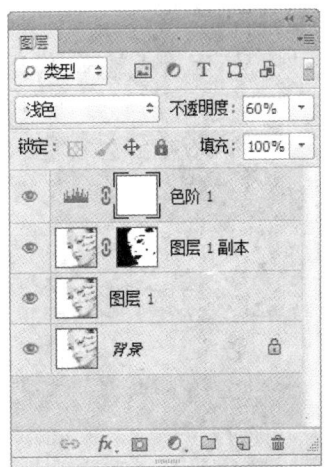

STEP 17 设置"曲线"参数

新建"曲线 1"调整图层,展开"属性"面板,设置"输入"为 140、"输出"为 170,设置"曲线"参数后的效果如下图所示。

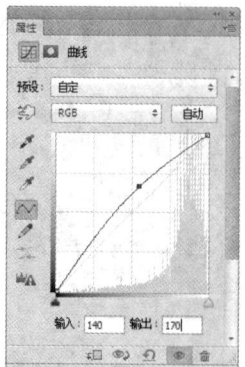

STEP 18 设置调整图层的混合模式

展开"图层"面板,设置"曲线 1"调整图层的"混合模式"为"柔光"、"不透明度"为 80%,效果如下图所示。

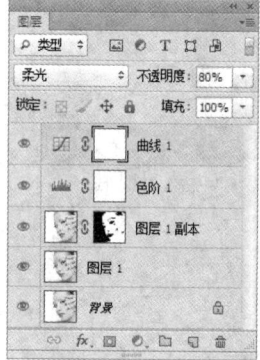

12.2.2 制作眼影效果

将人像数码照片中的瑕疵部分修饰好后,可以为照片中的人物制作眼影效果,其操作方法如下:

STEP 01 新建图层

单击"图层"面板底部的"创建新图层"按钮,新建"图层 2"图层,如下图所示。

STEP 02 创建闭合路径

选取钢笔工具,在图像编辑窗口的合适位置,创建一条闭合路径,如下图所示。

第 12 章　图像处理：照片精修案例实战

STEP 03 将路径转换为选区

运用直接选择工具调整路径，按【Ctrl + Enter】组合键，将路径转换为选区，如下图所示。

STEP 04 编辑渐变色块

选取工具箱中的渐变工具，单击"点按可编辑渐变"按钮，弹出"渐变编辑器"对话框，选择"预设"选项区中的"红、绿渐变"色块，如下图所示。

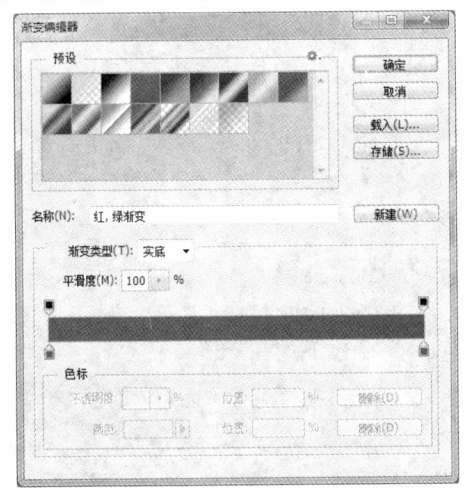

STEP 05 设置"羽化半径"参数

单击"确定"按钮，按【Shift + F6】组合键，弹出"羽化选区"对话框，设置"羽化半径"为 10 像素，如下图所示。

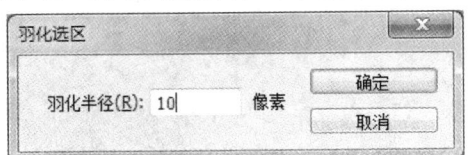

STEP 06 填充线性渐变

单击"确定"按钮，即可羽化选区，将鼠标指针移至选区位置，按住鼠标左键并拖曳，至合适位置后释放鼠标，填充线性渐变，效果如下图所示。

STEP 07 变形图像

单击菜单栏中的"编辑"|"变换"|"变形"命令，调出变换控制框，调整各控制点，然后按【Enter】键，确认图像的变形操作，效果如下图所示。

STEP 08 设置图层的混合模式

按【Ctrl + D】组合键，取消选区，展开"图层"面板，设置"图层 2"图层的"混合模式"为"差值"、"不透明度"为 80%，图像效果如下图所示。

STEP 09 绘制另一边眼影

新建"图层 3"图层，运用与上述相同的操作方法，绘制另一只眼睛的眼影，效果如下图所示。

12.2.3 制作唇彩效果

制作好眼影效果后，还可以为人物添加唇彩效果，其具体操作方法如下：

STEP 01 盖印可见图层

按【Ctrl + Alt + Shift + E】组合键，盖印可见图层，得到"图层 4"图层，如下图所示。

STEP 03 复制图层

按【Ctrl + Enter】组合键，将路径转换为选区，按【Ctrl + J】组合键，拷贝选区内的图像，得到"图层 5"图层，如下图所示。

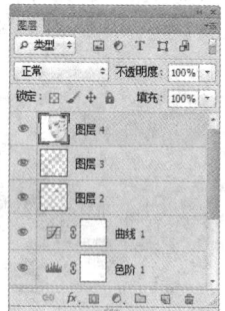
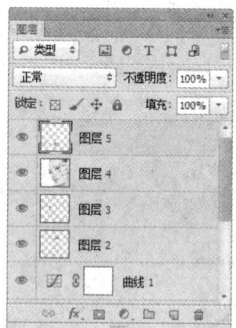

STEP 02 创建闭合路径

选取工具箱中的钢笔工具，将鼠标指针移至图像编辑窗口中，在嘴巴位置创建一条闭合路径，如下图所示。

STEP 04 图像去色

按【Ctrl + Shift + U】组合键，将图像去色，效果如下图所示。

第 12 章　图像处理：照片精修案例实战

STEP 05 设置"色阶"参数

按【Ctrl + L】组合键，弹出"色阶"对话框，设置各项参数（输入色阶参数依次为 162、1.69、216），此时人物嘴唇部分呈现出强烈的黑白对比，如下图所示。

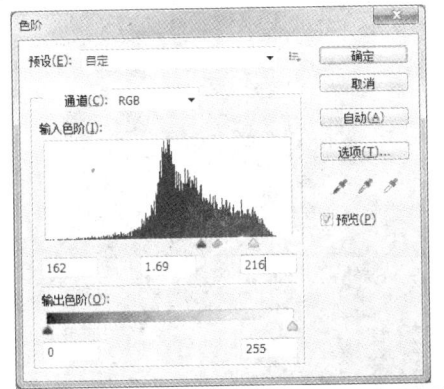

STEP 07 创建闭合路径

选取工具箱中的钢笔工具,将鼠标指针移至图像编辑窗口中，沿着人物的嘴唇与指甲，创建出 5 条闭合路径，再选取工具箱中的直接选择工具，对路径进行调整，如下图所示。

STEP 06 设置图层的混合模式

展开"图层"面板，设置"图层 5"图层的"混合模式"为"滤色"，效果如下图所示。

STEP 08 将路径转换为选区

按【Ctrl + Enter】组合键，将路径转换为选区，如下图所示。

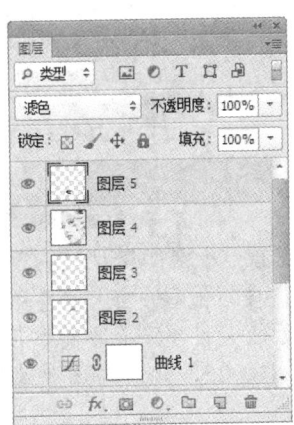

STEP 09 设置"羽化半径"参数

按【Shift+F6】组合键,弹出"羽化选区"对话框,设置"羽化半径"为3像素,如下图所示。

STEP 10 设置"色相/饱和度"参数

新建"色相/饱和度1"调整图层,展开"色相/饱和度"属性面板,设置"色相"为-48、"饱和度"为20、"明度"为7,效果如下图所示。

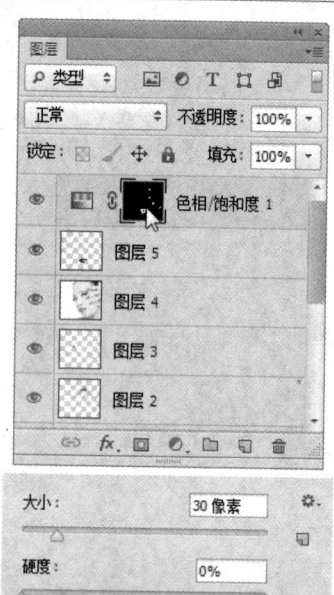

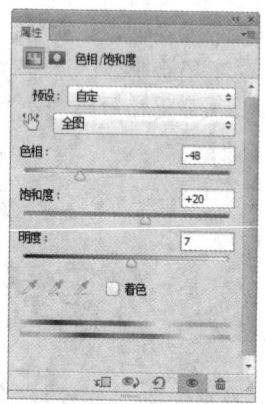

STEP 11 选择调整图层的蒙版

展开"图层"面板,单击"色相/饱和度1"调整图层的蒙版缩略图,如下图所示。

STEP 12 设置画笔工具参数

设置前景色为白色,选取工具箱中的画笔工具,设置"大小"为30像素、"硬度"为0%,如下图所示。

STEP 13 涂抹蒙版

将鼠标指针移至图像编辑窗口中,适当地涂抹人物眼角位置,即可显示"色相/饱和度1"调整图层的效果,如下图所示。

STEP 14 设置"自然饱和度"参数

新建"自然饱和度1"调整图层,展开"属性"面板,设置"自然饱和度"为38、"饱和度"为25,此时的图像效果如下图所示。

第 12 章 图像处理：照片精修案例实战

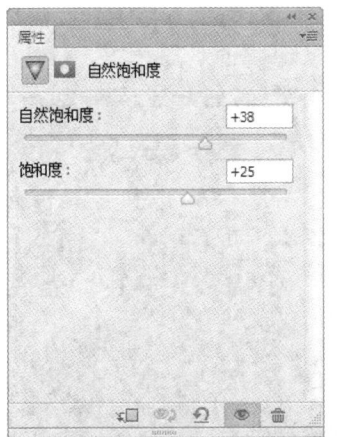

STEP 15 复制蒙版

展开"图层"面板，按住【Alt】键的同时，单击"色相/饱和度 1"调整图层的蒙版缩略图，并向上拖曳至"自然饱和度 1"调整图层的蒙版缩略图后释放鼠标左键，复制蒙版，图像的最终效果如下图所示。

12.3 婚纱影像照片处理

随着数码相机的普及，以及婚纱摄影行业的盛行，影楼婚纱设计已逐渐形成一个产业，随之对数码照片精修人员与模板设计师的要求也越来越高。因此，本节主要介绍婚纱数码摄影后期设计的相关知识，使大家能熟练掌握婚纱照片的设计方法。

12.3.1 制作背景效果

要做好婚纱摄影的后期设计，首先需要制作出优秀的婚纱背景，婚纱影像需要华丽温暖的背景，才能给客户带来温馨幸福的视觉感受。

| 素材文件 | 第 12 章\红色背景.jpg 等 | 效果文件 | 第 12 章\幸福进行曲.psd |

STEP 01 新建文件

单击菜单栏中的"文件"|"新建"命令，弹出"新建"对话框，设置各选项参数，并单击"确定"按钮新建文件，如下图所示。

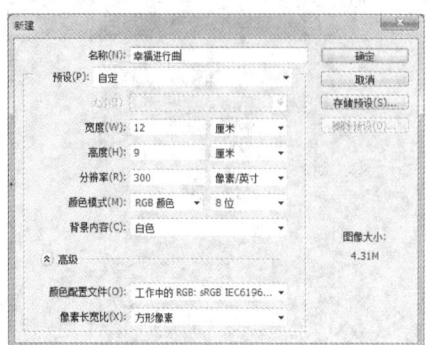

STEP 02 设置前景色

新建"图层1"图层，单击工具箱底部的前景色色块，弹出"拾色器（前景色）"对话框，设置前景色为红色（RGB参数值分别为241、104、104），如下图所示。

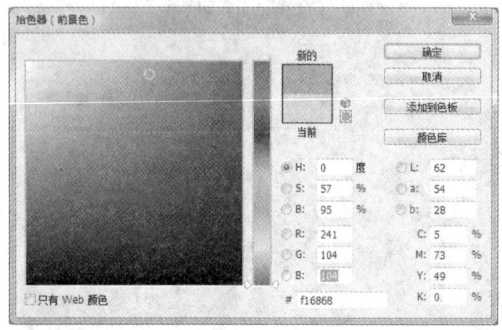

STEP 03 填充前景色

单击"确定"按钮，并按【Alt+Delete】组合键，即可为"图层1"图层填充前景色，如下图所示。

STEP 04 拖曳素材文件

按【Ctrl+O】组合键，打开一幅素材图像，将该文件拖曳至"幸福进行曲"图像编辑窗口中，如下图所示。

STEP 05 变换素材图像

按【Ctrl+T】组合键，调出变换控制框，将图像调整至合适的大小与位置，按【Enter】键，确认操作，效果如下图所示。

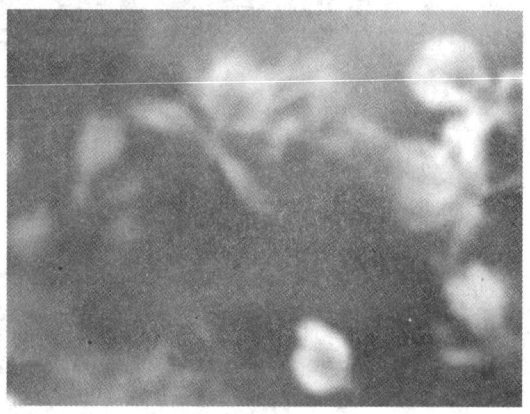

STEP 06 创建圆形选区

新建"图层3"图层，选取工具箱中的椭圆选框工具，按【Alt+Shift】组合键，在图像编辑窗口的合适位置按住鼠标左键并拖曳，创建一个圆形选区，如下图所示。

第 12 章 图像处理：照片精修案例实战

STEP 07 填充前景色

单击工具箱下方的前景色色块，弹出"拾色器（前景色）"对话框，设置前景色为白色，单击"确定"按钮，然后按【Alt+Delete】组合键，即可为选区填充前景色，如下图所示。

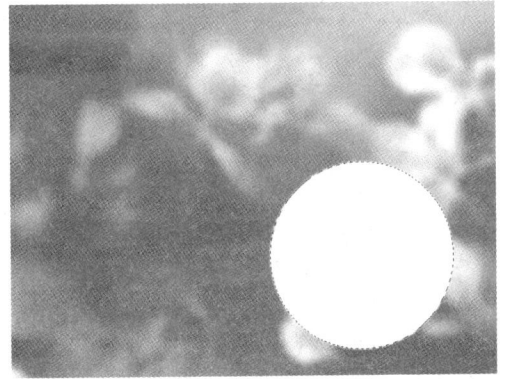

STEP 08 设置"不透明度"参数

按【Ctrl+D】组合键，取消选区，设置"图层 3"图层的"不透明度"为 20%，效果如下图所示。

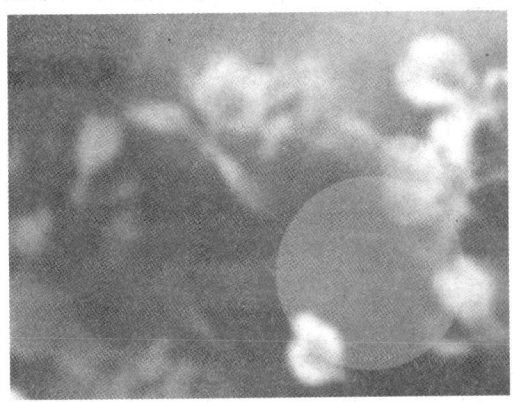

STEP 09 复制图层

单击菜单栏中的"图层"|"复制图层"命令，弹出"复制图层"对话框，单击"确定"按钮，得到"图层 3 副本"图层，调整图像至合适位置，如下图所示。

STEP 10 变换图像

按【Ctrl+T】组合键，调出变换控制框，按住【Alt+Shift】组合键，将鼠标指针移至图像右上角，当鼠标指针呈双向箭头形状时，按住鼠标左键并向下拖曳鼠标，等比例缩小图像，按【Enter】键确认操作，如下图所示。

STEP 11 复制多个图层

运用与上述相同的操作方法，复制"图层 3 副本"图层 4 次，得到"图层 3 副本 2"、"图层 3 副本 3"、"图层 3 副本 4"和"图层 3 副本 5"图层，然后调整副本图层的图像至合适的大小和位置，效果如下图所示。

STEP 12 拖曳素材文件

按【Ctrl+O】组合键，打开一幅素材图像，将该素材拖曳至"幸福进行曲"图像编辑窗口中，如下图所示。

STEP 13 缩小图像

按【Ctrl+T】组合键，调出变换控制框，将鼠标指针移至图像右上角，当鼠标指针呈双向箭头形状时，按住【Alt+Shift】组合键的同时，按住鼠标左键并向下拖曳，等比例缩小图像，如下图所示。

STEP 14 设置图层的混合模式

按【Enter】键确认操作，设置"图层4"图层"混合模式"为"滤色"，效果如下图所示。

STEP 15 添加蒙版

展开"图层"面板，选择"图层4"图层，单击面板底部的"添加图层蒙版"按钮，添加蒙版，如下图所示。

STEP 16 隐藏部分图像

设置前景色为黑色，选取画笔工具，设置"大小"为80像素，在图像编辑窗口中花的白色边缘区域涂抹，隐藏部分图像，如下图所示。

STEP 17 复制并调整图层

复制"图层4"图层3次，得到"图层4 副本"、"图层4 副本2"和"图层4 副本3"3个图层，调整各层图像大小，并拖曳至合适的位置，如下图所示。

12.3.2 制作主体图像

为婚纱照片制作好背景效果后,即可在背景中添加人物主体,并为人物制作各种效果,其具体操作步骤如下:

STEP 01 绘制圆形路径

新建"图层 5"图层,选取工具箱中的椭圆工具,设置"选择工具模式"为"路径",按住【Alt + Shift】组合键,绘制一条圆形路径,如下图所示。

STEP 02 设置"画笔"参数

选取工具箱中的画笔工具,设置前景色为白色,单击"窗口"|"画笔"命令,展开"画笔"面板,在"画笔笔尖形状"右侧的列表框中,选择"尖角 13"画笔,设置"间距"为 130%,如下图所示。

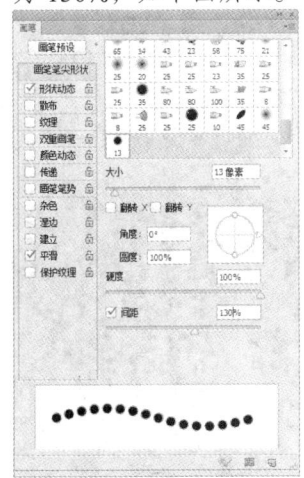

STEP 03 拖曳工作路径

展开"路径"面板,选择"工作路径"路径,并将其拖曳至"用画笔描边路径"按钮上,如下图所示。

STEP 04 描边路径

执行操作后,即可对路径进行描边,并隐藏路径,效果如下图所示。

STEP 05 复制并调整图层

选取移动工具,选中图像并拖曳至合适位置,复制"图层 5"图层两次,得到"图层 5 副本"和"图层 5 副本 2"两个图层,分别将复制的两个图像拖曳至合适的位置,并缩放至合适大小,效果如下图所示。

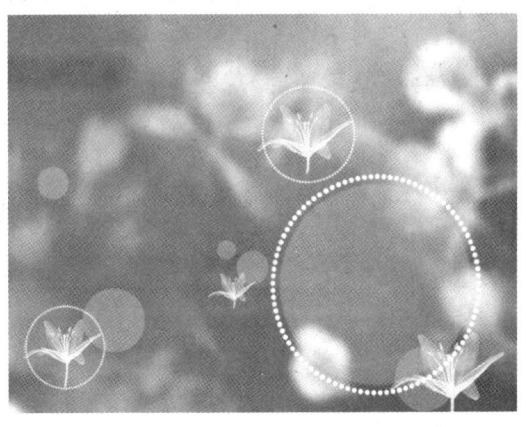

STEP 06 添加素材照片

按【Ctrl+O】组合键，打开一幅素材图像，将该文件拖曳至"幸福进行曲"图像编辑窗口中，按【Ctrl+T】组合键，调出变换控制框，按住【Shift】键的同时拖曳控制点至合适位置，等比例缩放图像，按【Enter】键确认操作，效果如下图所示。

STEP 07 载入选区

选择"图层3"图层，按住【Ctrl】键的同时，单击"图层3"图层左侧的图层缩览图，即可载入选区，如下图所示。

STEP 08 添加图层蒙版

选择"图层6"图层，单击"图层"面板底部的"添加图层蒙版"按钮，即可添加图层蒙版，如下图所示。

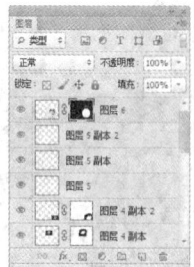

STEP 09 添加图层蒙版后的效果

执行上述操作后，图像的效果如下图所示。

STEP 10 选择图层

单击"图层6"图层左侧的图层缩览图，选择"图层6"图层，如下图所示。

STEP 11 使用仿制图章工具取样

按住【Alt】键，滚动鼠标滚轮放大图像，选取工具箱中的仿制图章工具，将鼠标指针移至图像编辑窗口中，按住【Alt】键的同时，在图像合适位置单击鼠标左键取样，如下图所示。

第 12 章　图像处理：照片精修案例实战

STEP 12 涂抹照片

按住鼠标左键适当地涂抹照片右侧的缺口，效果如下图所示。

STEP 13 添加素材照片

按【Ctrl + O】组合键，打开一幅素材图像，将该文件拖曳至"幸福进行曲"图像编辑窗口中，按【Ctrl + T】组合键，调出变换控制框，按住【Shift】键的同时拖曳控制点至合适的位置，等比例缩放图像，按【Enter】键确认操作，效果如下图所示。

STEP 14 添加图层蒙版

展开"图层"面板，选择"图层 7"图层，单击面板底部的"添加图层蒙版"按钮，添加图层蒙版，如下图所示。

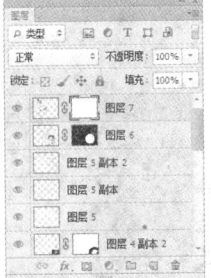

STEP 15 设置画笔工具参数

选取工具箱中的画笔工具，设置前景色为黑色，单击"窗口"|"画笔"命令，展开"画笔"面板，设置"硬度"为 40%、"间距"为 1%，如下图所示。

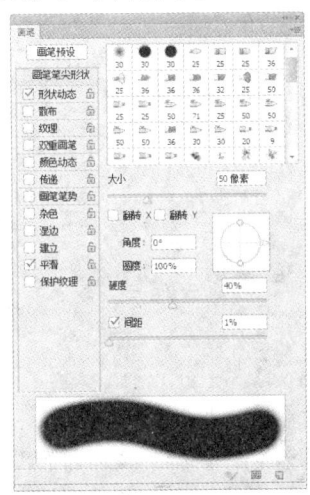

STEP 16 隐藏人物背景

将鼠标指针移至图像编辑窗口中，按住【Alt】键的同时滚动鼠标滚轮，调整图像显示比例。沿素材人物的周围进行涂抹（涂抹时需要灵活调整画笔大小与硬度），即可隐藏人物背景，效果如下图所示。

> **专家指点**
>
> 当用户编辑图像细节时，可以采用以下快捷键进行操作。
>
> ◎ 按住【Alt】键的同时，滚动鼠标滚轮，可以快速缩放图像。
>
> ◎ 放大图像后，按住【Space】键的同时，按住鼠标左键并拖曳，可以快速移动图像。
>
> ◎ 按【［】或【］】键，可以快速调整画笔大小。

STEP 17 编辑渐变色块

选取工具箱中的渐变工具,在渐变工具属性栏中单击"点按可编辑渐变"按钮,弹出"渐变编辑器"对话框,选择"预设"选项区中的"前景色到透明渐变"色块,如下图所示。

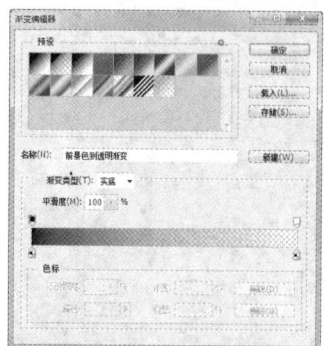

STEP 18 添加渐变效果

将鼠标指针移至图像编辑窗口中,在素材人物底部按住鼠标左键并向上拖曳,至合适位置后释放鼠标左键,即可为蒙版添加渐变效果,此时的图像效果如下图所示。

STEP 19 设置图层"不透明度"参数

展开"图层"面板,设置"图层7"的"不透明度"为85%,效果如下图所示。

STEP 20 创建矩形路径

新建"图层8"图层,选取工具箱中的矩形工具,在工具属性栏中设置"选择工具模式"为"路径",在图像编辑窗口左上方,按住鼠标左键并向右下方拖曳,创建一条矩形路径,如下图所示。

STEP 21 对路径进行描边

选取工具箱中的画笔工具,设置前景色为白色,设置画笔"大小"为5像素、"硬度"为100%,展开"路径"面板,选择"工作路径"路径,并将其拖曳至面板底部的"用画笔描边路径"按钮上,对路径进行描边,隐藏路径后的效果如下图所示。

STEP 22 设置图层混合模式

展开"图层"面板,设置"图层8"的"混合模式"为"叠加",效果如下图所示。

第 12 章 图像处理：照片精修案例实战

12.3.3 制作文字效果

制作好婚纱照片的主体部分后，还可以为照片添加各种精美的文字效果。

STEP 01 调整素材位置

按【Ctrl + O】组合键，打开一幅素材图像，将该文件拖曳至"幸福进行曲"图像编辑窗口中，调整素材位置，如下图所示。

STEP 02 设置"色相/饱和度"参数

新建"色相/饱和度 1"调整图层，展开"属性"面板，设置"色相"为 26，单击面板底部的"此调整影响下面的所有图层"按钮，即可创建剪贴蒙版，设置"色相/饱和度"参数后，效果如下图所示。

STEP 03 创建矩形路径

选取工具箱中的矩形工具，设置"选择工具模式"为"路径"，在图像编辑窗口的合适位置按住鼠标左键并拖曳，创建一条矩形路径，如下图所示。

STEP 04 调整路径形状

选取工具箱中的转换点工具，按住矩形路径左下角的锚点并拖曳，调出方向控制点，调整路径的形状，如下图所示。

STEP 05 输入文字

选取工具箱中的文字工具，设置"字体"为 Myriad Pro、"字体样式"为 Regular、"字体大小"为 5 点，移动鼠标指针至形状路径内部，单击鼠标左键确认文字插入点，输入文字，如下图所示。

STEP 06 调整文字位置

按【Ctrl + Enter】组合键确认输入，选取移动工具，调整文字的位置，效果如下图所示。

● 读书笔记

Chapter 13

章前知识导读

使用 Photoshop CS6 图形图像处理软件，不但可以对照片进行各种专业级别的处理，还可以绘制、组合各种形象，进行平面创意形象设计，如设计企业形象标识、企业形象展示墙和个人名片等。

创意形象：形象设计案例实战

重点知识索引

▶ 设计企业形象的方法　　　　　　▶ 设计个人名片的方法
▶ 设计企业展示系统的方法

效果图片赏析

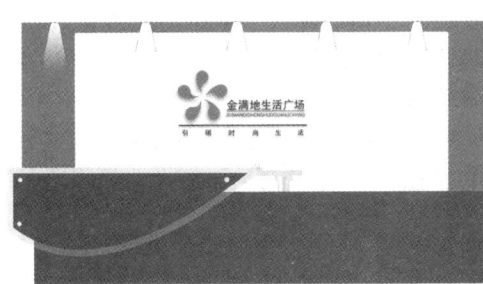

13.1 企业形象设计

企业形象是指人们通过企业的各种标志建立起来的对企业的总体印象，是企业文化建设的核心。企业形象是企业精神文化的一种外在表现形式，它是社会公众与企业接触交往过程中所感受到的总体印象。

标识是一种特殊语言，它具有特殊的传播功能，能借助一切可见的视觉符号在企业内外传递与企业相关的信息。企业标识是通过造型简单、意义明确的统一标准的视觉符号，将经营理念、企业文化、经营内容、企业规模和产品特性等要素，传递给社会公众，使之识别和认同企业的图案和文字。

13.1.1 绘制标识 M 造型

标识就其构成而言，可分为图形标识、文字标识和复合标识 3 种。它们都具有简洁鲜明、符合美学原理、优美精致、富有感染力、稳定且通用性强等特点。下面介绍绘制标识 M 艺术造型的操作方法。

| 素材文件 | 无 | 效果文件 | 第 13 章\企业形象设计——标识.psd |

STEP 01 新建文件

单击菜单栏中的"文件"|"新建"命令，新建一幅名为"企业形象设计——标识"的图像，设置"宽度"为 9 厘米、"高度"为 7 厘米、"分辨率"为 300 像素/英寸、"颜色模式"为"RGB 颜色"、"背景内容"为"白色"，如下图所示。

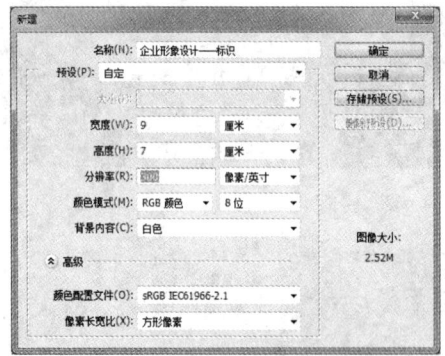

STEP 02 设置前景色

单击"确定"按钮，新建空白文档，按【D】键，恢复前景色和背景色为默认的颜色，设置前景色为蜡笔洋红色（RGB 参数值分别为 255、61、216），如下图所示。

STEP 03 输入文字

单击"确定"按钮，选取工具箱中的横排文字工具，在工具属性栏中设置"字体"为"黑体"、"字体大小"为 45 点，在图像编辑窗口中单击鼠标左键确定插入点，输入大写字母 M，按【Ctrl + Enter】组合键确认，按住【Alt】键并滚动鼠标滚轮，放大图像，效果如下图所示。

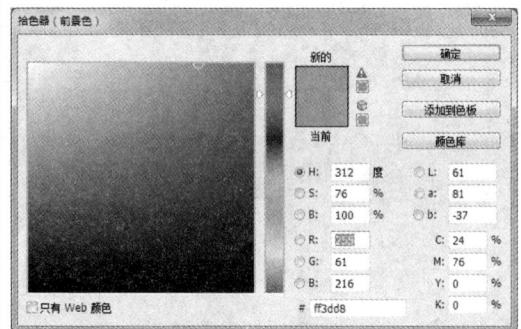

STEP 04 栅格化文字

展开"图层"面板，在 M 文字图层上单击鼠标右键，从弹出的快捷菜单中选择"栅格化文字"选项，即可栅格化输入的文字，如下图所示。

第 13 章 创意形象：形象设计案例实战

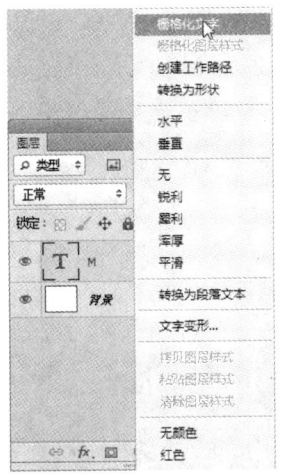

STEP 05 设置"载入选区"参数

单击菜单栏中的"选择"|"载入选区"命令，弹出"载入选区"对话框，保持默认设置，如下图所示。

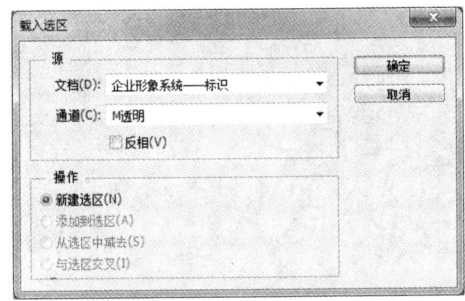

STEP 06 载入选区

单击"确定"按钮，即可载入文字选区，如下图所示。

STEP 07 将选区转换成路径

单击"窗口"|"路径"命令，展开"路径"面板，单击面板底部的"从选区生成工作路径"按钮，将选区转换为路径，如下图所示。

STEP 08 删除图层

展开"图层"面板，选择 M 图层并单击鼠标右键，在弹出的快捷菜单中选择"删除图层"选项，删除 M 图层，执行操作后，效果如下图所示。

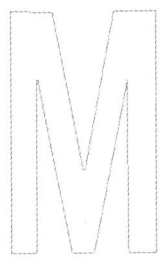

STEP 09 选取路径

选取工具箱中的直接选择工具，单击图像编辑窗口中的路径，选取该路径，如下图所示。

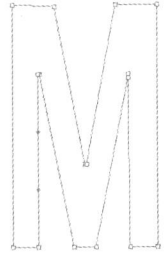

STEP 10 删除第 1 个锚点

选取工具箱中的删除锚点工具，移动鼠标指针至 M 路径底部从左至右数第 3 个锚点处，单击鼠标左键删除该锚点，如下图所示。

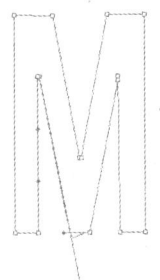

STEP 11 删除第2个锚点

用与上述相同的方法，删除 M 路径底部从左至右的第2个锚点，如下图所示。

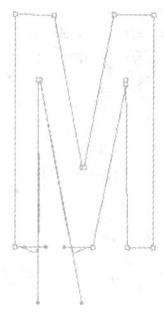

STEP 12 移动锚点

选取工具箱中的直接选择工具，选择 M 路径底部最左边的锚点，然后在锚点上按住鼠标左键并拖曳，对其进行移动操作，如下图所示。

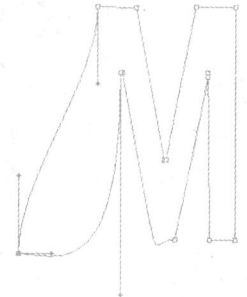

STEP 13 调整路径形状

在图像编辑窗口中，移动鼠标指针至 M 路径底部最左边的锚点控制柄处，按住鼠标左键并拖曳至合适的位置，调整路径线条的形状，如下图所示。

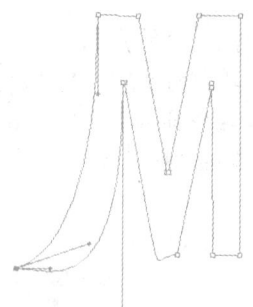

STEP 14 调整其他锚点

用与上述相同的方法，运用直接选择工具调整其他锚点及控制柄至合适的位置，如下图所示。

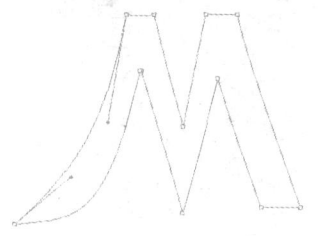

STEP 15 设置"建立选区"参数

展开"路径"面板，在"工作路径"路径上单击鼠标右键，在弹出的快捷菜单中选择"建立选区"选项，弹出"建立选区"对话框，在其中设置"羽化半径"为0像素，如下图所示。

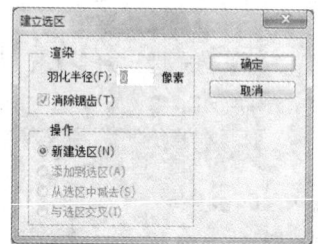

STEP 16 建立选区

单击"确定"按钮，即可建立选区，如下图所示。

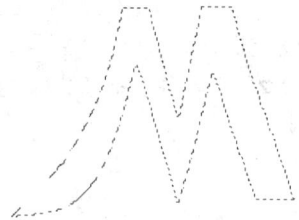

STEP 17 填充前景色

展开"图层"面板，单击面板底部的"创建新图层"按钮，创建"图层1"图层，按【Alt+Delete】组合键填充前景色，按【Ctrl+D】组合键取消选区，效果如下图所示。

13.1.2 绘制圆形标识效果

下面介绍绘制标识圆形效果的操作方法。

STEP 01 创建圆形选区

新建"图层 2"图层，选取工具箱中的椭圆选框工具，移动鼠标指针至图像编辑窗口的合适位置，按住【Alt】键并滚动鼠标滚轮，缩小图像至合适大小，然后按住【Shift】键的同时按住鼠标左键并拖曳鼠标，创建一个圆形选区，如下图所示。

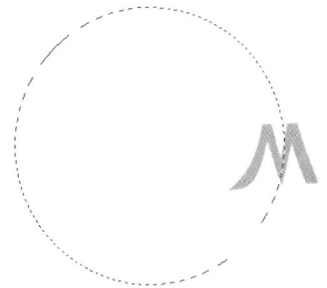

STEP 02 填充前景色

按【Alt + Delete】组合键填充前景色，如下图所示。

STEP 03 移动变换控制框的中心点

单击"选择"|"变换选区"命令，调出变换控制框，在变换控制框的中心点上按住鼠标左键并拖曳，至右边的控制柄后释放鼠标左键，如下图所示。

STEP 04 变换选区

移动鼠标指针至变换控制框左上角的控制柄处，按住【Shift + Alt】组合键的同时按住鼠标左键并向中心拖曳鼠标,等比例缩小选区至合适大小，如下图所示。

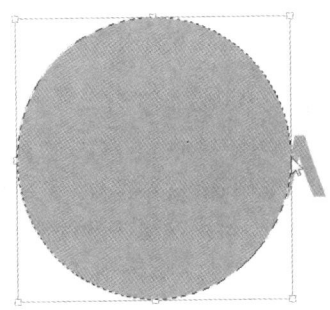

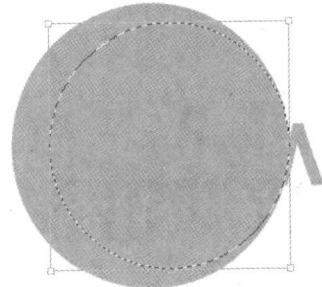

STEP 05 删除选区内的图像

按【Enter】键确认变换，按【Delete】键删除选区内的图像，单击"选择"|"取消选择"命令，取消选区，效果如下图所示。

13.1.3 绘制标识文字效果

完成以上操作后，用户可以继续为标识添加文字效果，其具体操作方法如下：

STEP 01 输入文字

选取工具箱中的横排文字工具，在工具属性栏中设置"字体"为"方正姚体"、"字体大小"为 40 点，然后在图像编辑窗口中单击鼠标左键确定插入点，输入文字"魅诚"，并按【Ctrl+Enter】组合键确认，如下图所示。

STEP 02 输入英文

在图像编辑窗口中 M 图像的右侧，单击鼠标左键，确定插入点，在工具属性栏中设置"字体"为 Monotype Corsiva、"字体大小"为 25 点，输入汉语拼音的英文字符，并按【Ctrl+Enter】组合键确认，效果如下图所示。

STEP 03 调整图层

选取工具箱中的移动工具，展开"图层"面板，选择相应图层，对相应图层的位置进行调整，最终效果如下图所示。

13.2 展示系统设计

积极的企业会借助一切可见的视觉符号在企业内外传递与企业相关的信息，通过各种宣传手段向公众介绍、宣传自己，让公众了解、熟知并加深印象。下面将介绍设计企业形象展示系统——形象墙的操作方法。

13.2.1 制作形象墙主体

使用 Photoshop 制作企业形象墙时，第一步工作就是制作形象墙的主体，其具体操作方法如下：

| 素材文件 | 第 13 章\金满地标志.psd | 效果文件 | 第 13 章\形象墙.psd |

STEP 01 新建文件

单击菜单栏中的"文件"|"新建"命令，新建一幅名为"形象墙"的空白图像，设置"宽度"为 16 厘米、"高度"为 13 厘米、"分辨率"为 300 像素/英寸、"颜色模式"为"RGB 颜色"、"背景内容"为"白色"，如下图所示。

STEP 02 单击"拾色器"按钮

单击"确定"按钮，选取工具箱中的矩形工具，设置"选择工具模式"为"形状"、"描边"为"无颜色"，单击"设置形状填充"色块，在弹出的下拉面板右上角，单击"拾色器"按钮，如下图所示。

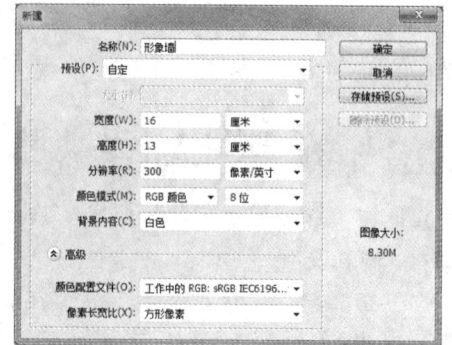

第 13 章 创意形象：形象设计案例实战

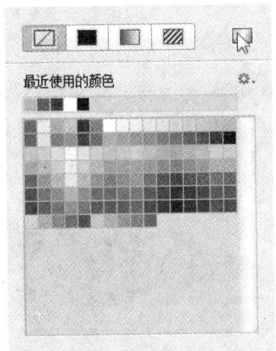

STEP 03 设置填充颜色

在弹出的"拾色器（填充颜色）"对话框中，设置填充颜色为蓝色（RGB 参数值分别为 41、22、111），如下图所示。

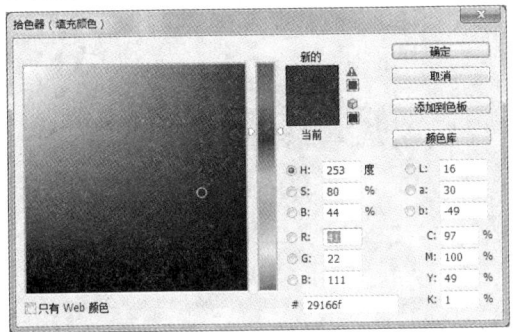

STEP 04 绘制第 1 个填充矩形

单击"确定"按钮，完成填充颜色的设置，将鼠标指针移至图像编辑窗口，在合适位置按住鼠标左键并拖曳，绘制一个填充矩形，如下图所示。

STEP 06 设置填充颜色

在矩形工具属性栏中，单击"设置形状填充"色块，在弹出的下拉面板中单击"拾色器"按钮，在弹出的"拾色器（填充颜色）"对话框中，设置填充颜色为红色（RGB 参数值分别为 230、0、39），如下图所示。

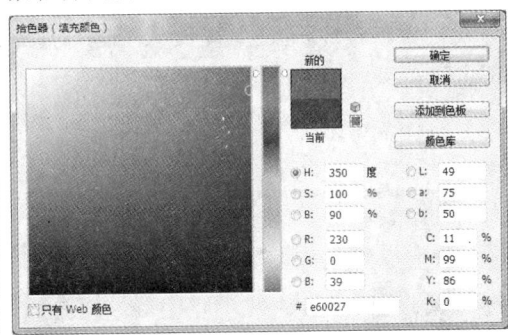

STEP 07 填充形状

单击"确定"按钮，按【Enter】键确认填充，效果如下图所示。

STEP 05 绘制第 2 个填充矩形

将鼠标指针移至图像编辑窗口的合适位置，按住鼠标左键并拖曳，绘制第 2 个填充矩形，如下图所示。

STEP 08 绘制第 3 个填充矩形

将鼠标指针移至图像编辑窗口的合适

位置，按住鼠标左键并拖曳，绘制第3个填充矩形，如下图所示。

STEP 09 填充形状

在矩形工具属性栏中，单击"设置形状填充"色块，在弹出的下拉面板中单击"拾色器"按钮，在弹出的"拾色器（填充颜色）"对话框中，设置填充颜色为白色，单击"确定"按钮，按【Enter】键确认填充，效果如下图所示。

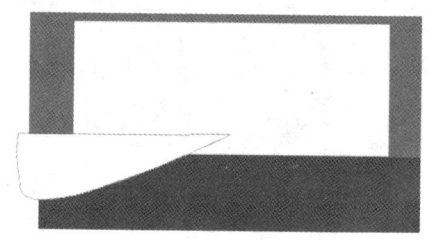

STEP 10 绘制闭合路径

选取工具箱中的钢笔工具，在工具属性栏中设置"选择工具模式"为"形状"，将鼠标指针移至图像编辑窗口，绘制1条闭合路径，如下图所示。

STEP 11 填充形状

在钢笔工具属性栏中设置填充颜色为浅黄绿色（RGB参数值分别为227、229、212），确认填充后，效果如下图所示。

STEP 12 调整形状

选取工具箱中的转换点工具，调整锚点的位置与路径形状，如下图所示。

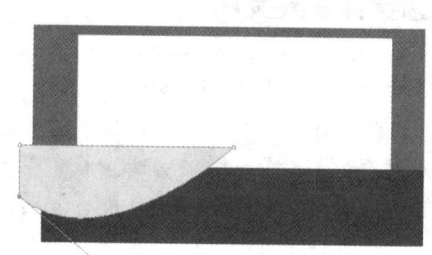

STEP 13 绘制闭合路径

选取工具箱中的钢笔工具，将鼠标指针移至图像编辑窗口，绘制1条闭合路径，如下图所示。

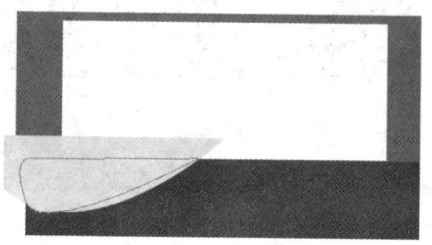

第13章 创意形象：形象设计案例实战

STEP 14 填充形状

在钢笔工具属性栏中设置填充颜色为红色（RGB 参数值分别为 230、0、39），单击"确定"按钮，按【Enter】键确认填充，效果如下图所示。

单击"确定"按钮，按【Enter】键确认填充，效果如下图所示。

STEP 15 调整形状

选取工具箱中的转换点工具，调整锚点的位置与路径形状，如下图所示。

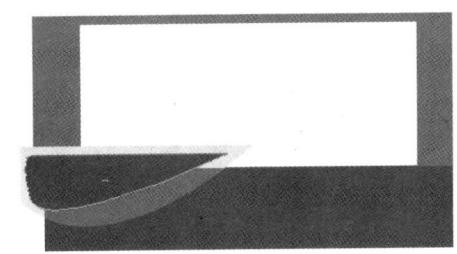

STEP 18 调整形状

选取工具箱中的转换点工具，调整锚点的位置与路径形状，如下图所示。

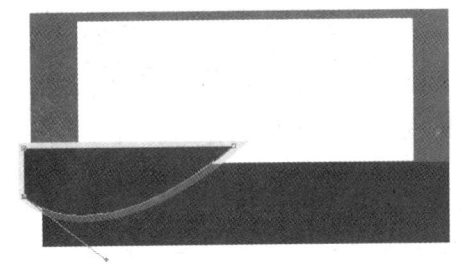

STEP 16 绘制闭合路径

选取工具箱中的钢笔工具，将鼠标指针移至图像编辑窗口，绘制 1 条闭合路径，如下图所示。

STEP 17 填充形状

在钢笔工具属性栏中，设置填充颜色为蓝色（RGB 参数值分别为 41、22、111），

13.2.2 制作形象墙细节

下面介绍制作形象墙细节效果的操作方法。

STEP 01 绘制填充矩形

选取工具箱中的矩形工具，在图像编辑窗口的合适位置绘制一个填充矩形，设置填充颜色的 RGB 参数值分别为 210、213、190，效果如下图所示。

STEP 02 调整图层

展开"图层"面板,在"矩形4"形状图层上按住鼠标左键并拖曳,至"形状1"形状图层下方释放鼠标左键,如下图所示。

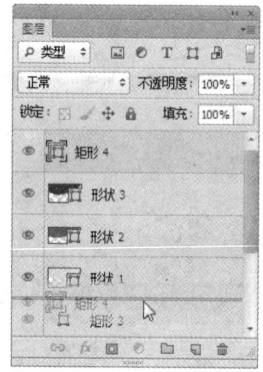

STEP 03 创建矩形选区

单击"图层"面板底部的"创建新图层"按钮,新建"图层1"图层,选取工具箱中的矩形选框工具,在图像编辑窗口的合适位置创建一个矩形选区,如下图所示。

STEP 04 设置"渐变编辑器"各选项

选取工具箱中的渐变工具,在工具属性栏中,单击"点按可编辑渐变"色块,弹出"渐变编辑器"对话框,在渐变选项区中,单击渐变条下方最左边的色标按钮,选择色标,在对话框底部的"色标"选项区中,单击"颜色"色块,如下图所示。

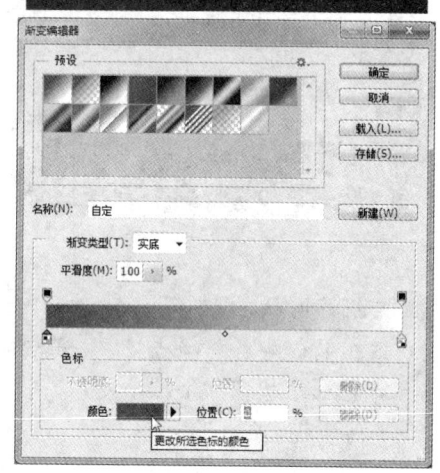

STEP 05 设置第1个色标

在弹出的"拾色器(色标颜色)"对话框中设置色标的RGB参数值分别为(203、207、180),如下图所示。

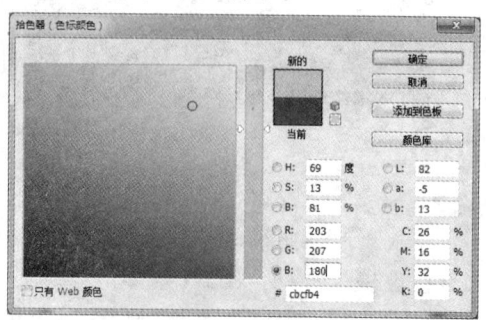

STEP 06 添加色标

单击"确定"按钮,返回"渐变编辑器"对话框,确认色标设置,将鼠标指针移至渐变条的下方,当鼠标指针变成抓手形状后,单击鼠标左键,如下图所示。

STEP 07 设置第2个色标

执行操作后,即可在该位置添加1个色标,在"色标"选项区中,设置第2个色标颜色的RGB参数值分别为(254、253、253)、"位置"为27%,如下图所示。

第 13 章　创意形象：形象设计案例实战

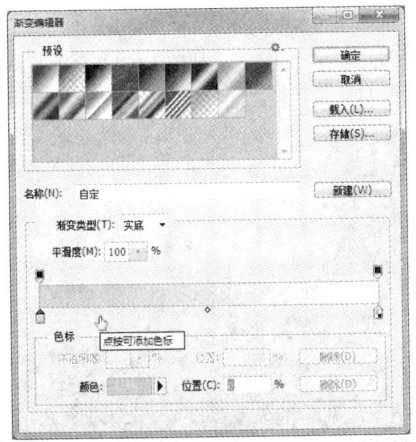

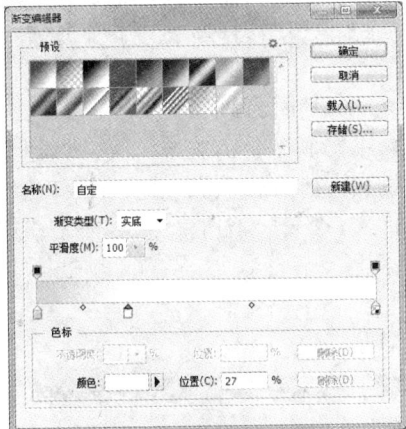

STEP 09　填充渐变

单击"确定"按钮，将鼠标指针移至图像编辑窗口，在矩形选区的左侧按住鼠标左键并拖曳，至矩形选区右侧后释放鼠标左键，填充线性渐变，按【Ctrl+D】组合键取消选区，效果如下图所示。

STEP 10　绘制并填充第 2 个矩形

新建"图层 2"图层，选取工具箱中的矩形选框工具，在图像编辑窗口中的合适位置，创建一个矩形选区并填充渐变，按【Ctrl+D】组合键，取消选区，效果如下图所示。

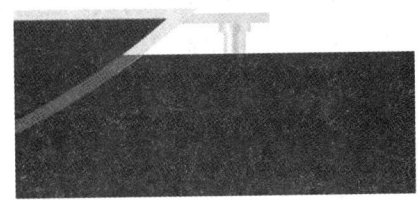

STEP 08　设置其他色标

用与上述相同的方法，继续设置 3 个色标，第 3 个色标颜色的 RGB 参数值为（186、191、155），"位置"为 51%；第 4 个色标颜色的 RGB 参数值为（224、226、211），"位置"为 82%；第 5 个色标颜色的 RGB 参数值为（206、210、184），"位置"为 98%，如下图所示。

STEP 11　绘制并填充第 3 个矩形

新建"图层 3"图层，在图像编辑窗口中的合适位置，创建一个矩形选区并填充渐变，按【Ctrl+D】组合键，取消选区，效果如下图所示。

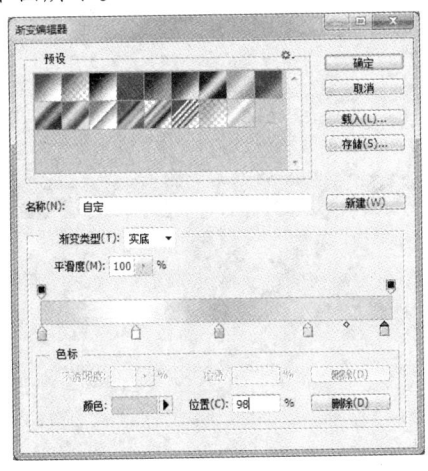

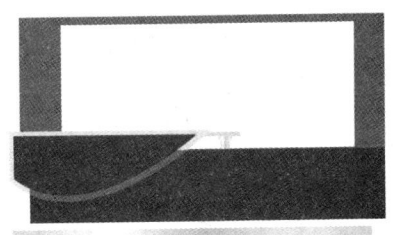

STEP 12 调整图层

选取工具箱中的椭圆工具，设置"选择工具模式"为"形状"，在图像编辑窗口的合适位置绘制3个圆形，展开"图层"面板，按住【Ctrl】键选择"椭圆1"、"椭圆2"、"椭圆3"3个图层，并将其拖曳至图层最上方，效果如下图所示。

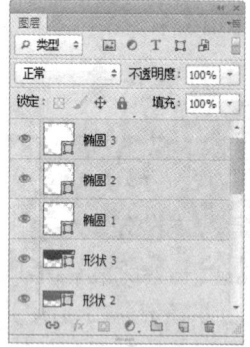

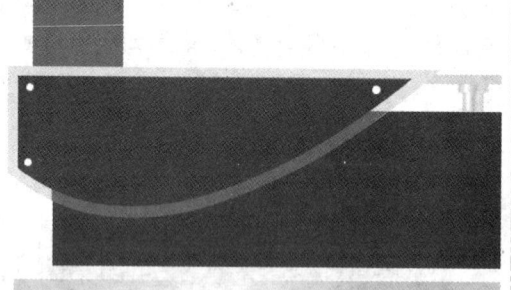

STEP 13 设置形状填充

设置前景色的RGB参数值为（184、213、236）、背景色为白色，在椭圆工具属性栏中，单击"设置形状填充"色块，在弹出的下拉面板中选择"渐变"色块，选择"前景色到背景色渐变"，设置"渐变样式"为"线性"、"旋转"为0，如下图所示。

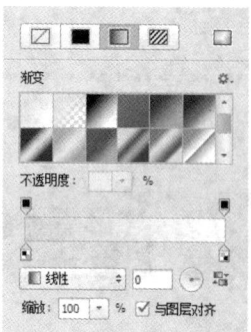

STEP 14 填充渐变

按【Enter】键，为3个圆形填充线性渐变，效果如下图所示。

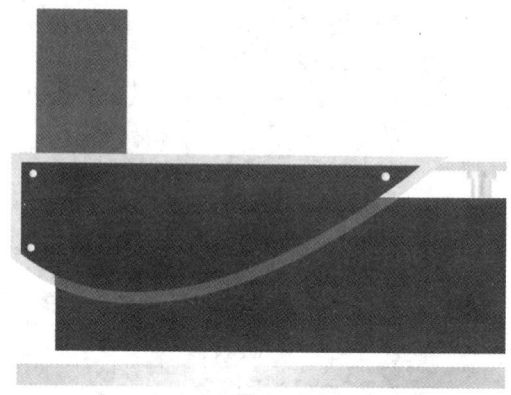

STEP 15 绘制闭合路径

选取工具箱中的钢笔工具，设置"选择工具模式"为"形状"，在图像编辑窗口的合适位置，绘制一条闭合路径，如下图所示。

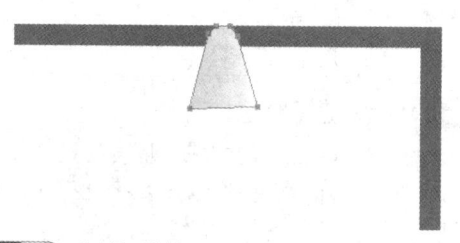

STEP 16 调整形状

按【Ctrl+R】组合键显示标尺，选取工具箱中的直接选择工具，按照标尺调整路径形状，如下图所示。

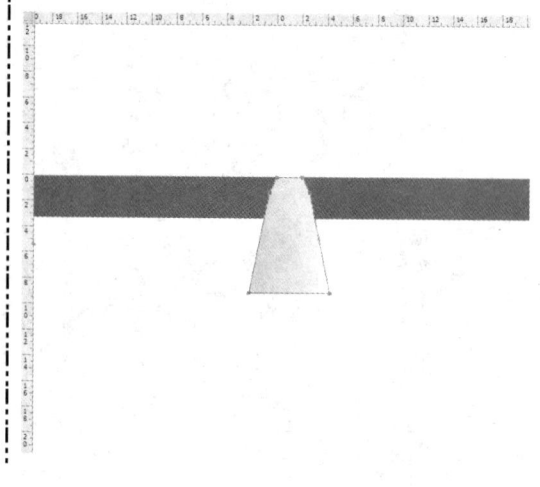

第 13 章 创意形象：形象设计案例实战

STEP 17 设置填充与描边

按【Ctrl+R】组合键，隐藏标尺，在钢笔工具属性栏中，设置"填充"为白色、"描边"为黑色、"形状描边宽度"为 0.2 点，按【Enter】键确认操作，效果如下图所示。

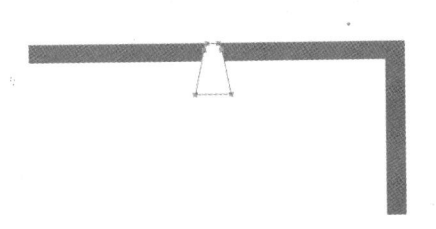

STEP 18 复制图层

展开"图层"面板，选择"形状 4"图层，按住鼠标左键并拖曳至面板底部的"创建新图层"按钮上释放鼠标，得到"形状 4 副本"图层，选取移动工具，移动"形状 4 副本"图层，如下图所示。

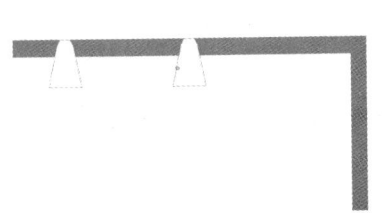

STEP 19 栅格化图层

展开"图层"面板，选择"形状 4"图层，在图层右侧单击鼠标右键，在弹出的快捷菜单中选择"栅格化图层"选项，如下图所示。

STEP 20 涂抹图层

执行操作后，选取工具箱中的橡皮擦工具，适当涂抹"形状 4"图层，如下图所示。

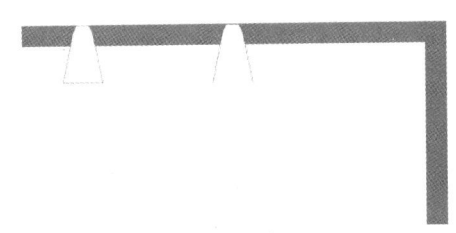

STEP 21 复制图层

将"形状 4"图层复制 3 次，选取移动工具，调整由"形状 4"图层复制的所有图层至合适的位置，如下图所示。

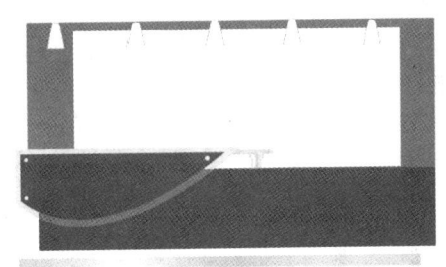

STEP 22 调整形状

展开"图层"面板，选择"形状 4 副本"图层，选取工具箱中的直接选择工具，调整"形状 4 副本"图层的形状，如下图所示。

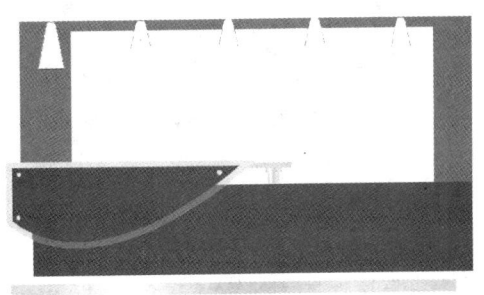

STEP 23 设置形状填充

设置前景色为白色，在直接选择工具属性栏中，单击"设置形状填充"色块，在弹出的下拉面板中选择"渐变"色块，选择"前景色到透明渐变"，设置"旋转"为-90，如下图所示。

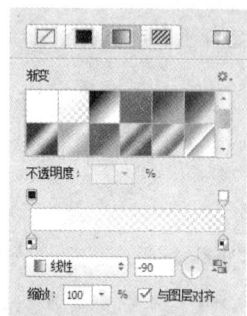

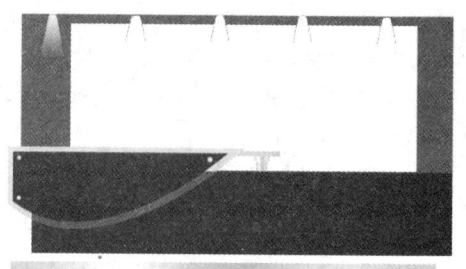

STEP 24 填充渐变

按【Enter】键确认，填充效果如下图所示。

STEP 25 涂抹图层

栅格化"形状 4 副本"图层，选取橡皮擦工具，涂抹以清除该图层下方的黑边，效果如下图所示。

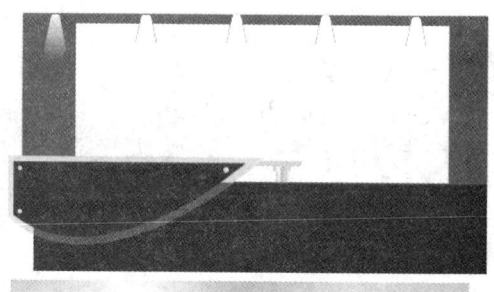

13.2.3 添加标识与文字

制作形象墙的细节后，可以继续在形象墙上添加标识与文字，其具体操作步骤如下：

STEP 01 添加素材

按【Ctrl+O】组合键，打开"金满地标志"素材图像，将该素材拖曳至"形象墙"图像编辑窗口中，如下图所示。

STEP 02 调整素材

按【Ctrl+T】组合键，调出变换控制框，调整图像的大小与位置，按【Enter】键，确认图像的变换操作，效果如下图所示。

STEP 03 设置图层样式

单击"图层"|"图层样式"|"投影"命令，弹出"图层样式"对话框，设置"混合模式"为"正片叠底"、"不透明度"为75%、"角度"为72度、"距离"为8像素、"扩展"为0%、"大小"为17像素，如下图所示。

第 13 章 创意形象：形象设计案例实战

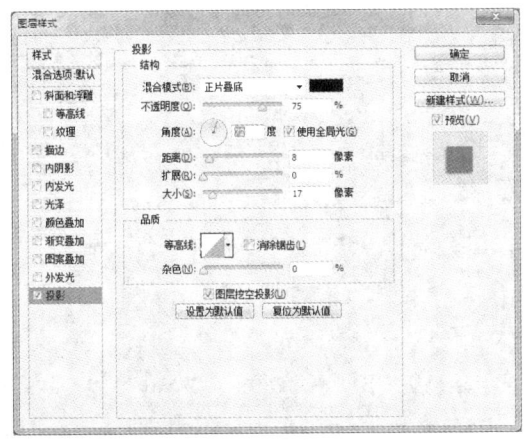

STEP 04 添加图层样式

按【Enter】键，即可添加图层样式，效果如下图所示。

STEP 06 添加下划线

单击菜单栏中的"窗口"|"字符"命令，展开"字符"面板，在"文字样式"选项区中，单击"下划线"按钮，如下图所示，执行操作后，即可为"金满地生活广场"文字添加下划线效果。

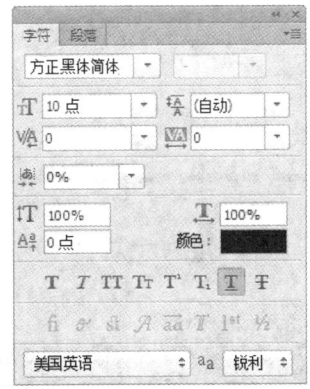

STEP 07 输入文字

将鼠标指针移至图像编辑窗口的合适位置，单击鼠标左键，确认插入点，输入文字，并按【Ctrl+Enter】组合键，确认文字的输入。展开"字符"面板，设置"字体大小"为4点，并单击"下划线"按钮，取消文字的下划线效果，如下图所示。

STEP 05 输入文字

选取工具箱中的横排文字工具，在工具属性栏中，设置"字体"为"方正黑体简体"、"字体大小"为10点、"文本颜色"为黑色，将鼠标指针移至图像编辑窗口的合适位置，单击鼠标左键，输入文字，按【Ctrl+Enter】组合键确认输入，效果如下图所示。

STEP 08 设置段落对齐样式

选取横排文字工具，按住鼠标左键并拖曳，创建文本框，输入所需文字，按【Ctrl+Enter】组合键，确认文字的输入，在"字符"面板中设置"字体大小"为6点，单击"字符"面板顶部的"段落"标签，切换至"段落"面板，在"文字对齐样式"选项区中单击"全部对齐"按钮，效果如下图所示。

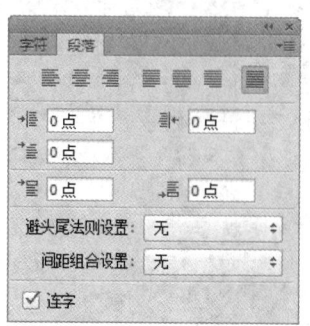

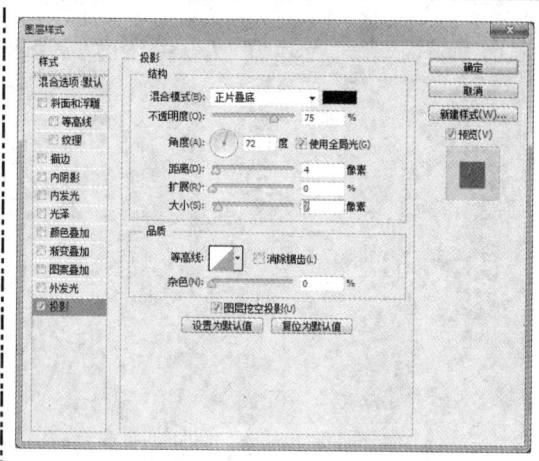

STEP 11　复制图层样式

按【Enter】键即可添加图层样式，展开"图层"面板，按住【Alt】键，在"矩形"图层右侧的"指示图层效果"按钮上，按住鼠标左键并向下拖曳，至"引领时尚生活"图层后释放鼠标左键，如下图所示。

STEP 09　绘制矩形

选取工具箱中的矩形工具，设置"选择工具模式"为"形状"、"填充"为"黑色"，在图像编辑窗口中的合适位置绘制矩形，效果如下图所示。

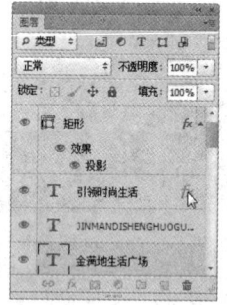

STEP 12　图像效果

用与上述相同的方法，将"投影"效果复制给3个文字图层，选取工具箱中的选择工具，依次选择4个新建图层，在图像编辑窗口中，按住鼠标左键并拖曳，调整图层位置，最终效果如下图所示。

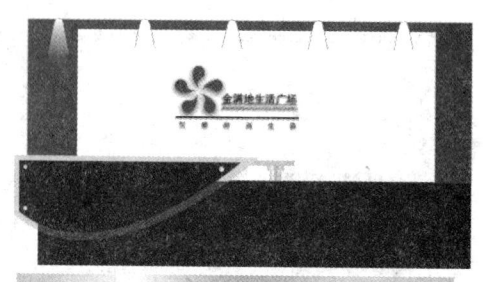

STEP 10　设置图层样式

单击菜单栏中的"图层"|"图层样式"|"投影"命令，弹出"图层样式"对话框，设置"混合模式"为"正片叠底"、"不透明度"为75%、"角度"为72度、"距离"为4像素、"扩展"为0%、"大小"为7像素，如下图所示。

13.3 个人形象设计

名片不仅是一个人的形象,而且也能够体现一个公司的形象,不同的公司会根据公司的特色,为公司员工设计符合公司特色的名片。

13.3.1 制作名片背景效果

制作名片的第一步就是制作名片的背景效果。

素材文件	第 13 章\名片背景.jpg 等	效果文件	第 13 章\个人名片.psd

STEP 01 打开素材

按【Ctrl+O】组合键,打开一幅素材图像,如下图所示。

STEP 02 弹出"新建图层"对话框

展开"图层"面板,在"背景"图层上双击鼠标左键,弹出"新建图层"对话框,如下图所示。

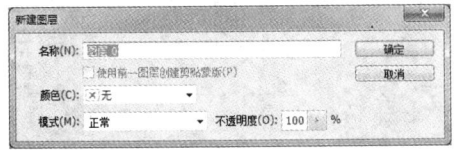

STEP 03 解锁图层

按【Enter】键确认操作,将锁定的"背景"图层解锁,如下图所示。

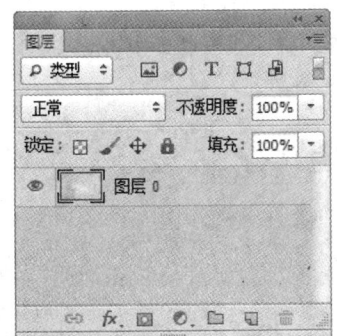

STEP 04 设置图层样式

单击菜单栏中的"图层"|"图层样式"|"渐变叠加"命令,弹出"图层样式"对话框,设置"混合模式"为"正片叠底"、"不透明度"为 70%、"角度"为 90 度、"缩放"为 100%,如下图所示。

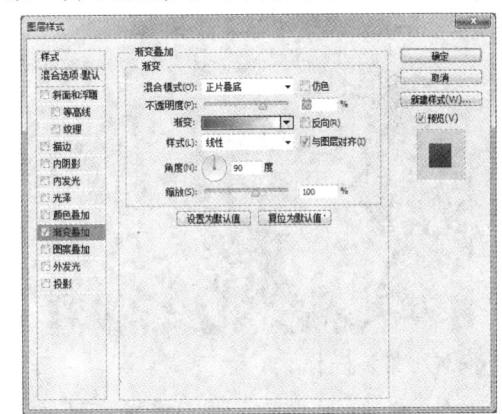

STEP 05 编辑渐变

单击"渐变"右侧的"点按可编辑渐变"色块,在弹出的"渐变编辑器"对话框中,设置渐变条左侧色标颜色的 RGB 参数值分别为(60、63、196),渐变条右侧色标颜色的 RGB 参数值分别为(248、201、243),如下图所示。

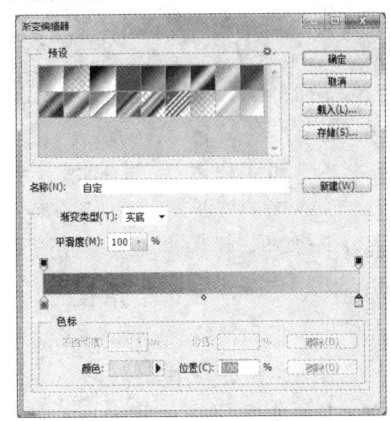

STEP 06 添加图层样式

按【Enter】键，确认渐变设置，按【Enter】键，即可添加图层样式，效果如下图所示。

STEP 07 置入"花朵"素材

单击菜单栏中的"文件"|"置入"命令，弹出"置入"对话框，选择"花朵"文件，单击"置入"按钮，效果如下图所示。

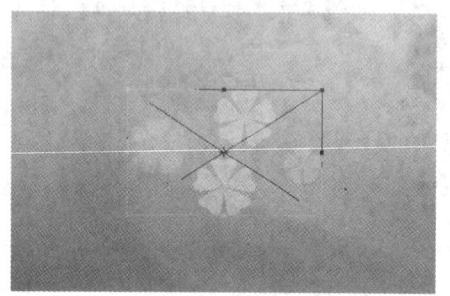

STEP 08 确认操作

将"花朵"拖曳至图像编辑窗口的合适位置，然后按【Enter】键确认操作，如下图所示。

STEP 09 置入"名片标识"素材

用与上述相同的方法，置入"名片标识"文件，并拖曳至图像编辑窗口的合适位置，按【Enter】键确认操作，如下图所示。

STEP 10 置入"名片装饰"素材

用与上述相同的方法，置入"名片装饰"文件，并拖曳至图像编辑窗口的合适位置，按【Enter】键确认操作，如下图所示。

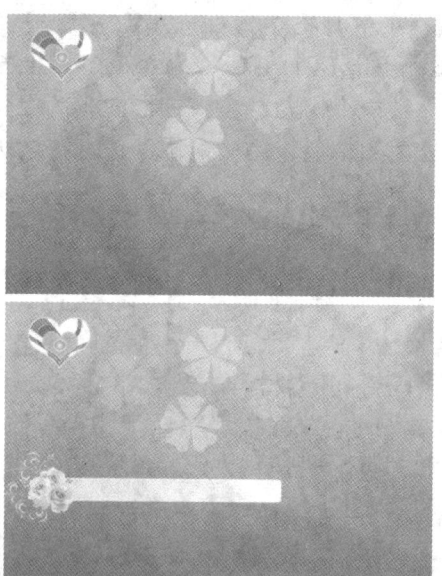

STEP 11 设置图层样式

单击"图层"|"图层样式"|"颜色叠加"命令，弹出"图层样式"对话框，设置"混合模式"为"正常"、颜色为橙色（RGB参数值分别为235、130、45）、"不透明度"为26%，如下图所示。

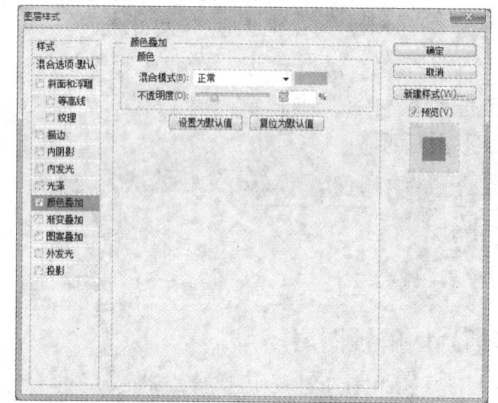

STEP 12 添加图层样式

单击"确定"按钮，即可添加图层样式，效果如下图所示。

13.3.2 制作名片主体效果

为个人名片制作完背景效果后，用户可以在背景中添加人物主体，并为人物添加各种效果，其具体操作步骤如下：

STEP 01 置入"婚纱照片"素材

用与上述相同的方法，置入"婚纱照片"文件，并拖曳至图像编辑窗口的合适位置，按【Enter】键确认操作，如下图所示。

STEP 02 涂抹图层蒙版

单击菜单栏中的"图层"|"栅格化"|"智能对象"命令，栅格化智能图层，单击"图层"面板底部的"添加图层蒙版"按钮，添加图层蒙版，运用黑色画笔工具，涂抹图像，适当地隐藏部分图像，如下图所示。

STEP 03 设置"色阶"参数

单击"图层"面板底部的"创建新的填充或调整图层"按钮，在弹出的下拉菜单中选择"色阶"选项，展开"属性"面板，设置各选项参数（输入色阶参数依次为 0、1.7、255），单击面板底部的"此调整影响下面的所有图层"按钮，即可创建剪贴蒙版，效果如下图所示。

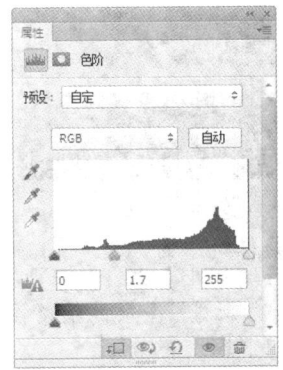

STEP 04 置入"名片特效"素材

用与上述相同的方法，置入"名片特效"文件，并拖曳至图像编辑窗口的合适位置，按【Enter】键确认操作，如下图所示。

13.3.3 制作名片文字效果

制作完名片主体效果后，用户需要为名片添加各种文字，其具体操作方法如下：

STEP 01 输入文字

选取工具箱中的横排文字工具,设置"字体"为"汉仪菱心体简"、"字体大小"为 19 点、"文本颜色"为黑色,在图像编辑窗口的合适位置单击鼠标左键,确定文字的插入点,输入所需文字,按【Ctrl + Enter】组合键,确认文字的输入,如下图所示。

STEP 02 载入选区

单击菜单栏中的"文字"|"栅格化文字"命令,栅格化文字,按住【Ctrl】键的同时在"魅力新娘"图层的缩略图上单击鼠标左键,如下图所示。

执行操作后,载入"魅力新娘"图层选区,如下图所示。

STEP 03 编辑渐变

选取工具箱中的渐变工具,在工具属性栏中,单击"点按可编辑渐变"色块,弹出"渐变编辑器"对话框,在渐变条下方添加 3 个色标,第 1 个色标的 RGB 参数值分别为(155、50、102)、位置为 0%;第 2 个色标的 RGB 参数值分别为(243、164、208)、位置为 50%;第 3 个色标的 RGB 参数值分别为(150、42、96)、位置为 100%,如下图所示。

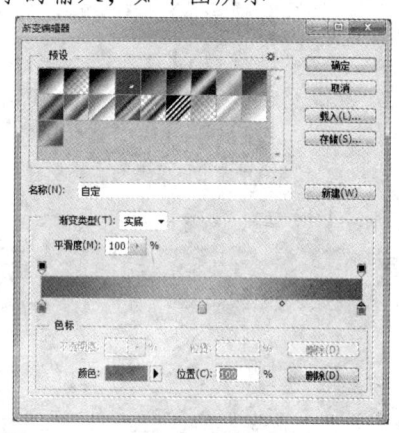

STEP 04 填充线性渐变

单击"确定"按钮,将鼠标指针移至图像编辑窗口中,在选区的左侧按住鼠标左键并拖曳,至选区右侧后释放鼠标左键,填充线性渐变,效果如下图所示。

STEP 05 设置图层样式

按【Ctrl + D】组合键,取消选区,单击菜单栏中的"图层"|"图层样式"|"描边"命令,弹出"图层样式"对话框,设置"大小"为 3 像素、"混合模式"为"正常"、"不透明度"为 100%、"颜色"为白色,如下图所示。

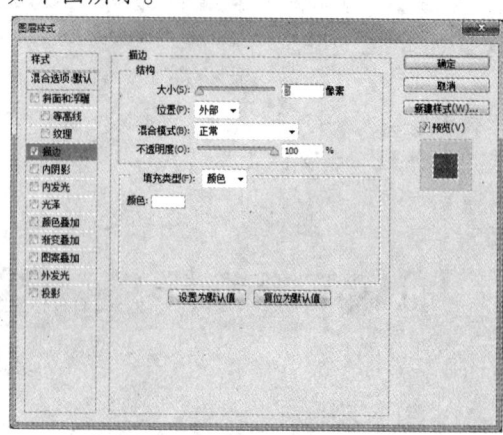

第 13 章 创意形象：形象设计案例实战

STEP 06 添加图层样式

单击"确定"按钮，即可添加图层样式，效果如下图所示。

STEP 07 输入文字

选取工具箱中的横排文字工具，确定文字的插入点，并输入文字，按【Ctrl+Enter】组合键，确认文字的输入，然后展开"字符"面板，设置文字的各项参数，其效果如下图所示。

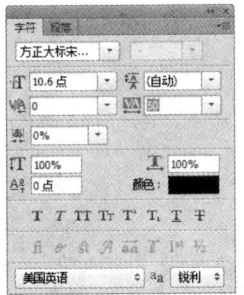

STEP 08 输入其他文字

用与上述相同的方法，输入其他各部分的文字，并对其进行适当的调整，效果如下图所示。

Chapter 14

章前知识导读

杂志广告是以杂志版面为媒体的广告，因其拥有特定的阅读群体、适应面广、有效周期长、印刷精美、图文并茂、商业性强等特点，成为一块非常重要的广告宣传阵地。本章主要介绍制作用于商业杂志的化妆品广告、汽车广告和珠宝广告的方法。

商业杂志：杂志设计案例实战

- 设计化妆品广告
- 设计汽车广告
- 设计珠宝广告

第14章 商业杂志：杂志设计案例实战

14.1 化妆品广告设计

本案例设计的是一款黛雅尔护肤套装广告，本广告以清爽的浅蓝色为主色调，使得画面淡雅、柔和；浅蓝色的背景和白色的文字组成广告的主体和文字效果，使得画面层次感强，体现出一种清爽、阴柔之美。

14.1.1 制作广告背景效果

下面以浅蓝色为整体色调，为化妆品黛雅尔广告制作背景效果，其具体操作方法如下：

素材文件	第14章\化妆品广告背景.psd 等	效果文件	第14章\化妆品广告.psd

STEP 01 打开素材

按【Ctrl+O】组合键，打开一幅素材图像，如下图所示。

STEP 02 新建图层

展开"图层"面板，单击面板底部的"创建新图层"按钮，新建"图层2"图层，如下图所示。

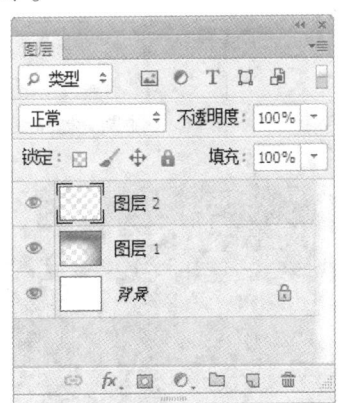

STEP 03 创建矩形选区

选取工具箱中的矩形选框工具，然后在图像编辑窗口中创建1个矩形选区，如下图所示。

STEP 04 从选区中减去

在工具属性栏中单击"从选区中减去"按钮，将鼠标指针移至图像编辑窗口的选区内，按住鼠标左键并拖曳，从原来的矩形选区内减去1个矩形选区，如下图所示。

STEP 05 减去单行选区

选取工具箱中的单行选框工具，在工具属性栏中单击"从选区中减去"按钮，将鼠标指针移至图像编辑窗口的选区内，单击鼠标左键，从原来的矩形选区内减去1个单行选区，重复减去多个单行选区后，效果如下图所示。

STEP 06 变换选区

单击菜单栏中的"选择"|"变换选区"命令，调出变换控制框，按住【Ctrl】键，在变换控制框右侧的控制柄上，按住鼠标左键并拖曳，如下图所示。

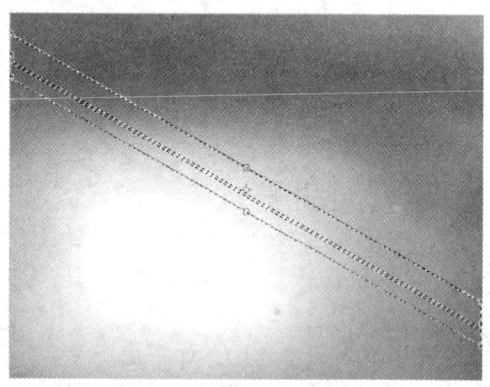

STEP 07 变形选区

单击菜单栏中的"编辑"|"变换"|"变形"命令，在变换控制框内按住鼠标左键并拖曳，变换选区的形状，如下图所示。

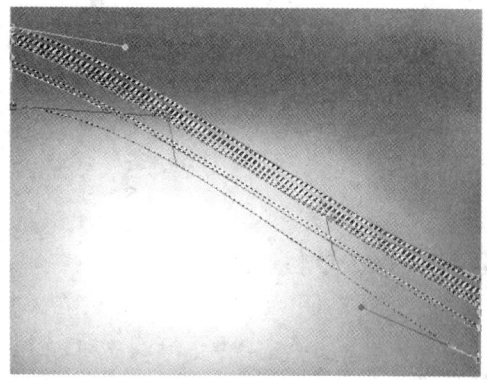

STEP 08 调出变换控制框

按【Enter】键确认变换操作，再次单击菜单栏中的"选择"|"变换选区"命令，重新调出变换控制框，如下图所示。

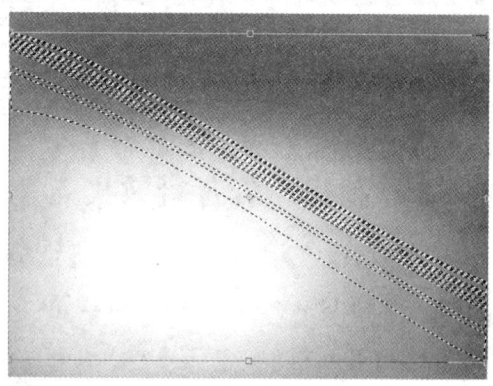

STEP 09 再次变形选区

单击菜单栏中的"编辑"|"变换"|"变形"命令，在变换控制框内按住鼠标左键并拖曳，变换选区的形状，如下图所示。

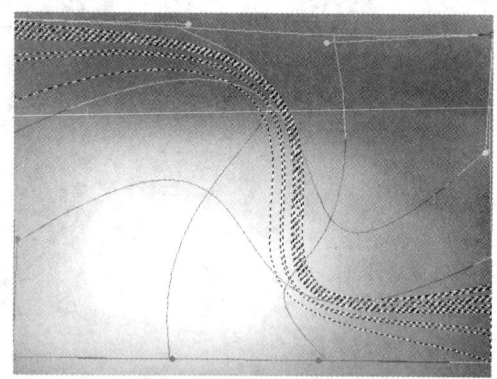

STEP 10 第3次变形选区

按【Enter】键确认变换操作，再次单击菜单栏中的"选择"|"变换选区"命令，重新调出变换控制框，单击菜单栏中的"编辑"|"变换"|"变形"命令，在变换控制框内按住鼠标左键并拖曳,变换选区的形状，如下图所示。

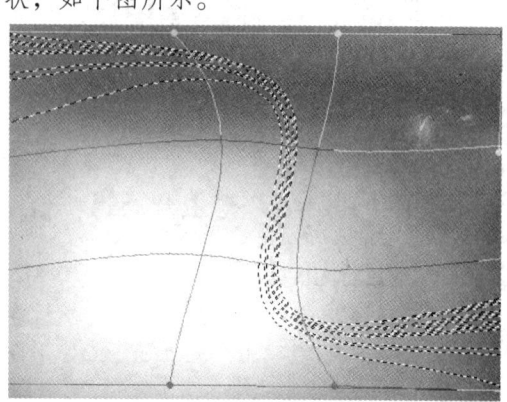

第14章 商业杂志：杂志设计案例实战

STEP 11 设置前景色

按【Enter】键确认变换操作，然后单击工具箱底部的前景色色块，在弹出的"拾色器（前景色）"对话框中，设置前景色的RGB参数分别为200、200、200，如下图所示。

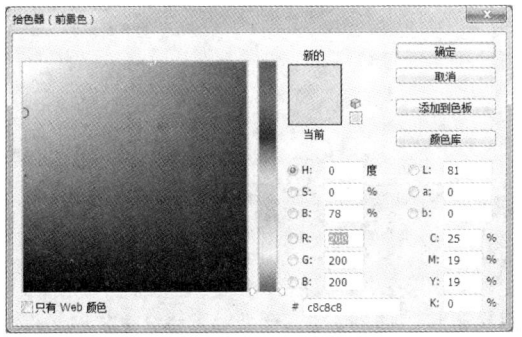

STEP 12 填充前景色

按【Alt+Delete】组合键，填充前景色到选区，如下图所示。

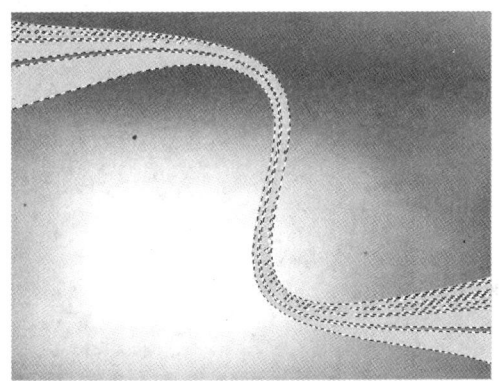

STEP 13 设置画笔工具参数

选取工具箱中的画笔工具，设置前景色为白色，在工具属性栏中设置"流量"为80%，在图像编辑窗口中单击鼠标右键，在弹出的快捷面板中设置"大小"为442像素、"硬度"为0%，如下图所示。

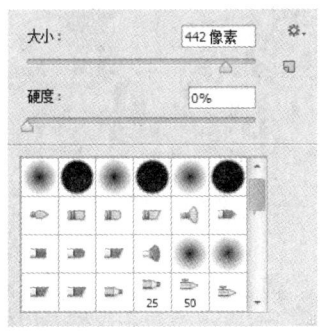

STEP 14 涂抹图像

将鼠标指针移至图像编辑窗口的选区内，按住鼠标左键并拖曳，涂抹图像，如下图所示。

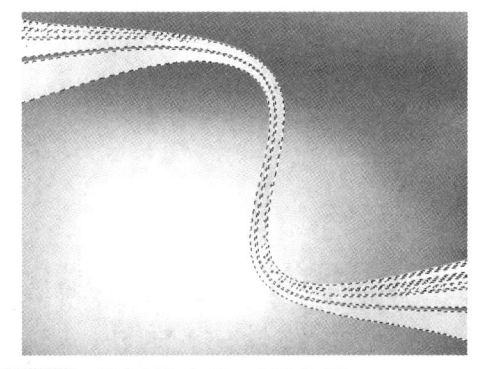

STEP 15 设置橡皮擦工具参数

按【Ctrl+D】组合键取消选区，选取工具箱中的橡皮擦工具，在工具属性栏中设置"不透明度"为60%，在图像编辑窗口中单击鼠标右键，在弹出的快捷面板中设置"大小"为400像素、"硬度"为0%，如下图所示。

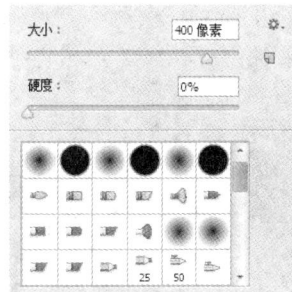

STEP 16 擦除部分图像

将鼠标指针移至图像编辑窗口的选区内，按住鼠标左键并拖曳，擦除部分图像，如下图所示。

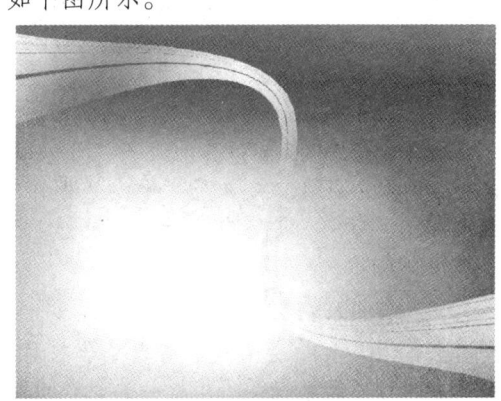

STEP 17 添加素材

按【Ctrl+O】组合键，打开"化妆品饰品1"素材，将其拖曳至"化妆品背景"图像编辑窗口中，并调整到合适的位置，效果如下图所示。

专家指点

当需要将选区变换为复杂形状时，除了采用以上的"变形"命令，还可以展开"路径"面板，单击面板底部的"从选区生成工作路径"按钮，然后选取工具箱中的直接选择工具调整路径的锚点，调整完毕后，按【Ctrl+Enter】组合键，将路径转换为选区。该方法适用于将选区调整为任何复杂形状，但需要依次调整每个锚点与控制柄，工作量较大。

14.1.2 制作广告主体效果

制作完广告的背景效果之后，就可以置入素材图像，制作广告的主体效果。

STEP 01 添加素材

按【Ctrl+O】组合键，打开"化妆品饰品2"素材，将其拖曳至"化妆品背景"图像编辑窗口中，调整图像至合适位置，效果如下图所示。

编辑窗口中，调整图像至合适位置，如下图所示。

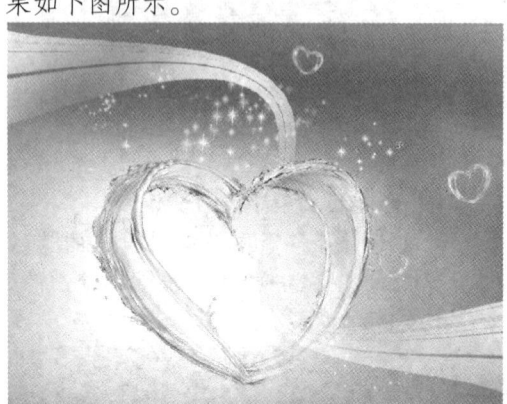

STEP 02 添加素材

按【Ctrl+O】组合键，打开"化妆品饰品3"素材，将其拖曳至"化妆品背景"图像编辑窗口中，调整图像至合适位置，效果如下图所示。

STEP 03 添加素材

按【Ctrl+O】组合键，打开"化妆品"素材图像，将其拖曳至"化妆品背景"图像

第 14 章　商业杂志：杂志设计案例实战

STEP 04　复制图层

展开"图层"面板，选择"图层 6"图层，按住鼠标左键并拖曳至面板底部的"创建新图层"按钮上后释放鼠标左键，得到"图层 6 副本"图层，如下图所示。

STEP 05　垂直翻转图像

单击"编辑"|"变化"|"垂直翻转"命令，垂直翻转图像，如下图所示。

STEP 06　移动图像

选取工具箱中的移动工具，将鼠标指针移至图像编辑窗口中倒立的图像上，按住鼠标左键并拖曳，移动图像位置，如下图所示。

> **专家指点**
>
> 复制素材图像，然后垂直翻转图像，该方法经常用于制作倒影效果；如果将副本载入为选区，再用黑色填充选区，然后调整图层的形状、不透明度与混合模式，可以制作阴影效果。

STEP 07　设置不透明度

展开"图层"面板，设置"图层 6 副本"图层的"不透明度"为 80%，如下图所示。

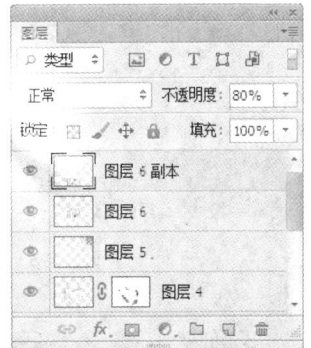

执行操作后，图像效果如下图所示。

STEP 08　添加图层蒙版

单击"图层"面板底部的"添加图层蒙版"按钮，为"图层 6 副本"图层添加图层蒙版，如下图所示。

STEP 09 "渐变编辑器"对话框

设置前景色为黑色,选取工具箱中的渐变工具,单击工具属性栏中的"点按可编辑渐变"按钮,在弹出的"渐变编辑器"对话框中,选择"前景色到透明渐变"样式,如下图所示。

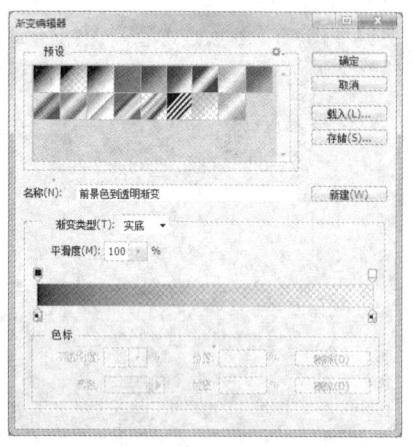

STEP 10 填充渐变

将鼠标指针移至图像编辑窗口中,在图像底部按住鼠标左键并向上拖曳,至合适位置后释放鼠标左键,填充前景色到透明的线性渐变效果,隐藏部分图像,如下图所示。

14.1.3 制作广告文字效果

制作完广告主体效果后,用户可以为广告添加文字效果,用简洁美观的文字向消费者宣传本品牌,并介绍本产品的优点,吸引观众的注意力,从而激发观众的购买欲望。

STEP 01 输入文字

选取工具箱中的横排文字工具,在图像上单击鼠标左键,确定插入点,在工具属性栏中,设置"字体"为"黑体"、"字体大小"为24点、"文本颜色"为"白色",输入文字,效果如下图所示。

STEP 02 双击文字图层

按【Ctrl+Enter】组合键,确认输入文字,单击"窗口"|"图层"命令,展开"图层"面板,在面板中双击"黛雅尔"文字图层,如下图所示。

STEP 03 设置"投影"参数

弹出"图层样式"对话框,选中"投影"复选框,设置"颜色"为黑色、"不透明度"为75%、"角度"为60度、"距离"为5像素、"扩展"为0%、"大小"为5像素,如下图所示。

STEP 04 添加投影效果

单击"确定"按钮,即可为文字图层添加投影效果,如下图所示。

第14章 商业杂志：杂志设计案例实战

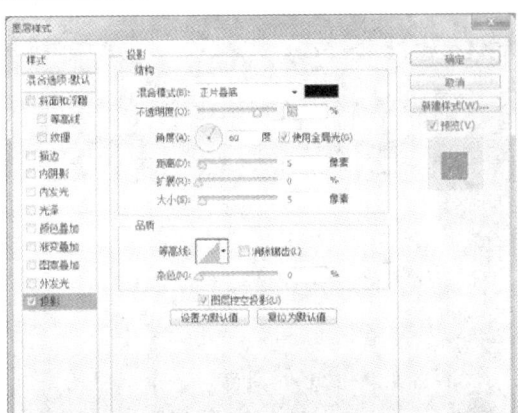

为11点，输入广告词，然后按【Ctrl+Enter】组合键，确认文字的输入，效果如下图所示。

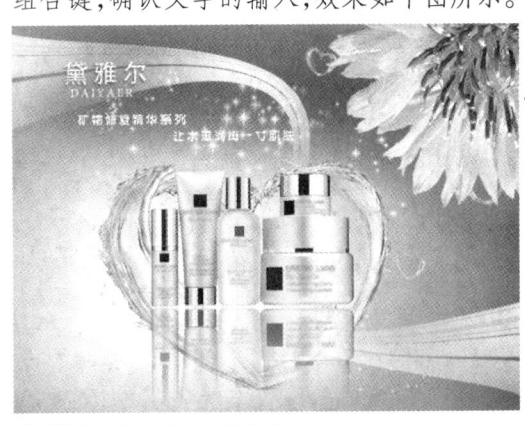

STEP 07 复制图层样式

在"图层"面板中，按住【Alt】键，单击"黛雅尔"文字图层右边的"指示图层效果"图标并拖曳，至DAIYAER图层上释放鼠标左键，复制图层样式，如下图所示。

STEP 05 输入英文

用与上述相同的方法，在图像上单击鼠标左键，确定插入点，设置"字体"为"Minion Pro"、"字体样式"为Regular、"字体大小"为11点，输入英文，然后按【Ctrl+Enter】组合键，确认文字的输入，效果如下图所示。

STEP 08 图像效果

用与上述相同的方法，为"矿物修复精华系列…"文字图层添加图层样式，效果如下图所示。

STEP 06 输入广告词

用与上述相同的方法，确定插入点，设置"字体"为"方正水柱"、"字体大小"

14.2 汽车广告设计

本案例设计的是一款豪瑞汽车广告，该广告以优雅的蓝色为主色调，突出了该车型优雅豪华的特点。

14.2.1 制作广告背景效果

制作广告的第一步是设计广告的背景，其具体操作方法如下：

| 素材文件 | 第 14 章\汽车.jpg 等 | 效果文件 | 第 14 章\汽车广告.psd |

STEP 01 新建文件

单击菜单栏中的"文件"|"新建"命令，新建一幅名为"汽车广告"的 RGB 颜色模式图像，设置"宽度"为 10.51 厘米、"高度"为 7.65 厘米、"分辨率"为 300 像素/英寸、"背景内容"为"白色"，如下图所示。

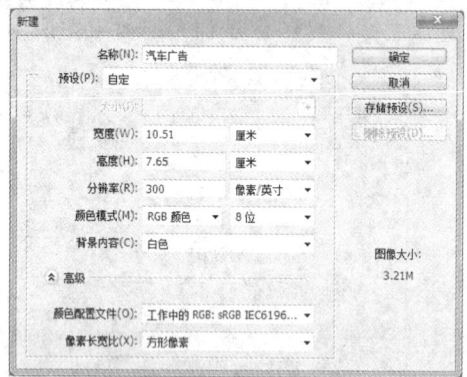

STEP 02 添加素材

单击"确定"按钮，新建文件，按【Ctrl+O】组合键，打开"汽车"素材图像，将其拖曳至"汽车广告"图像编辑窗口中，再调整素材至合适位置，如下图所示。

STEP 03 创建矩形选区

单击菜单栏中的"窗口"|"图层"命令，展开"图层"面板，单击面板底部的"创建新图层"按钮，新建"图层 2"图层，选取工具箱中的矩形选框工具，在图像编辑窗口下方的白色位置，创建 1 个矩形选区，如下图所示。

STEP 04 设置前景色

单击工具箱底部的"设置前景色"色块，在弹出的"拾色器（前景色）"对话框中，设置前景色为灰色（RGB 参数值分别为 181、181、177），如下图所示。

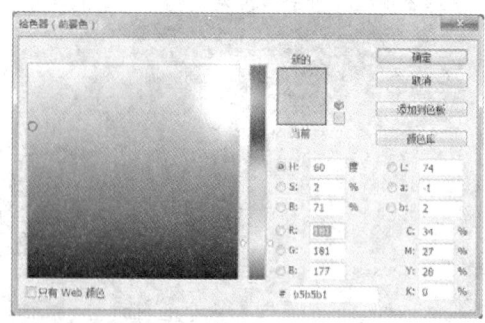

STEP 05 填充前景色

单击"确定"按钮，按【Alt+Delete】组合键，为选区填充前景色，按【Ctrl+D】组合键，取消选区，如下图所示。

第14章 商业杂志：杂志设计案例实战

专家指点

填充颜色时，用户可以采用以下快捷键操作方法。
- 按【Alt+Delete】组合键，可以填充前景色。
- 按【Ctrl+Delete】组合键，可以填充背景色。

14.2.2 制作广告主体效果

制作完广告图像的背景效果后，用户可以在图像上增加产品形象，制作广告主体效果，下面介绍具体的操作方法。

STEP 01 添加素材

按【Ctrl+O】组合键，打开"汽车局部1"素材图像，将其拖曳至"汽车广告"图像编辑窗口中，如下图所示。

STEP 02 按比例缩放素材

按【Ctrl+T】组合键，调出变换控制框，在变换控制属性栏中，单击"保持长宽比"按钮，设置"水平缩放比例"为40%，"垂直缩放比例"则自动改为40%，调整图像至合适位置，按【Enter】键确认操作，效果如下图所示。

STEP 03 添加素材

按【Ctrl+O】组合键，打开"汽车局部2"素材图像，将其拖曳至"汽车广告"图像编辑窗口中，调出变换控制框，将素材按比例缩小到40%，调整图像至合适位置，按【Enter】键确认操作，效果如下图所示。

STEP 04 添加素材

按【Ctrl+O】组合键，打开"汽车局部3"素材图像，将其拖曳至"汽车广告"图像编辑窗口中，调出变换控制框，将素材按比例缩小到40%，调整图像至合适位置，按【Enter】键确认操作，效果如下图所示。

STEP 05 选中3个图层

展开"图层"面板，按住【Ctrl】键的同时，在"图层3"、"图层4"和"图层5"图层上分别单击鼠标左键，同时选中3个图层，如下图所示。

STEP 06 左边对齐图像

单击菜单栏中的"图层"|"对齐"|"左边"命令,左边对齐图像,如下图所示。

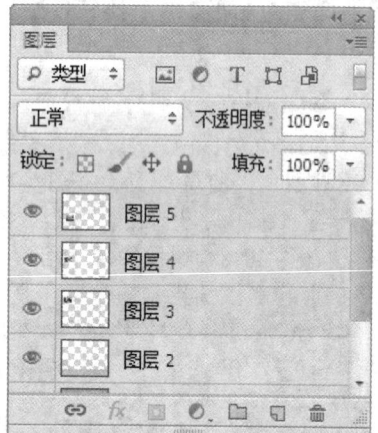

STEP 09 添加描边效果

单击"确定"按钮,即可为图像添加描边效果,如下图所示。

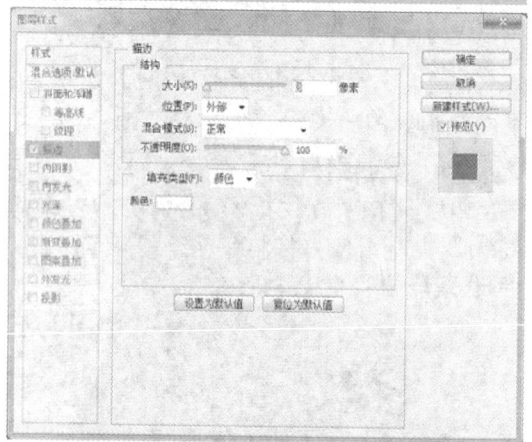

STEP 07 垂直居中分布图像

单击菜单栏中的"图层"|"分布"|"垂直居中"命令,以图像顶边和底边为基准,等距离分布图像,如下图所示。

STEP 08 设置"描边"参数

选择"图层3"图层,单击"图层"|"图层样式"|"描边"命令,弹出"图层样式"对话框,设置"颜色"为白色、"大小"为3像素,如下图所示。

STEP 10 复制图层样式

展开"图层"面板,将鼠标指针移至"图层3"图层右侧的"指示图层效果"图标上,在按住【Alt】键的同时,按住鼠标左键并向上拖曳至"图层4"和"图层5"图层处,复制图层样式,执行操作后,图像效果如下图所示。

第14章 商业杂志：杂志设计案例实战

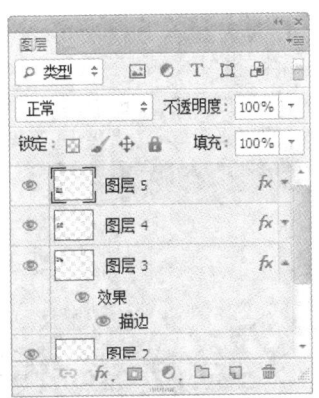

14.2.3 添加标识与文字

制作完广告的主体效果后，用户可以在广告上添加标识与宣传文字，向消费者宣传本品牌、介绍该车型的特点等内容。

STEP 01 添加素材

按【Ctrl + O】组合键，打开"豪瑞标识"素材图像，将其拖曳至"汽车广告"图像编辑窗口中，调整图像至合适位置，效果如下图所示。

STEP 03 输入文字

在图像编辑窗口的合适位置，单击鼠标左键，确定文字的插入点，输入所需文字，按【Ctrl + Enter】组合键，确认文字的输入，效果如下图所示。

STEP 02 设置文字参数

选取工具箱中的横排文字工具，展开"字符"面板，在面板中设置"字体系列"为"方正黑体简体"、"字体大小"为11点、"颜色"为白色、"字距"为50，如下图所示。

STEP 04 输入文字

将鼠标指针移至图像编辑窗口的合适位置，单击鼠标左键，确定插入点，输入文字，按【Ctrl + Enter】组合键，确认输入的文字内容，如下图所示。

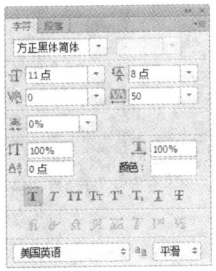

STEP 05 选择文字

展开"图层"面板，将鼠标指针移至"豪瑞E1630，全新上市"文字图层的缩略图上，双击鼠标左键，即可选择该图层的文字，如下图所示。

STEP 06 设置文字参数

在"字符"面板中，设置"字体大小"为9点、"字距"为0、"文本颜色"为黑色，单击"仿粗体"按钮，如下图所示。

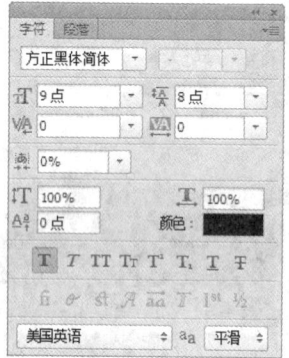

STEP 07 确认调整

按【Ctrl+Enter】组合键，确认对文字的调整，效果如下图所示。

STEP 08 选择文字

将鼠标指针移至图像编辑窗口的文字位置，当鼠标指针变成I形状时，按住鼠标左键并拖曳，至合适位置后释放鼠标左键，选择"全新"两个字，效果如下图所示。

STEP 09 设置文字参数

展开"字符"面板，设置"字体大小"为14点、"文本颜色"为红色（RGB参数值分别为255、0、0），如下图所示。

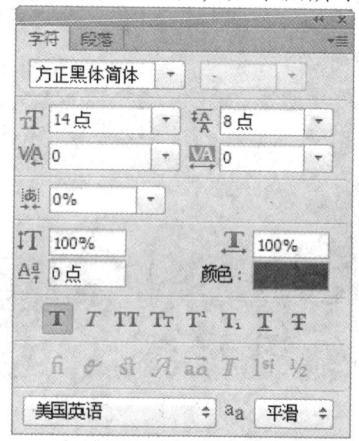

STEP 10 确认调整

按【Ctrl+Enter】组合键，确认文字的调整，效果如下图所示。

第14章 商业杂志：杂志设计案例实战

STEP 11 输入文字

在图像编辑窗口中的合适位置，单击鼠标左键，确定文字的插入点，设置"字体大小"为9点、"文本颜色"为黑色，单击"仿粗体"按钮，输入所需文字，按【Ctrl+Enter】组合键，确认文字的输入，效果如下图所示。

STEP 12 输入文字

在图像编辑窗口中的合适位置，单击鼠标左键，确定文字的插入点，设置"字体"为"黑体"、"字体大小"为6点，输入文字，按【Ctrl+Enter】组合键，确认输入，如下图所示。

专家指点

在Photoshop CS6中，用户可以为同一个文字图层的文字设置不同的属性参数，这样设置以便将不同格式的文字排列整齐，缺点是不方便对文字分别进行移动。

STEP 13 复制图层

展开"图层"面板，选择"敢为天下先"图层，选取移动工具，按住【Alt】键，同时在图像编辑窗口中按住鼠标左键并拖曳，至图像的左下角后释放鼠标左键，复制并移动图层，效果如下图所示。

STEP 14 新建调整图层

单击菜单栏中的"图层"|"新建调整图层"|"自然饱和度"命令，弹出"新建图层"对话框，设置各选项，如下图所示。

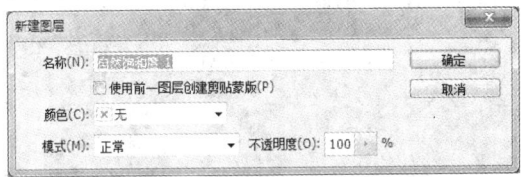

STEP 15 设置"自然饱和度"参数

单击"确定"按钮，新建"自然饱和度1"调整图层，在展开的"属性"面板中设置"自然饱和度"为97，效果如下图所示。

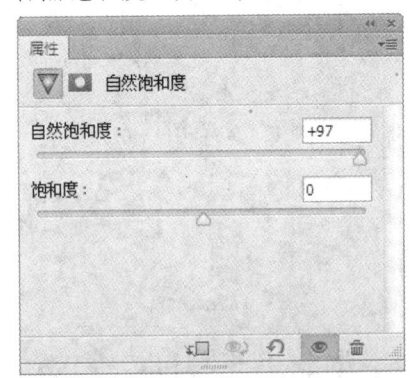

14.3 珠宝广告设计

本案例设计的是一款琳蒂雅珠宝广告，该广告以洋红色为主色调，给观众带来了温暖、幸福的视觉体验。

14.3.1 制作广告背景效果

本案例首先制作珠宝广告的背景效果，运用调整图层调整背景图像的主色调，然后在背景中添加各种素材，其具体操作方法如下：

| 素材文件 | 第14章\珠宝背景.jpg 等 | 效果文件 | 第14章\珠宝广告.psd |

STEP 01 打开素材

按【Ctrl+O】组合键，打开一幅素材图像，如下图所示。

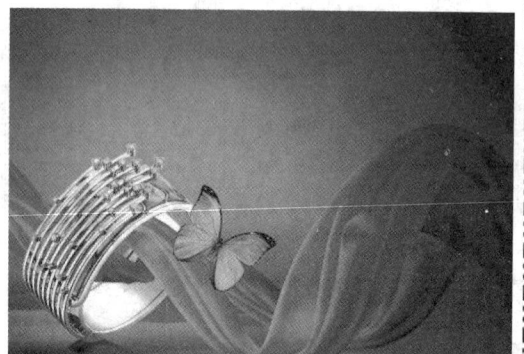

STEP 02 弹出"新建图层"对话框

单击"图层"|"新建调整图层"|"色相/饱和度"命令，弹出"新建图层"对话框，设置各选项，如下图所示。

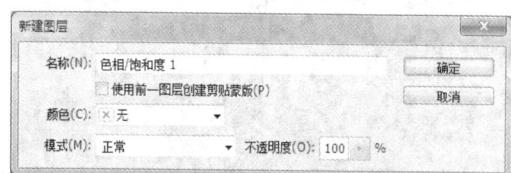

STEP 03 设置"色相/饱和度"参数

单击"确定"按钮，即可新建"色相/饱和度1"调整图层，在展开的"属性"面板中，设置"色相"为126、"饱和度"为0、"明度"为0，如下图所示。

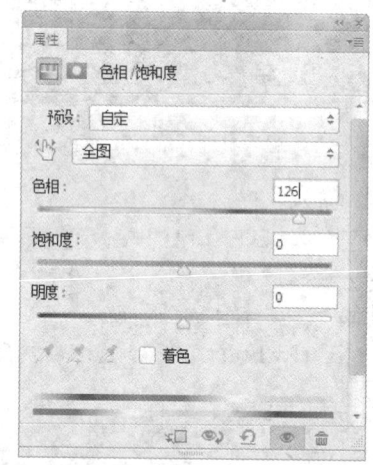

STEP 04 添加调整图层后的效果

执行操作后，隐藏"属性"面板，效果如下图所示。

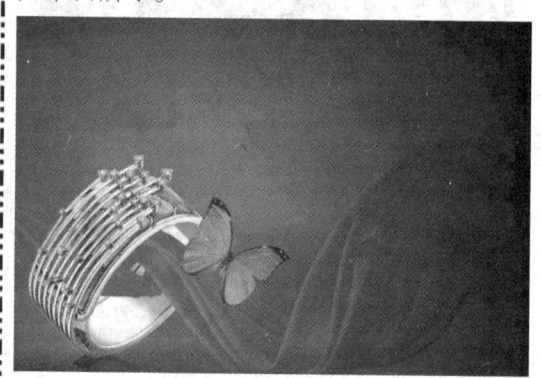

14.3.2 制作广告主体效果

制作完广告图像的背景效果后，即可开始制作广告主体效果，其具体操作步骤如下：

STEP 01 添加素材

按【Ctrl+O】组合键，打开"珠宝素材1"素材图像，将其拖曳至"珠宝背景"图像编辑窗口中，调整图像至合适位置，效果如下图所示。

第 14 章　商业杂志：杂志设计案例实战

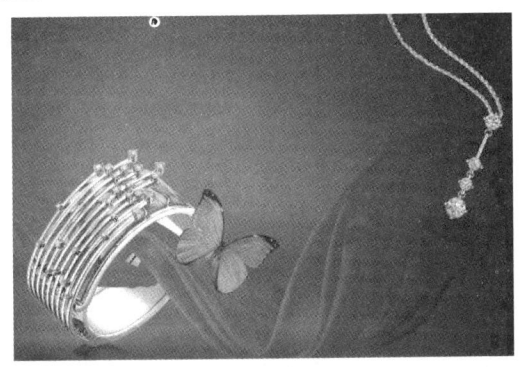

STEP 02　弹出"载入选区"对话框

展开"图层"面板，在面板中选择图像素材所对应的"图层 1"图层，单击"选择"|"载入选区"命令，弹出"载入选区"对话框，设置各选项，如下图所示。

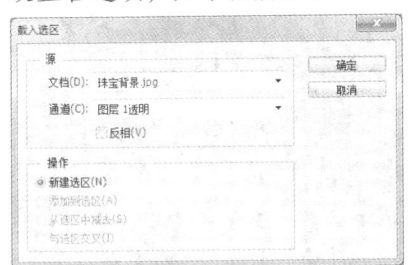

STEP 03　载入选区

单击"确定"按钮，即可载入选区，效果如下图所示。

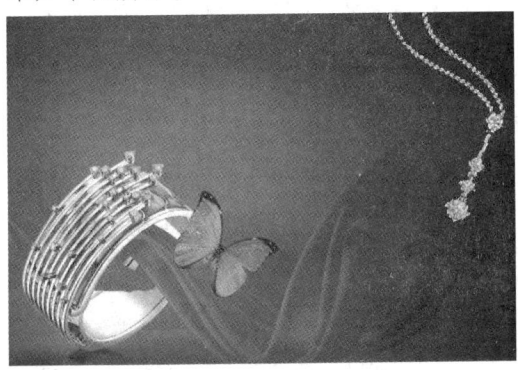

STEP 04　弹出"新建图层"对话框

单击菜单栏中的"图层"|"新建调整图层"|"亮度/对比度"命令，弹出"新建图层"对话框，在对话框中设置各选项，如下图所示。

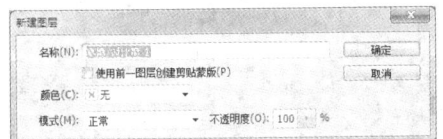

STEP 05　新建调整图层

单击"确定"按钮，即可新建"亮度/对比度 1"调整图层，软件自动在调整图层蒙版中，将选区外部涂抹成黑色，然后取消选区，如下图所示。

STEP 06　设置"亮度/对比度"参数

展开"属性"面板，设置"亮度"为 65、"对比度"为 6，效果如下图所示。

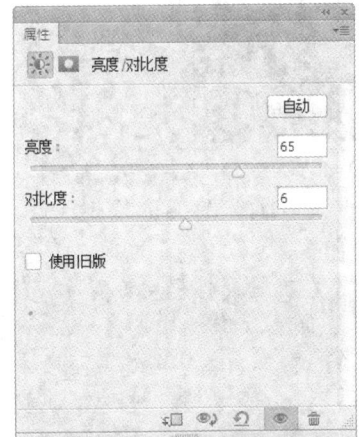

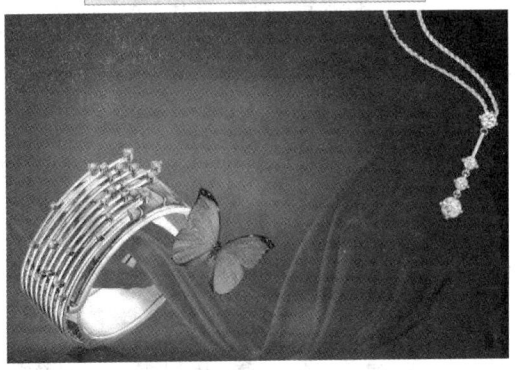

STEP 07　新建图层

展开"图层"面板，单击面板底部的"创建新图层"按钮，新建"图层 2"图层，如下图所示。

STEP 10 设置形状动态

选中"形状动态"复选框,设置"大小抖动"为 80%、"最小直径"为 10%,如下图所示。

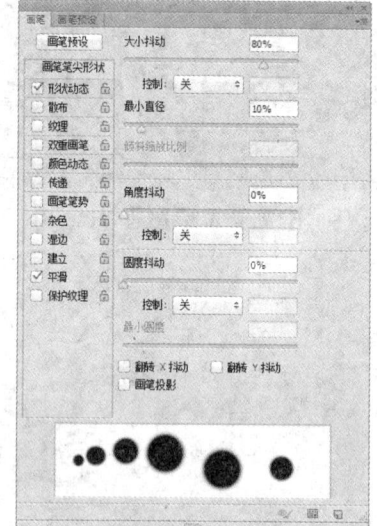

STEP 08 设置前景色

单击工具箱底部的前景色色块,在弹出的"拾色器(前景色)"对话框中,设置前景色的 RGB 参数值分别为 160、160、160,如下图所示。

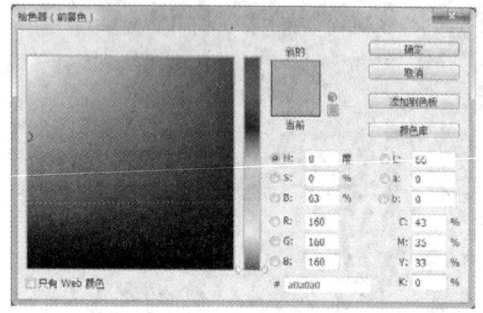

STEP 11 设置散布

选中"散布"复选框,设置"散布"为 300%、"数量"为 1、"数量抖动"为 40%,如下图所示。

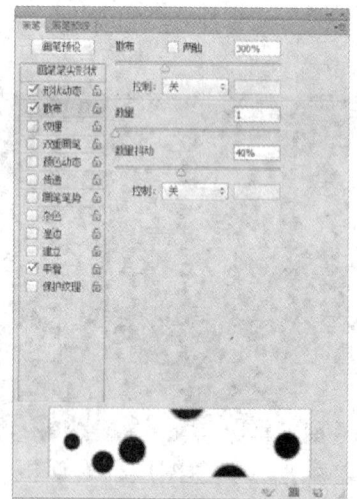

STEP 09 设置画笔笔尖形状

单击"确定"按钮,选取工具箱中的画笔工具,在工具属性栏中设置"不透明度"为 50%,单击菜单栏中的"窗口"|"画笔"命令,在弹出的"画笔"面板中,设置"大小"为 60 像素、"硬度"为 80%,选中"间距"复选框,并设置其参数为 150%,如下图所示。

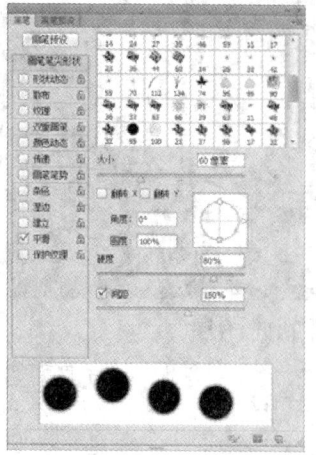

专家指点

将画笔设置完成后,可以单击"画笔"面板右上角的三角形按钮,在弹出的列表框中选择"新建画笔预设"选项,在弹出的"画笔名称"对话框中设置"名称",单击"确定"按钮保存画笔设置。下一次使用时,可在画笔的快捷面板中选择保存的画笔预设。

第14章 商业杂志：杂志设计案例实战

STEP 12 涂抹效果

将鼠标指针移动到图像编辑窗口中的合适位置，按住鼠标左键并拖曳，涂抹出现特殊的画笔效果，如下图所示。

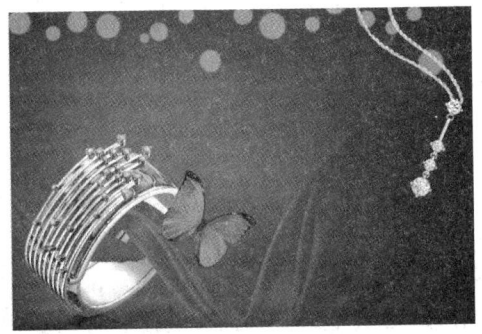

STEP 13 涂抹图像

使用画笔重复涂抹图像后，效果如下图所示。

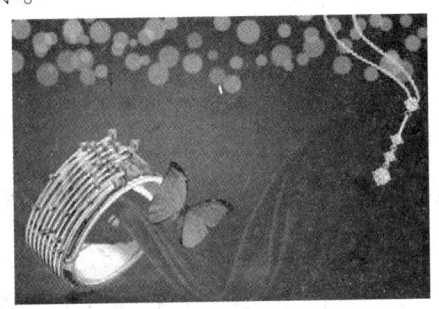

STEP 14 设置图层属性

展开"图层"面板，在面板中设置"图层2"图层的"混合模式"为"划分"、"不透明度"为50%，效果如下图所示。

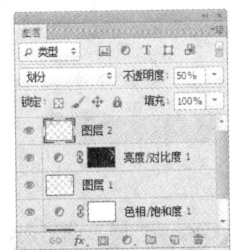

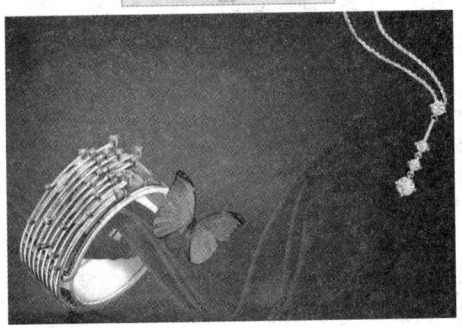

STEP 15 复制并调整图层

复制"图层2"图层两次，增强图像的显示效果，然后将"图层2"图层及其副本图层调至"图层1"图层的上方，效果如下图所示。

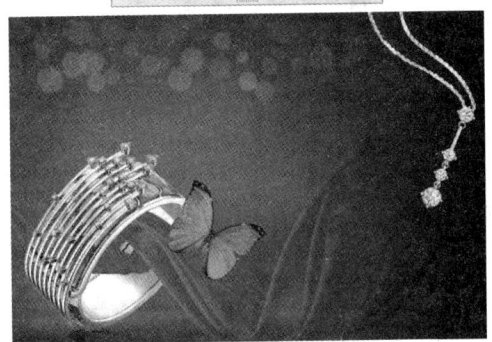

STEP 16 创建图层

选择"图层2 副本"图层，单击面板底部的"创建新图层"按钮，在"图层2 副本"图层上方创建"图层3"图层，如下图所示。

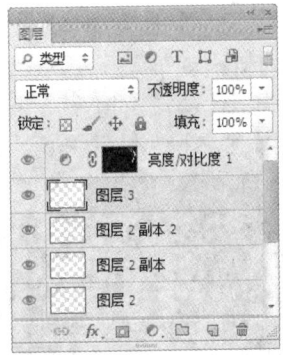

STEP 17 设置形状动态

单击菜单栏中的"窗口"|"画笔"命令，弹出"画笔"面板，选中"形状动态"复选框，设置"大小抖动"为80%、"最小直径"为0%，如下图所示。

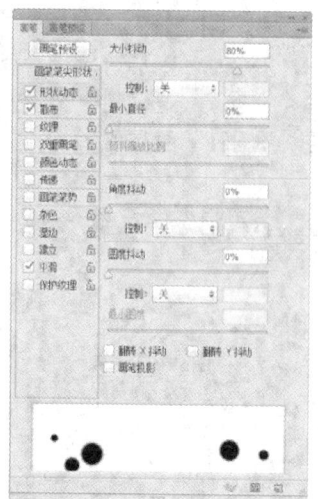

STEP 20 设置图层的混合模式

展开"图层"面板,设置"图层3"的"混合模式"为"叠加",效果如下图所示。

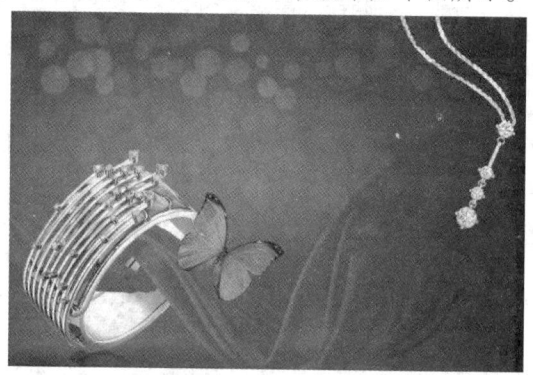

STEP 18 设置散布

选中"散布"复选框,设置"散布"为500%,如下图所示。

STEP 21 添加素材

按【Ctrl+O】组合键,打开"珠宝素材2"素材图像,将其拖曳至"珠宝背景"图像编辑窗口中,调整图像至合适位置,效果如下图所示。

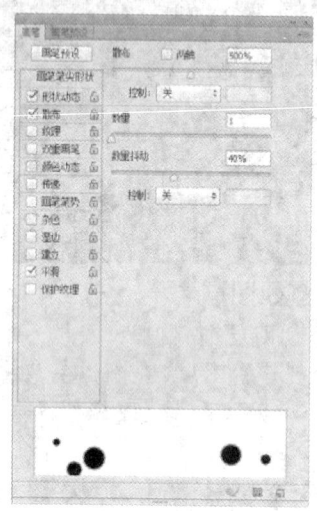

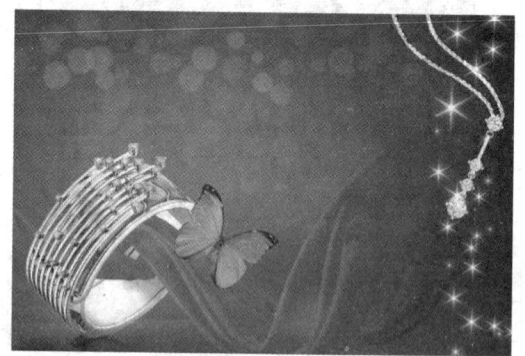

STEP 19 涂抹图像

将鼠标指针移动到图像编辑窗口中的合适位置,按住鼠标左键并拖曳,涂抹图像,效果如下图所示。

STEP 22 复制并变换素材

复制"图层4"图层,得到"图层4副本"图层,按【Ctrl+T】组合键,调出变换控制框,变换"图层4副本"图层的大小、位置与角度,按【Enter】键确认,效果如下图所示。

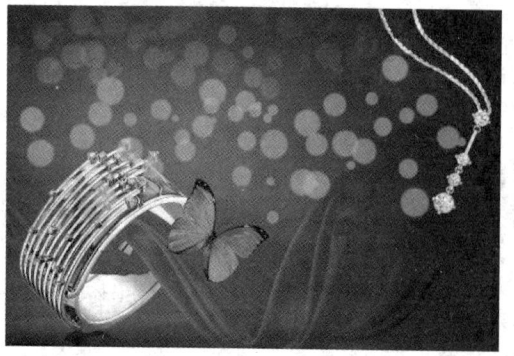

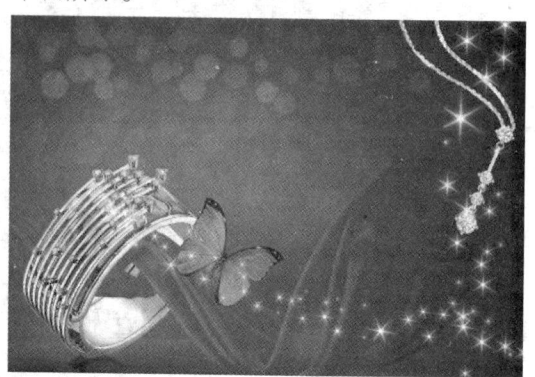

14.3.3 制作广告文字效果

制作完广告主体效果后,还需要在广告上添加标识与宣传文字,其具体操作步骤如下:

STEP 01 输入文字

选取横排文字工具,设置"字体"为"方正行楷繁体"、"字体大小"为 80 点、"文本颜色"为白色,在图像编辑窗口中的合适位置输入所需文字,按【Ctrl + Enter】组合键,确认文字的输入,如下图所示。

STEP 02 输入文字

将鼠标指针移至图像编辑窗口的合适位置,单击鼠标左键,确定插入点,设置"字体"为"方正粗倩简体"、"字体大小"为 30 点、"行距"为 48 点、"字距"为 340,输入文字,按【Ctrl + Enter】组合键,确认输入,如下图所示。

STEP 03 输入文字

将鼠标指针移至图像编辑窗口的合适位置,单击鼠标左键,确定文字的插入点,设置"字体"为"方正标宋简体"、"字体大小"为 20 点、"字距"为 0,输入所需文字,按【Ctrl + Enter】组合键,确认文字的输入,如下图所示。

STEP 04 选择"装饰"选项

选取工具箱中的自定形状工具,在工具属性栏中单击"形状"右侧的"点按可打开'自定形状'拾色器"按钮,在弹出的拾色器面板中,单击面板右上角的设置按钮,在弹出的列表框中选择"装饰"选项,如下图所示。

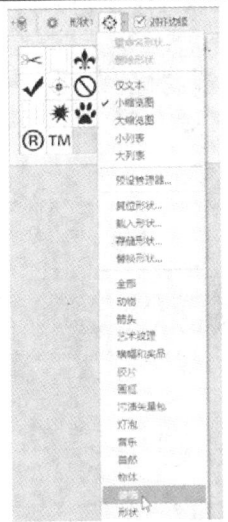

STEP 05 追加自定形状样式

执行上述操作后,弹出提示信息框,单击"追加"按钮,如下图所示。

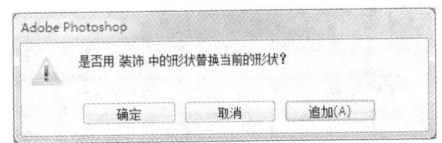

STEP 06 选择自定形状样式

执行操作后,在"'自定形状'拾色器"面板中设置"形状"为"花形装饰2",如下图所示。

STEP 07 绘制花形图形

在工具属性栏中，设置"填充"为白色、"描边"为"无颜色"，按住【Shift】键的同时在图像编辑窗口中绘制一个合适大小的花形图形，效果如下图所示。

STEP 08 输入文字

选取横排文字工具，在图像编辑窗口中单击鼠标左键，确定插入点，设置"字体"为"方正标宋简体"、"字体大小"为 20 点，输入文字，按【Ctrl+Enter】组合键确认输入，最终效果如下图所示。

● 读书笔记